토대학, 국제고등과학원SISSA에서 여러 객원직을 맡았다. 2009년 미국물리교사협회에서 수여하는 클롭스테그 상, 2015년 버챌터 우주론 상 등을 받았다.

150여 편의 연구 논문 외에도 현대 물리학과 우주론이 제기하는 철학적 질문들에 관한 책을 꾸준히 써왔다. 단독 저서로는 《우주의 일생 Life of the Cosmos》(1997), 《양자 중력의 세 가지 길 Three Roads to Quantum Gravity》(2001), 《물리학의 문제들 The Trouble with Physics》(2006), 《시간의 재탄생 Time Reborn》(2013, 김영사 근간) 등이 있고, 로베르토 망가베이라 웅거와 《하나뿐인 우주와 시간의 실체 The Singular Universe and The Reality of Time》(2014)를 썼다.

옮긴이 **박병철** 연세대학교와 한국과학기술원KAIST에서 이론물리학을 공부했고, 현재 과학 작가 및 번역가로 활동하고 있다. 《평행우주》《마음의 미래》《초공간》《페르마의 마지막 정리》《엘러건트 유니버스》《파인만의 여섯 가지 물리 이야기》《퀀텀 스토리》《신의 입자》 등 100여 권을 번역했고, 저서로는 과학 동화 《라이카의 별》《생쥐들의 뉴턴 사수 작전》 등이 있다.

아인슈타인처럼
양자역학하기

직관과 상식에 맞는
양자이론을 찾아가는
물리학의 모험

아인슈타인처럼
양자역학하기

리 스몰린 | 박병철 옮김

Einstein's
Unfinished
Revolution

The Search for
What Lies Beyond
the Quantum

Lee Smolin

김영사

아인슈타인처럼
양자역학하기

1판 1쇄 인쇄 2021.10.8.
1판 1쇄 발행 2021.10.20.

지은이 리 스몰린
옮긴이 박병철

발행인 고세규
편집 임솜이 디자인 박주희 마케팅 박인지 홍보 홍지성
발행처 김영사
등록 1979년 5월 17일(제406-2003-036호)
주소 경기도 파주시 문발로 197(문발동) 우편번호 10881
전화 마케팅부 031)955-3100, 편집부 031)955-3200 | 팩스 031)955-3111

값은 뒤표지에 있습니다.
ISBN 978-89-349-8008-7 03420

홈페이지 www.gimmyoung.com   블로그 blog.naver.com/gybook
인스타그램 instagram.com/gimmyoung   이메일 bestbook@gimmyoung.com

좋은 독자가 좋은 책을 만듭니다.
김영사는 독자 여러분의 의견에 항상 귀 기울이고 있습니다.

디나 Dina 와 카이 Kai 에게

모든 음악가들은 자연의 근원에 더욱 가까이 다가가서
자연법칙과 교감을 나눌 수 있다.

존 콜트레인 John Coltrane

장담하건대,
양자역학을 이해하는 사람은 이 세상에 아무도 없다.

리처드 파인먼 Richard Feynman

차례

서문

현실과 환상의 경계에는 항상 문제가 발생하기 마련이다. 우리는 스스로를 납득시키기 위해 이야기를 만들어내고, 거기에 완전히 현혹되어 현실에 대한 서술과 현실 자체를 혼동하곤 한다(누구나 인정하듯이, 인간은 이야기를 만들어내는 데 탁월한 재능이 있다). 혼동에 시달리는 것은 일반인들뿐만이 아니다. 과학자들도 이야기와 현실을 구별하지 못하여 혼란에 빠질 때가 종종 있다. 아니, 과학자는 이야기의 내용을 일반인들보다 자세히 알고 있기 때문에 현혹되기가 훨씬 쉽다.

더욱 작은 규모에서 근본적인 현상에 대한 이해가 깊어지면 우리가 거둔 성공 자체가 앞길을 막는 장애물로 작용한다. 여기서 발이 묶이지 않으려면 검증된 지식에 대한 확신과 아무리 큰 성공을 거두었어도 가설은 어디까지나 가설일 뿐이라는 엄연한 사실 사이에서 균형을 유지해야 한다. 우리의 감각은 부분적으로 현실에서 얼은 것이지만, 사실 모든 감각은 자연에 적응하고 앞으로 나아가기 위해 우리의 두뇌가 만들어낸 이야기일 뿐이다. 실제 자연은 이 모든 감각을 초월하여 우리가 알고 있는 지식의 가장자리에서 이리저리 떠다니고 있다.

자연의 가장 중요한 특징은 대부분이 아직 이해되지 않았다는 점이다. 지금 우리가 알고 있는 가장 기본적인 사실들(물질은 원자로 이루어져 있고, 지구는 액체 핵을 에워싼 구형球形의 바위행성이고, 그 주변은 얇은 대기로 에워싸여 있고, 거의 진공에 가까운 공간에서 천연 열핵반응기(태양)를 중심으로 공전하고 있고… 등등)은 철학자와 과학자들이 수백 년에 걸쳐 힘겹게 알아낸 것이다. 이 모든 사실은 처음 발견될 당시에 명백하고 타당한 기존의 가설(그러나 틀린 가설)과 상충되는 황당한 이론으로 취급되었다.

과학적 사고를 한다는 것은 몇 세대에 걸친 논쟁 끝에 어렵게 합의된 사실을 받아들이면서도 미지未知에 대해서는 여전히 열린 마음을 유지한다는 뜻이다. 이런 자세를 유지하면 아직 밝혀지지 않은 미스터리를 더욱 겸허한 마음으로 대하게 된다. 이미 알려진 사실을 깊이 파고 들어갈 때마다 더 많은 미스터리가 발견되기 때문이다. 아는 것이 많을수록 궁금증은 더욱 커지기만 한다. 자연에는 평범한 것이 하나도 없다. 무엇을 바라봐도 경이롭고, 내가 그 경이로운 세상의 일부라는 사실에 감사하는 마음이 절로 우러나온다.

맑은 봄날 아침에 일어나 창문을 열면 정원으로부터 신선한 향기가 풍겨온다. 이 기적은 어떻게 일어나는 것일까? 바람결에 날리던 분자가 코안으로 들어왔을 뿐인데, 그것이 어떻게 기분 좋은 향기로 바뀌는 것일까? 색도 신기하긴 마찬가지다. 빛이 파장에 따라 각기 다른 뉴런을 자극한다는 것은 이미 알고 있는 사실이다. 그런데 어떤 뉴런이 어떤 자극을 받았기에 빨간색과 푸른색이 그토록 생생하게 보이는 것일까? 각기 다른 색, 다른 냄새에 대응되는 '감각질 感覺質, qualia[퀄리아]'의 정체는 과연 무엇일까? 그리고 색상과 냄새는 모두 뉴런을 통해 전달되는 전기신호인데, 이들이 왜 다른 감각(시각과 후각)으로 느껴지는 것일까? 지금 깨어 있는 나는 누구이며, 눈을 떴을 때 보이는 우주는 무엇인가? 우리의 존재나 우주와 우리의 관계라는 가장 간단한 사실조차도 미스터리로 가득 차 있다.

의식과 관련된 문제는 워낙 어려우니, 쉬운 문제로 넘어가보자. 어려운 문제를 다룰 때에는 무조건 단순하게 줄이는 것이 상책이다. 이것은 내가 지난 40여 년간 과학자로 살아오면서 배운 확실한 교훈이다. 아주 기본적인 질문에서 시작해보자. 물질이란 무엇인가? 얼마 전에 내 아들녀석이 탁자에 돌멩이 한 개를 갖다 놓았다. 겉모습은 평범한 돌이고, 손으로 들어보면 적절한 무게가 느껴진다. 이런 것은 우리의 아득한 조상들도 느꼈던 고색창연한 감각이다.

그런데, 돌멩이란 대체 무엇인가?

우리는 돌의 생김새를 알고, 그 질감도 알고 있다. 그러나 이런 것은 돌 자체의 특성이라기보다, 그것을 인지하는 주체가 인간이기 때문에 나타난 특성일지도 모른다(두더지나 개구리는 돌멩이를 우리와 다르게 느낄 수도 있다는 뜻이다 - 옮긴이). 돌의 생김새와 질감만으로는 돌의 구성성분에 대해 아무런 정보도 얻을 수 없다. 우리는 돌이 원자로 이루어져 있다는 것을 알고 있고, 원자의 배열구조상 돌 속 대부분이 텅 빈 공간이라는 사실도 잘 알고 있다. 따라서 돌멩이가 딱

딱하다는 것은 마음이 낳은 느낌이며, 원자의 크기를 고려할 때 대충 얼버무린 지식에 불과하다.

물질의 형태는 매우 다양하다. 돌멩이처럼 단단한 것도 있고, 담요나 시트, 또는 옷에 함유된 유기물처럼 구조가 복잡한 것도 있다. 일단은 우리와 친숙하면서 단순한 물질부터 생각해보자. 유리잔에 담긴 물은 과연 어떤 물질인가?

물의 외형과 질감은 매끈하고 연속적이다. 100여 년 전까지만 해도 물리학자들은 물이 연속적인 물체라고 생각했으나, 20세기 초에 알베르트 아인슈타인Albert Einstein은 물이 수많은 원자 알갱이로 이루어져 있음을 증명했다(아인슈타인은 1905년에 특수상대성이론을 포함한 4편의 논문을 한꺼번에 발표했는데, 그중 물의 원자론을 입증한 논문은 브라운운동Brownian motion에 관한 논문이었다 - 옮긴이). 물을 구성하는 원자는 수소(H)와 산소(O)이며, 수소 원자 두 개와 산소 원자 한 개가 삼총사처럼 그룹을 지어 물 분자(H_2O)를 형성한다.

그렇다. 이것은 소싯적에 학교에서 귀가 아프도록 들은 내용이다. 그렇다면 원자란 무엇인가? 아인슈타인이 논문을 발표하고 10년도 채 지나기 전에, '원자의 내부는 태양계와 비슷하다. 단, 중심부에는 태양 대신 원자핵nucleus이 있고, 그 주변을 행성 대신 전자electron가 공전하고 있다'는 초기 원자모형이 등장했다.

여기까지는 아무런 문제가 없다. 그런데 전자는 또 무엇인가? 우리는 전자가 '특정한 질량과 전기전하electric charge를 가진 불연속의 단위(입자)'라고 알고 있다. 하나의 전자는 시공간(시간과 공간을 아우르는 4차원의 기하학적 공간 - 옮긴이)에서 명확한 위치를 점유하고, 이곳에서 저곳으로 이동할 수 있다.

그러나 이런 자명한 사실 외에 전자의 특성을 서술하기란 결코 쉬운 일이 아니다. 제대로 설명하려면 이 책의 상당 부분을 전자에 관한 내용으로 채워야 한다.

돌멩이와 물, 원자와 분자, 그리고 전자의 특성을 가장 정확하게 서술하는 과학이론은 지금으로부터 약 100년 전에 탄생한 **양자물리학**quantum physics이다. 그러나 다들 알다시피 이 분야는 역설과 미스터리로 가득 차 있다. 양자물리학이 서술하는 세계는 극도로 불안정한 세계로서 원자와 전자는 파동일 수도, 입자일 수도 있으며, 상자 속으로 들어간 고양이는 살아 있을 수도, 죽었을 수도 있다. 그래서 '양자quantum'라는 단어는 일반 대중들 사이에서 '멋지고 기괴하면서도 신비로 가득 찬' 무언가를 뜻하는 말로 통용된다. 그러나 자연을 제대로 이해하고 싶은 사람에게 양자세계는 재앙이나 다름없다. "돌멩이란 무엇인가?"라는 단순한 질문에도 제대로 된 답을 제시할 수 없기 때문이다.

20세기의 처음 4분의 1 동안 양자물리학을 설명하기 위해 개발된 역학체계를 양자역학quantum mechanics이라 한다. 이것은 원자와 복사輻射, radiation 등 소립자와 기본 힘에서 물질의 거동에 이르기까지 자연의 모든 현상을 설명하는 이론으로 처음부터 과학 역사상 최고의 산물이 될 운명을 타고났지만, 그와 동시에 논란의 소지가 가장 많은 이론이기도 했다. 20세기 초의 물리학자들은 양자역학 지지파와 반대파로 나뉘어 있었는데, 반대파의 핵심 인물이었던 아인슈타인은 양자역학이 내세운 가정을 죽는 날까지 받아들이지 않은 반면, 닐스 보어Niels Bohr를 주축으로 한 지지파는 새롭고 혁명적인 양자역학을 수용하면 이전 세대까지 최고의 과학 업적으로 꼽혔던 형이상학적 가정에 의존하지 않고 자연의 모든 현상을 설명할 수 있다고 주장했다.

이 장에서 나는 양자역학이 처음부터 갖고 있었던 개념적 문제를 독자들에게 부각시키고자 한다. 이 문제는 100년이 지난 지금까지 풀리지 않았으며, 앞으로 풀릴 가능성도 별로 없다. 양자역학은 물리학의 다양한 분야에서 전대미문의 성공을 거두었지만, 아직은 불완전한 이론이다. 우리의 목표는 ("돌멩이의 정체는 무엇인가?"라는 단순한 질문에 단순한 답을 원한다면) 원자 규모에서 일어나는 현상을 양자역학보다 논리적으로 서술하는 이론을 찾는 것이다.

이미 주류 물리학계에 정설로 수용된 양자역학 외에 또 다른 이론을 구축한다니, 독자들에게는 엄청나게 어려운 문제처럼 보일 것이다. 그러나 양자시대의 초창기였던 1920년대에는 논리적으로 완벽한 또 하나의 양자물리학이 존재했다. 이 그림자이론은 양자영역에 존재하는 역설과 미스터리를 해결해주었으나 안타깝게도 학생들을 위한 교과과정에서 누락되었으며(내가 보기에는 안타깝다기보다 수치스러운 일이다), 일반 대중을 위한 교양과학서에 소개된 적도 없다.

논리적으로 타당한 양자물리학을 구축하는 방법은 몇 가지가 있다. 우리에게 주어진 과제는 이들 중에서 실제로 자연이 따르고 있는 양자물리학을 골라내는 것이다. 나는 이 작업이 큰 반향을 불러일으킬 것으로 믿는다. 새로운 형태의 양자물리학은 물리학에 남아 있는 수많은 문제를 해결해줄 것이기 때문이다. 양자중력이론과 대통일이론Grand Unified Theory(자연에 존재하는 네 가지 힘—전자기력, 약한 핵력, 강한 핵력, 중력—을 하나로 통일하는 이론 – 옮긴이)이 아직도 지지부진한 이유는 출발점으로 삼은 양자물리학이 틀렸기 때문이다.

양자세계의 거동방식에 대해서는 거의 모든 물리학자들이 동의하고 있다. 우리는 원자와 복사radiation가 돌멩이나 고양이와 완전히 다른 방식으로 거동한다는 점에 완전히 동의하며, 양자역학이 이들의 거동을 정확하게 예측한다는 점에도 동의한다. 그러나 우리가 속한 세계가 '양자적 세계'라는 주장에는 동의할 수 없다. 자연을 이해하는 지금의 방식에 파격적인 변화가 필요하다는 데에는 동의하지만, 그 변화가 무엇인지에 대해서는 동의하지 않는다. 개중에는 '현실에 대해 과거부터 간직해온 그림을 모두 포기하고, 우리가 알 수 있는 지식을 서술하는 이론만을 수용해야 한다'고 주장하는 사람도 있고, '현실에 대한 기존의 개념은 무한히 많은 평행현실을 모두 포용하는 쪽으로 확장되어야 한다'고 주장하는 사람도 있다.

그러나 내가 보기에는 둘 다 필요 없다. 위에서 언급한 '대체양자물리학'은 물리학 이론이 우리의 지식과 무관한 현실을 서술한다는 생각을 포기하도록 강요하지 않으며, 이 세상이 오직 하나뿐이라는 지극히 상식적인 관념을 포기하라고 강요하지도 않는다. 앞으로 언급되겠지만 "이 세상은 우리가 보고 있지 않을 때에도 똑같은 모습으로 존재한다"는 지극히 상식적인 현실주의를 고집해도, 이는 우리가 양자물리학으로 얻은 지식과 상충되지 않는다.

그러므로 양자영역이 우리의 직관에서 벗어난 신비의 영역이라는 생각은 떨쳐버려야 한다. 많은 사람들이 이런 생각에 사로잡혀 있다는 현실이 안타깝기 그지없다. 이 책의 목표 중 하나는 일반 대중에게 대체양자이론을 소개하여 미스터리를 벗기고, 물리학에 익숙하지 않은 사람들도 직관적으로 쉽게 이해할 수 있는 양자세계를 서술하는 것이다.

아마도 이 책을 집어든 독자의 대부분은 평소 과학에 관심이 많고, 뉴스와 블로그, 또는 대중서를 통해 과학 관련 정보를 얻고 있지만 물리학의 언어인 수학에 대해서는 살짝 거부감(또는 두려움)을 느끼는 사람들일 것이다. 그래서 나는 양자세계에서 발견된 현상과 기본원리를 가능한 한 일상적인 언어로 소개하고자 한다. 서문 뒤에 이어지는 세 개의 짧은 장에서는 양자물리학의 기초를 간략하게 소개할 예정인데, 이 부분을 읽고 나면 다른 형태의 양자이론에 등장하는 다양한 우주를 탐험할 준비가 된 셈이다.

양자역학에 관한 논쟁의 핵심은 무엇일까? 자연을 서술하는 기본이론이 신비하고 역설적인 것이 왜 문제가 되는가?

양자역학에 관한 논쟁이 지난 100여 년 동안 계속된 이유는 물리학자들 사이에 심각한 의견 충돌이 있었기 때문이다. 이 충돌은 아직도 해결되지 않은 채 과학의 본질을 문제 삼는 지경까지 이르렀다.

모든 것은 다음 두 개의 질문에서 시작된다.

첫째, 자연은 우리의 마음과 무관하게 존재하는가? 좀 더 정확하게 말해서, **물질은 인간이 자신을 알건 모르건 상관없이 자신만의 안정적인 특성을 갖고 있는가?**

둘째, **인간은 물질의 특성을 이해하고 서술할 수 있는가?** 우리는 우주의 역사를 서술하고 앞날을 예측할 정도로 자연의 법칙을 충분히 이해할 수 있는가?

앞으로 우리가 이 책에서 제시할 답은 과학의 본질과 목적, 그리고 과학의 역할에도 중대한 영향을 미친다. 사실 이것은 현실과 환상의 경계에 관한 질문이다.

위의 두 질문에 "예스"라고 대답하는 사람은 현실주의자realist에 속한다. 아인슈타인은 철저한 현실주의자였고, 나 역시 그렇다. 나를 포함한 현실주의자들은 우리가 알건 모르건, 또는 인식을 하건 못하건 간에, 바깥(개인적인 의식세계를 '안'으로 간주했을 때, 그 바깥에 해당하는 영역 – 옮긴이)에 엄연한 현실세계가 존재한다고 믿는다. 이것이 바로 자연의 본질이며, 우주 만물의 대부분은 우리가 없어도 멀쩡하게 존재하고 있다(우리가 볼 수 있는 우주는 지구를 포함하여 극히 일부에 불과하다). 또한 우리는 자연의 거동방식을 정확하게 이해하고 서술할 수 있다. 적어도 현실주의자들은 그렇게 믿는다.

당신이 현실주의자라면, 과학은 그 하나뿐인 자연을 체계적으로 연구하는 학문이라고 생각할 것이다. 이것은 진실에 기초한 순수한 개념이다. 과학적 주장에 자연의 진정한 특성이 담겨 있다면, 현실주의자는 그것을 사실로 받아들인다.

그러나 당신이 위의 질문 중 적어도 하나 이상에 "노"라고 답했다면, 당신은 반현실주의자anti-realist(또는 반실재론자)이다.

일상적인 크기의 물체에 관한 한, 대부분의 과학자들은 현실주의적 입장을 취한다. 우리가 보고, 만지고, 집어 던질 수 있는 물체들은 매 순간 공간의 특정 위치에 분명히 존재하며, 물리적 특성이 비교적 단순하여 쉽게 이해할 수 있다. 또한 이들은 질량과 무게를 갖고 있으며, 움직일 때에는 특정한 속도로 특정 궤적을 따라간다(이 궤적은 관찰자의 위치와 운동상태에 따라 달라질 수 있다).

직장동료에게 "네가 찾는 빨간 노트, 책상 위에 있어"라고 말할 때, 우리는 이 말이 사전지식이나 지각知覺과 무관하게 '참' 아니면

'거짓'일 것으로 예측한다.

눈으로 볼 수 있는 가장 작은 것에서 별과 행성에 이르는 일상적인 물체의 거동을 서술하는 이론을 고전물리학classical physics이라 한다. 이 분야는 갈릴레이Galileo Galilei와 케플러Johannes Kepler, 그리고 뉴턴Isaac Newton에 의해 개발되었으며, 아인슈타인의 상대성이론과 함께 정점을 찍었다.

그러나 원자 규모의 물체를 다룰 때에는 현실주의적 관점을 유지하기가 쉽지 않다. 그 말 많고 탈 많은 양자역학 때문이다.

양자역학은 원자 규모 이하에서 자연현상을 설명하는 최선의 이론이다. 적어도 지금까지는 그렇다. 앞서 말한 대로 양자역학은 매우 희한한 이론인데, 그중에서도 가장 당혹스러운 것은 현실주의가 끼어들 여지가 별로 없다는 점이다. 즉, 양자역학은 위에 제시한 두 개의 질문 중 적어도 하나 이상에 "노"라고 답할 것을 강요하고 있다. 양자역학을 옳은 이론으로 받아들이려면 현실주의적 관점을 완전히 포기해야 한다.

원자와 복사, 그리고 소립자elementary particle(전자나 뮤온, 쿼크 등과 같이 더 이상 분해될 수 없는 최소단위 입자의 총칭 – 옮긴이)에 관한 한, 대부분의 물리학자들은 반현실주의자이다. 이들이 현실주의를 포기한 것은 개인의 철학적 관점 때문이 아니라, 어린 시절부터 '양자역학은 옳은 이론이며 현실주의적 관점을 용납하지 않는다'고 배워왔고, 학자가 된 후로는 당연히 그렇게 믿었기 때문이다.

양자역학이 현실적 관점을 포기하라고 강요하는데 당신은 여전히 현실주의자로 남아 있다면 이렇게 생각하는 수밖에 없다. '양자역학은 틀린 이론이다. 당분간은 성공을 거두겠지만, 원자 규모의 현상을 올바르게 서술하는 궁극의 이론이 될 수는 없다.' 아인슈타인이 양자역학을 '중요한 문제를 임시방편으로 해결한 땜질용 이론'으로 취급한 것도 바로 이런 이유였다.

아인슈타인을 비롯한 현실주의자들은 양자역학의 설명이 자연을 완전히 이해하기에 부족한 점이 많다고 생각했다. 특히 양자역학을 누구보다 불신했던 아인슈타인은 이론의 부족한 부분을 채워주는 '숨은 변수hidden variable'가 어딘가에 존재하며, 이것을 추가하지 않는 한 양자역학은 절대로 완전한 이론이 될 수 없다고 주장했다. 반현실적인 양자역학에 누락된 특성을 추가하여, 현실주의에 부합하는 이론을 만들고 싶었던 것이다.

그러므로 당신이 현실주의자이면서 물리학자라면 양자역학을 뛰어넘어 누락된 특성을 찾고, 그 지식을 이용하여 올바른 원자론을 구축하고 싶을 것이다. 이것이 바로 아인슈타인이 끝내 이루지 못했던 사명이자, 나에게 주어진 사명이기도 하다.

반현실주의적 관점에는 여러 가지가 있으며, 이들은 각기 다른 방식으로 양자역학을 해석하고 있다.

이들 중 일부는 우리가 서술하는 원자와 소립자의 특성이 그들의 타고난 본질이 아니라 관측자와 상호작용을 교환하면서 생성된 것이며, 입자의 특성이라는 것은 우리가 그것을 관측할 때에만 존재한다고 주장한다. '급진적 반현실주의radical antirealism'라 할 만한 이 진영의 원조 닐스 보어는 양자이론을 최초로 원자에 적용하여 커다란 성공을 거두었고, 1920~1930년대에 물리학계에 휘몰아친 양자혁명을 진두지휘하면서 신세대 물리학자들의 영웅으로 떠올랐다. 오늘날 학계에 통용되는 양자역학의 해석에는 보어의 급진적인 반현실주의가 곳곳에 반영되어 있다.

반현실주의적 과학자들 중에는 "과학의 본질은 자연의 실체를 논하는 것이 아니라, 이 세상에 대해 우리가 알고 있는 지식을 논하는 것"이라고 주장하는 사람도 있다. 이들의 관점에 따르면 물리학이 원자에 부여한 속성은 실제 원자에 관한 것이 아니라, 원자에 대해 우리가 알고 있는 지식일 뿐이다. 이들에게 굳이 이름을 붙인다면 '양자적 인식론자quantum epistemologist'쯤 될 것이다.

또 다른 반현실주의의 분파로는 인간과 상관이 있건 없건, 근본적인 진실의 존재 여부는 아무도 알 수 없다고 주장하는 '조작주의operationalism'를 들 수 있다. 이들의 주장에 의하면 양자역학은 진실이 아니라 원자를 심문하는 일련의 절차에 불과하다. 즉, 양자역학이 서술하는 것은 원자 자체가 아니라, 커다란 관측 장비를 원자에게 가까이 들이댔을 때 일어나는 현상일 뿐이다. 보어의 제자로서 불확정성 원리uncertainty principle와 양자역학의 방정식을 알아낸 베르너 하이젠베르크Werner Heisenberg는 (적어도 부분적으로는) 조작주의자였다.

반현실주의를 대표하는 급진적 반현실주의자와 양자적 인식론자와 조작주의자들은 자기들끼리도 논쟁을 벌이고 있지만, 현실주의자는 관점이 거의 비슷하다. 나를 포함한 현실주의자들은 위의 두 질문에 똑같이 "예스"라고 대답한다.

그러나 현실주의자들도 다음과 같은 질문에는 의견이 엇갈린다. **자연은 우리 주변에 보이는 물체들과 그들의 구성성분으로 이루어져 있는가? 다시 말해서, 우주는 우리 눈에 보이는 것이 전부인가?**

이 질문에 "예스"라고 답하는 사람은 '단순현실주의자simple realist', 또는 '소박한 현실주의자naïve realist'라고 할 수 있다. 여기서 '소박하다naïve'는 말은 소극적이라는 뜻이 아니라 현실을 굳건하고 담백하게, 액면 그대로 받아들인다는 뜻이다. 나는 특별한 이유가 없는 한 소박한 현실주의를 고수하는 편인데, 무언가를 증명하기 위해 복잡한 논리가 필요한 경우에는 관점이 조금 달라지기도 한다.

소박하지 않은 현실주의자도 있다. 이들은 우리가 세상을 인지하고 관측하는 방식에 따라 현실이 얼마든지 달라질 수 있다고 주장한다.

대표적인 예가 "우리가 아는 우주는 그 개수가 끊임없이 늘어나고 있는 평행우주의 하나"라고 주장하는 다중세계해석Many Worlds Interpretation이다. 이 가설을 지지하는 사람들은 자신이 현실주의자라고 주장한다. SF 같은 가설을 믿으면서 어떻게 현실주의자를 자처할 수 있냐고 물어보면 이런 대답이 돌아올 것이다. "현실주의자와 반현실주의자를 구별하는 두 질문의 답이 모두 '예스'라고 믿기 때문이다!" 그러나 내가 보기에 이들은 극도로 기술적이고 학술적인 면에 한하여 현실주의적 관점을 고수하는 것뿐이며, 우리의 인식 범위 바깥에 존재하는 것을 현실이라고 믿기 때문에 '마술적 현실주의자magical realist'로 불러야 할 것 같다. 우리가 우주의 참모습을 인지할 수 없다는 이들의 주장은 사실 현실주의보다 신비주의mysticism에 가깝다.

모든 현실주의를 포괄하는(즉, 위에 제시한 세 가지 질문에 대한 답이 모두 "예스"인) 원자이론을 구축할 수 있을까? 그렇다. 그것은 가능하다. 나는 이 사실을 독자들에게 보여주기 위해 이 책을 집필했다.

그러나 앞으로 소개할 이론은 양자역학이 아니기 때문에, 나의 이론이 옳다면 양자역학은 틀린 이론이 된다. 이론 전체가 오류라는 뜻이 아니라, 양자역학으로는 자연을 완벽하게 설명할 수 없다는 뜻이다.

반현실주의와 신비주의(마술적 현실주의)는 아직도 건재한데, 소박한 현실주의는 옆길로 밀려났다. 왜 그렇게 되었을까? 이것이 바로 이 책에서 말하고자 하는 내용이다. 그러나 걱정할 필요는 없다. 나의 의도는 기존의 양자역학을 갈아엎는 것이 아니라, 현실주의적 관점에서 양자역학을 완전히 포용하는 새로운 길을 소개하는 것이기 때문이다.

군이 이런 주제를 택한 이유는 21세기에 들어서면서 과학의 입지가 위태로워졌기 때문이다. 과학은 물론이고, 현실세계에 대한 명제가 '참' 아니면 '거짓'으로 판명되어야 한다는 믿음까지도 공격받고 있다. 우리 사회가 현실과 환상의 경계를 판단하는 능력을 부분적으로 상실한 것 같다.

과학을 공격하는 사람은 주로 정치나 사업 분야에서 과학적 결론이 자신의 입맛에 맞지 않는다고 느끼는 사람들이다. 그러나 기후변화는 정치나 이데올로기가 아니라 국가의 안전과 관련된 사안이므로, 마땅히 '안전'이라는 관점에서 다뤄져야 한다. 기후변화는 실질적인 문제이며, 증거에 기초한 해결책이 필요하다. 또한 고대의 경전만이 불변의 진리라고 주장하는 종교적 근본주의자들도 과학을 공격하고 있다.

내가 보기에 대부분의 종교는 과학과 충돌할 일이 거의 없다. 많은 종교들은 과학을 통해 자연에 대한 지식을 얻을 수 있다는 사실을 인정할 뿐만 아니라, 심지어 적극적으로 홍보까지 하는 경우도 있다. 우주 만물이 존재하는 이유와 그 의미는 미스터리로 가득 차 있어서 종교계와 과학계의 수많은 논쟁을 야기했고, 요즘은 이 이슈가 일반인들 사이에서도 중요한 관심사로 떠올랐다. 아직은 뚜렷한 결론에 도달하지 못했지만, 종교와 과학이 자연에 대한 대중의 호기심을 자극한 것은 분명한 사실이다.

종교는 이미 검증된 과학적 발견을 공격하거나 훼손하지 말아야 한다. 충분한 학식을 갖춘 과학자들이 인정한 증거를 부정하는 것은 과학 자체의 가치를 부정하는 것과 마찬가지이기 때문이다. 물론 대부분의 종교 지도자들은 이런 관점을 유지하고 있다. 더 좋은 세상을 만들려면 과학자도 현명한 종교지도자를 동맹으로 생각해야 한다.

또한 과학은 세상에 대하여 그럴듯한 관점을 제시하는 여러 사조들 중 하나일 뿐이라고 주장하는 일부 인본주의자들도 과학을 공격하고 있다.

과학이 모든 도전에 분명하고 단호하게 대응하려면 과학자 스스로 신비적 요소와 형이상학적 문제를 끌어들여서 과학을 오염시키는 일이 없어야 한다. 물론 과학자도 사람이므로 신비한 느낌이나 형이상학적 편견에 빠질 수 있다. 이런 경우에 과학의 본질이 흐려지지 않으려면 검증된 이론과 가설(또는 직감)을 구별하는 확실한 기준이 있어야 한다.

그러나 반현실주의가 기초물리학을 장악하면 지난 수백 년 동안 현실주의에 입각하여 조금씩, 꾸준히 쌓아온 현실과 환상의 경계에 대한 지식은 구시대의 유물로 밀려나고, 과학은 총체적 위기에 직면하게 된다.

반현실주의는 자연을 완전하게 이해하겠다는 의욕을 저하시키고, 올바른 지식의 기준을 한참 아래로 떨어뜨려서 아는 것과 모르는 것 사이의 구별을 모호하게 만든다.

반현실주의에 기초한 물리학이 원자이론으로 대대적인 성공을 거두었을 때 우리는 반현실주의자들의 이론을 가장 큰 규모에서 검증해야 했다. 지금도 일부 우주론학자들은 우리 눈에 보이는 우주가 다중우주multiverse라는 거대한 바다에 떠다니는 무수히 많은 거품 중 하나에 불과하다고 주장한다. 망원경에 보이는 전형적인 은하가 보이지 않는 나머지 우주를 가득 채우고 있다고 가정하는 것이 안전하겠지만, 다른 거품우주들은 무작위로 할당된 각기 다른 법칙을 따르고 있을지도 모른다. 즉, 우리의 우주는 전체와 거리가 멀다. 또한 다른 거품우주들은 관측범위를 벗어난 곳에 존재하고 있으므로 다중우주가설은 검증될 수도, 반증될 수도 없다. 사실 이런 것은 과학보다 환상에 가깝다. 그럼에도 불구하고 꽤 많은 물리학자와 수학자들이 다중우주가설을 지지하고 있다.

환상의 세계를 방불케 하는 다중우주와 양자역학에서 말하는 다중세계해석은 엄연히 다른 이론이지만, 새로운 개념을 도입하지 않고 주변 세상을 있는 그대로 서술한다는 점에서 마술적 현실주의와 맥락을 같이한다. 대부분의 물리학자들이 양자역학의 반현실주의적 버전을 별다른 비판 없이 수용하지 않았다면, 다중우주론의 열렬한 지지자들 때문에 과학의 목적이 불분명해지는 일은 없었을 것이다.

양자역학은 자연의 많은 특성을 매우 우아하게 설명해준다. 물리학자들은 다양한 자연현상을 양자역학으로 설명하기 위해 강력한 도구(수학)를 개발했다. 그러므로 누구든지 양자역학을 마스터하면 자연의 상당 부분을 제어할 수 있다. 그러나 물리학자들은 양자역학을 완성한 후 거기에 안주하지 않고 양자역학으로 설명되지 않는 틈새를 배회해왔다. 양자역학은 개개의 물리적 과정(전자의 상태변화, 방사성붕괴 등)이 구체적으로 어떻게 진행되는지 설명하지 못했으며, 특정한 실험 결과가 얻어졌을 때 그 외의 다른 결과가 나오지 않는 이유도 설명하지 못했다.

이런 실패 사례들은 우리가 확보한 지식이 과학의 핵심 문제를 해결하기에는 아직 부족하다는 증거이다. 나는 중력 및 시공간의 양자이론과 통일장이론Unified Field Theory(자연에 존재하는 네 가지 상호작용—전자기력, 강한 핵력, 약한 핵력, 중력—을 하나로 통일하는 이론 - 옮긴이)이 아직 완성되지 않은 이유가 불완전하고 틀린 양자이론에서 시작했기 때문이라고 생각한다.

잘못된 기초 위에 쌓은 과학이 과연 얼마나 멀리, 얼마나 깊은 곳까지 갈 수 있을까? 논쟁을 해결하고 진실을 찾는 것이 과학의 사명일진대, 급진적 반현실주의가 널리 퍼지면 과학에 대한 신뢰는 약해질 수밖에 없다. 과학의 기초를 닦고 옳고 그름의 기준을 정한 사람들이 신비주의에 현혹되면 무엇보다 명확해야 할 과학이 연기처럼 모호해지고, 이 현상은 과학계뿐만 아니라 문화 전반에 걸쳐 부정적인 영향을 미친다.

나는 시기적절하게 태어나 양자물리학의 2세대 개척자 중 몇 명을 직접 만나는 행운을 누렸다. 그중에서 존 아치볼드 휠러John

Archibald Wheeler, 1911~2008는 토론을 좋아하는 사람으로 유명하다. 핵물리학자이자 신비주의자였던 그는 알베르트 아인슈타인과 닐스 보어 등 양자역학의 1세대 학자들과 개인적인 친분을 나눴고, 그들의 유산을 우리 세대에 전해주었다. 휠러는 양자우주와 블랙홀 연구의 선구자였지만, 냉전시대에는 수소폭탄 개발에 참여하는 등 전사戰士의 면모를 보이기도 했다. 또한 그는 양자전기역학quantum electrodynamics, QED을 완성한 리처드 파인먼과 다중우주가설의 원조인 휴 에버렛Hugh Everett, 그리고 양자중력이론의 선구자들을 직접 가르친 스승이었다. 나도 학창시절에 교수들 사이에서 평판이 좀 더 좋았다면 휠러의 제자가 되었을 것이다.

보어의 제자였던 휠러는 수수께끼와 역설을 유난히 좋아했다. 나는 학창시절에 그의 강의를 들었는데 '우리는 왜 양자우주에 살고 있는가?'라는 질문을 평생 동안 끼고 살았던 물리학자답게, 강의가 끝난 후 칠판에는 수식이 하나도 없고 철학적인 격언만 잔뜩 적혀 있기 일쑤였다. 그중에서도 가장 자주 접했던 문구는 정보이론을 한 문장으로 요약한 "모든 것은 비트이다It from bit"였다(휠러는 정보이론을 가장 먼저 수용한 물리학자 중 한 사람이었다. 이 이론에 의하면 우주 만물은 정보의 집합이며, 정보는 우주를 구성하는 가장 근본적 요소이다. 이것은 전형적인 반현실주의적 관점인데, 자세한 내용은 나중에 다룰 예정이다). 휠러가 자주 인용했던 문구 중에는 이런 것도 있다. "어떤 현상도 관측되기 전까지는 진정한 현상이 아니다." 휠러와 나눈 대화도 대부분이 이런 식이었다. 한번은 그가 나에게 이런 질문을 던졌다. "자네가 죽어서 하늘나라로 갔는데, 성 베드로 앞에서 마지막 자격시험을 치르게 되었다고 하자. 베드로가 '왜 하필 양자인가?'(즉, 우리는 왜 양자역학으로 서술되는 세상에서 살게 되었는가?)'라고 묻는다면, 자네는 뭐라고 대답할 텐가?"

그 후로 나는 이 질문에 대해 만족스러운 답을 찾기 위해 꽤 많은 시간을 보냈다. 이런 글을 쓰다 보니, 과거에 양자물리학을 처음 접했던 날이 떠오른다. 열일곱 살 때 고등학교를 중퇴하고 한동안 혼자 공부했던 나는 틈날 때마다 신시내티대학교University of Cincinnati의 물리학과 도서관에 가서 책을 뒤지다가 전자electron의 파동설을 처음으로 제안했던 루이 드브로이Louis de Broglie에 관한 책에 시선이 꽂혔다. 이 책에는 양자역학을 최초로 현실주의적 관점에서 서술한 드브로이의 '파일럿파 이론pilot wave theory'이 한 장章에 걸쳐 소개되어 있었는데, 프랑스어로 적혀 있어서 읽는 데 어려움이 있었지만 (고등학교에 다니던 2년 동안 프랑스어를 배웠다) 기본 아이디어를 이해했을 때에는 마치 전기충격을 받은 것처럼 머리카락이 곤두섰다. 지금도 눈을 감으면 파장과 운동량의 관계를 서술하는 방정식이 머릿속에 떠오른다.

다음 해 봄에 나는 햄프셔대학Hampshire College에 진학하여 생전 처음으로 양자역학 강의를 들었다. 담당 교수였던 허버트 번스타인 Herbert Bernstein은 강의 마지막 날 양자시계의 기이한 특성을 보여주는 존 벨John Bell의 기본정리[1]를 소개했는데, 증명 과정을 어렵게 이해한 나는 한동안 도서관 계단에 앉아 놀란 가슴을 진정시키다가 노트를 꺼내 들고 그 무렵에 내가 좋아했던 여학생을 위해 시를 써내려가기 시작했다. "우리가 손을 잡을 때마다 손에 있는 전자들은 서로 얽힌entangled 관계가 되고…."

그 여학생이 누구였는지, 그녀가 내 시를 읽고 어떤 반응을 보였는지는 기억나지 않는다. 심지어 그날 적었던 시를 그녀에게 보여 주었는지조차 기억나지 않는다. 그러나 그날 이후로 나는 비국소적 얽힘nonlocal entanglement의 신비로움에 완전히 빠져들었고, 수십 년이 지난 지금까지 양자를 좀 더 정확하게 이해하겠다는 일념으로 살아 왔다. 독자들도 이 책을 읽으면서 양자세계의 매력을 한껏 음미하 기 바란다.

이 책은 총 3부로 구성되어 있다. 1부에서는 양자역학의 개발사 를 추적하는 데 필요한 기본 개념을 다루었는데, 주제를 한 문장으 로 요약하면 다음과 같다. "반현실주의를 대표하는 보어와 하이젠 베르크, 현실주의의 최고봉인 아인슈타인을 누르고 물리학계의 주 류로 떠오르다." 물론 이것은 대략적인 줄거리일 뿐, 속사정은 훨씬 복잡하다는 것을 염두에 두기 바란다. 2부에서는 1950년대부터 시 작된 '양자역학에 대한 현실주의적 접근법'을 소개하고, 장점과 단 점을 분석할 것이다. 이 분야의 영웅은 미국의 물리학자 데이비드 봄David Bohm과 아일랜드의 이론물리학자 존 벨인데, 앞으로 자주 언급될 이름이니 미리 기억해두기 바란다.

2부의 결론을 요약하면 다음과 같다. "양자역학은 현실주의자들 도 얼마든지 수용할 수 있다. 양자역학을 수용하려면 반현실주의자 가 되어야 한다는 주장은 사실이 아니다." 현실주의와 반현실주의 중 어느 한쪽이 옳다고 단정지을 수는 없지만, 양자역학이 완벽하 지 않으면 양자중력이론과 우주론의 문제도 해결할 수 없다는 것이 나의 지론이다. 마지막 3부에서는 나를 포함한 현실주의 물리학자 들이 현재 수행 중인 연구를 소개할 예정이다.

양자세계에 들어선 독자들을 진심으로 환영한다. 부담 갖지 말고 부디 편안한 마음으로 읽어주기 바란다. 양자세계는 우리가 사는 세계이니, 남의 집에 무단 침입한 사람처럼 눈치를 볼 필요가 전혀 없다. 그리고 또 한 가지. 모든 미스터리가 풀린 세상보다 풀어야 할 미스터리가 아직 남아 있는 세상이 훨씬 매력적이지 않은가? 이런 점에서 우리는 운이 좋은 사람들이다.

비현실에 대한 믿음

An Orthodoxy of the Unreal

1장

자연은 숨기기를 좋아한다

물리학은 현실을 다루는 과학이다.

알베르트 아인슈타인

지난 90년 동안 양자역학은 자연을 이해하는 핵심 이론으로 군림해왔다. 양자는 모든 곳에 존재하면서 깊은 미스터리에 싸여 있지만, 이것이 없으면 대부분의 현대 과학은 설 자리를 잃게 된다. 20세기의 물리학자들은 상식에서 한참 벗어난 양자역학의 결과를 해석하느라 무진 고생을 했고, 의견 일치를 볼 때까지 한바탕 논쟁을 벌여야 했다.

원자는 어떻게 안정적인 상태로 존재할 수 있으며, 그들의 화학적 특성은 어디서 기인한 것인가? 그리고 원자는 어떻게 다양한 분자를 만들어낼 수 있는가? 양자역학은 이 질문에 명확한 답을 제시해준다. 분자의 형태와 상호작용에 관한 모든 지식은 양자역학을 통해 얻은 것이다. 양자역학이 없었다면 생명과 관련된 현상도 지금처럼 구체적으로 이해할 수 없었을 것이다. 물 분자의 거동 방식에서 단백질의 형태와 DNA, RNA로 운반되는 정보에 이르기까지,

생물학과 관련된 모든 지식은 양자에 뿌리를 두고 있다.

양자역학은 도체와 부도체의 특성을 비롯하여 빛과 방사능, 그리고 원자핵의 내부에서 일어나는 모든 현상을 설명해준다. 양자역학이 없으면 별이 빛을 발하는 이유를 이해할 수 없고, 현대문명의 기초인 컴퓨터 칩과 레이저도 발명되지 않았을 것이다. 또한 양자역학은 입자물리학의 표준모형standard model(소립자의 특성과 이들의 상호작용을 통해 나타나는 기본 힘을 설명하는 이론)을 서술하는 기본 언어이다.

초기 우주를 설명하는 최신 이론에 의하면, 별과 은하를 구성하는 모든 물질은 급속하게 팽창하는 텅 빈 공간(진공)의 양자적 무작위성quantum randomness으로부터 탄생했다. 물리학이나 천문학과 무관하게 살아온 독자들은 이 말을 곧바로 이해할 수 없겠지만, 어떤 이미지를 떠올릴 수는 있을 것이다. 간단히 말해서, 양자물리학이 없으면 우주는 지금도 텅 빈 공간으로 남았을 거라는 이야기다.

그러나 이 모든 성공에도 불구하고, 양자역학의 핵심에는 아직 풀리지 않은 수수께끼가 남아 있다. 앞으로 차차 알게 되겠지만, 양자세계는 우리의 직관과 완전히 다른 방식으로 운영되고 있다. 양자물리학에 의하면 하나의 원자는 두 장소에 동시에 존재할 수 있으며, 전체적인 스토리는 이보다 훨씬 황당하다. 원자가 '이곳'과 '저곳'에 동시에 존재한다면, 그런 희한한 상태를 어떻게든 수학적으로 서술할 수 있어야 한다. 물리학자들은 이런 상태를 **중첩中疊**, superposition이라 부른다.

양자세계를 처음 접하는 사람이라면 '원자는 서로 다른 두 장소에 동시에 존재할 수 있다'는 말이 대체 무슨 뜻인지 궁금할 것이다. 선뜻 이해가 가지 않는다며 실망할 필요는 없다. 이해하지 못하는 게 정상이다. 이것이 바로 양자역학의 가장 큰 미스터리인데, 지금 당장은 '중첩'이라는 꼬리표만 달아두고 나중에 해결하기로 하자.

제일 먼저 알아야 할 것은 양자적 입자가 이곳과 저곳에 중첩되어 있다는 말이 물질의 파동적 특성과 관련되어 있다는 점이다. 파동은 입자와 달리 넓게 퍼지는 성질이 있기 때문에, 이곳과 저곳에 동시에 존재할 수 있다.

사람들은 만물의 기본 단위로 '소립자素粒子, elementary particle'라는 용어를 자주 사용하지만, 사실 원자와 분자를 포함한 모든 양자는 파동성과 입자성을 동시에 갖고 있다. 물리학자가 원자의 위치를 관측하는 실험을 수행하면 원자는 자신의 정확한 위치를 알려준다. 그러나 한 번의 관측과 그다음 관측 사이, 즉 관측자가 입자를 바라보지 않는 동안에 입자의 위치를 가늠하는 것은 원리적으로 불가능하다. 특정 위치에서 입자가 발견될 확률은 관측을 하지 않는 동안 마치 파동처럼 퍼져 나가는데, 관측이 실행되기만 하면 입자는 어디선가 발견된다.

원자와 숨바꼭질을 한다고 상상해보라. 당신이 눈을 감고 숫자를 세다가 눈을 뜨면(또는 감지기를 켜면) 원자는 어디엔가 분명히 존재하지만, 다시 눈을 감으면 원자는 '모든 가능성이 내재된 파동'으로 돌변한다. 그리고 다시 눈을 뜨면 원자는 '특정 위치를 점유하고 있는 입자'로 돌변하는 식이다.

양자세계가 갖고 있는 또 하나의 특징으로 **얽힘**entanglement이라는 것이 있다. 두 입자가 상호작용을 교환하다가 서로 멀어졌을 때, 이들의 특성 중 일부는 개별적인 특성이 아니라 상대방과 긴밀하게 얽힌 특성으로 남으며, 이 관계는 거리가 아무리 멀어도 사라지지 않는다.

이 새로운 개념은 소립자뿐만 아니라 원자와 분자에도 적용된다. 그러나 원자와 분자는 크기가 워낙 작기 때문에 간접적으로 관측할 수밖에 없고, 이를 위해서는 크고 복잡한 관측 장비가 동원되어야 한다.

입자를 관측하는 장비는 가이거계수기Geiger counter(입자의 개수를 헤아리는 장치)나 광전 증폭기photoelectric amplifier(전자를 이용하여 빛의 신호를 증폭하는 장치)처럼 일상적인 크기로 조립된 기계 장치들이다. 물론 거시적 규모의 관측 장비는 양자세계의 기이한 특성을 갖고 있지 않다. 예를 들어 의자는 이곳 아니면 저곳에 분명히 존재하며, 두 위치가 중첩된 상태란 존재하지 않는다. 낯선 호텔에서 자다가 새벽에 깨어났을 때 실내등을 켜지 않으면 의자가 어디에 있는지 알 수 없지만, 의자는 어디엔가 분명히 놓여 있다. 침대에서 일어나 방을 가로지르다가 의자에 발이 걸린다 해도, 당신의 미래와 의자의 미래는 결코 하나로 얽히지 않는다.

우리가 경험하는 세상에서 상자 속에 갇힌 고양이는 살아 있거나 죽었거나, 둘 중 하나이다. 상자의 뚜껑을 열었을 때 죽은 고양이와 산 고양이가 중첩되어 있다가 하나로 결정되는 희한한 사건은 일어나지 않는다. 뚜껑을 열었는데 고양이가 죽어 있다면, 그 고양이는 얼마 전에 이미 죽어서 특유의 냄새를 피우고 있었을 것이다.

일상적인 크기의 물체들도 결국은 원자로 이루어져 있지만, 거동 방식은 원자처럼 기이하지 않다. 의자나 테이블이 서로 다른 두 장소에 동시에 존재하지 않는다는 것은 너무나 당연한 사실이지만, 사실 따지고 보면 이보다 큰 미스터리도 없다. 양자역학이 자연을 서술하는 궁극의 이론이라면 모든 대상에 공평하게 적용되어야 한다. 원자 한 개에 적용하여 올바른 결과를 얻었다면 여러 개에 적용해도 여전히 옳아야 하는데, 수백 개까지는 별문제가 없다. 여러 개의 원자로 이루어진 복잡한 분자들이 간섭과 회절 등 파동적 특성을 보이는 것은 실험을 통해 확인된 사실이다.

그러나 엄청나게 많은 원자로 이루어진 당신과 나, 그리고 의자 위에서 졸고 있는 고양이에게는 양자역학이 적용되지 않는다. 원자의 양자적 특성을 관측하는 커다란 장비들도 마찬가지다.

어떻게 그럴 수 있을까?

원자의 특성을 관측할 때에는 입자가속기처럼 유난히 큰 장비가 필요하다. 원자는 여러 장소에 동시에 존재할 수 있지만, 관측 장비는 우리가 제기한 질문의 여러 가지 가능한 답 중에서 오직 하나만을 알려줄 뿐이다. 왜 그런가? 양자계를 관측하는 장비에는 왜 양자역학이 적용되지 않는가?

이것이 바로 그 유명한 **관측 문제**measurement problem로, 1920년대에 제기된 후 지금까지 해결되지 않은 채 남아 있다. 100년이 다 되도록 전문가들 사이에서 의견 일치를 보지 못했다는 것은 자연의 기본적 단계에서 우리가 아직 이해하지 못한 부분이 남아 있다는 뜻이다.

그러므로 하나의 원자가 여러 곳에 동시에 존재할 수 있는 양자 세계와 모든 사물의 위치가 하나로 명확하게 정의되는 일상적인 세계 사이에 어떤 '변환점'이 존재할 것이다. 수십 개의 원자로 이루어진 분자를 양자역학으로 서술하면서 고양이를 양자역학으로 서술할 수 없다면, 둘 사이의 어딘가에 양자역학이 더 이상 적용되지 않는 경계선이 존재해야 한다. 관측 문제의 해답을 찾으면 양자세계와 일상적 세계의 경계선이 어디에 있는지, 그리고 변환이 어떤 식으로 일어나는지 알게 될 것이다.

물리학자들 중에는 자신이 관측 문제의 해답을 알고 있다고 확신하는 사람들이 있다. 이들이 주장하는 내용은 뒤에 소개할 것이다. 나중에 알게 되겠지만, 관측 문제를 해결하려면 그에 상응하는 대가를 치러야 한다.

양자역학의 미스터리를 다루는 물리학자들은 크게 두 그룹으로 나눌 수 있다.

첫 번째 그룹은 1920년대에 구축된 이론이 본질적으로 옳다고 주장하는 사람들로서, '양자역학 자체에는 아무런 문제가 없으며, 그것을 이해하고 서술하는 방법에 문제가 있을 뿐'이라고 믿고 있다. 이들은 양자역학의 기이한 특성을 무마하기 위해 다양한 아이디어를 제안해왔는데, 그 기원은 닐스 보어를 비롯한 양자역학의 창시자들까지 거슬러 올라간다.

덴마크 출신의 닐스 보어는 20대의 젊은 나이에 양자이론을 원자에 적용한 최초의 물리학자이자, 20세기 초에 불어닥친 양자 혁명의 대부로 통한다. 그가 이런 명성을 얻게 된 데에는 수소 원자의 스펙트럼선을 정확하게 설명한 원자모형이 큰 몫을 했지만, 양자역학에 갓 입문한 젊은 물리학자들을 가르치면서 영향력을 행사한 것도 중요한 요인으로 작용했다.

1부 비현실에 대한 믿음

두 번째 그룹은 '양자역학이 기본적인 단계에서 황당한 주장을 펼치는 이유는 이론 자체가 불완전하기 때문'이라고 믿는 사람들이다. 이들의 목적은 아직 발견되지 않은 나머지 부분을 찾아서 양자역학의 미스터리를 해결하는 것이다. 첫 번째 그룹의 원조가 닐스 보어라면, 두 번째 그룹의 원조는 단연 아인슈타인이다.

아이러니하게도 아인슈타인은 빛의 파동-입자 이중성을 밝힘으로써 양자혁명에 불을 댕긴 장본인이었다. 그가 발표한 논문 중 가장 유명한 것은 상대성이론이지만 그에게 노벨상을 안겨준 것은 빛의 양자설을 확인한 광전효과光電效果, photoelectric effect였으며, 본인 스스로도 상대성이론보다 양자역학을 연구하는 데 훨씬 많은 시간을 할애했다고 고백했다. 그러나 현실주의에 기초한 자연관을 포기할 수 없었던 아인슈타인은 1920년대 말에 개발된 양자역학을 죽는 날까지 인정하지 않았다. 보어 못지않게 양자이론의 개발에 선구적 역할을 했던 그가 양자역학 분야에서 '대부'의 대열에 끼지 못한 것은 바로 이런 이유 때문이다.

서문에서 언급한 분류법을 적용하면 첫 번째 그룹은 반현실주의자, 또는 마술적 현실주의자이고, 두 번째 그룹은 현실주의자에 속한다.

양자역학이 불완전하다고 주장하는 사람들은 그 증거로 대부분의 경우 양자역학으로는 실험에서 특정한 결과가 얻어질 확률밖에 계산할 수 없다는 점을 지적한다. 양자역학은 미래에 일어날 하나의 사건을 예측하는 것이 아니라, 미래에 일어날 여러 가지 사건의 발생확률을 알려줄 뿐이다. 1926년에 막스 보른Max Born은 친구에게 보낸 편지에 다음과 같이 적어놓았다.

양자역학은 인상적인 이론임이 분명한데, 내 내면의 목소리는 "그건 사실이 아니다!"라고 외치고 있다네. 이 이론을 적용하면 꽤 많은 것을 알 수 있지만 '오래된 비밀'을 푸는 데에는 별 도움이 되지 않더군. 어쨌거나 나는 신이 주사위 놀음을 하지 않는다는 말에 전적으로 동감한다네.[1]

양자역학을 바라보는 관점이 크게 달랐던 아인슈타인과 보어는 거의 40년 동안 치열한 논쟁을 벌였고, 이 대립 관계는 후대의 물리학자들 사이에서 지금도 계속되고 있다. 아인슈타인은 원자와 복사radiation를 이해하려면 혁명적인 이론이 필요하다는 사실을 누구보다 잘 알고 있었지만, 양자역학이 바로 그 이론이라는 주장에는 끝까지 동의하지 않았다. 양자역학을 처음 접했을 때부터 현실성이 떨어진다고 느꼈던 그는 양자역학이 근본적인 부분이 누락된 채 자연을 임시변통으로 서술하는 불완전한 이론일 뿐이라며 양자역학 추종자들의 심기를 불편하게 만들었다.

나는 아인슈타인이 양자역학을 최종이론으로 받아들이지 않은 이유가 과학에 대한 열정이 그 누구보다 강렬했기 때문이라고 믿는다. 그는 개인의 주관적 의견과 상관없이 궁극의 진실이 담겨 있는 몇 개의 수학 방정식을 찾기 위해 혼신의 노력을 기울였다. 그에게 과학이란 자연의 진정한 본질을 찾는 것이었으며, 그 본질은 우리의 믿음이나 지식과 무관하다고 생각했다.

아인슈타인이 이런 관점을 고수한 이유는 특수상대성이론과 일반상대성이론을 구축하면서 '진실의 의외성'을 누구보다 생생하게 겪었기 때문이다. 그는 양자물리학의 토대를 구축한 후 원자와 전자, 그리고 빛의 특성을 완벽하게 서술하는 원자 이론을 찾기 시작했다.

그러나 보어는 원자물리학에 우리가 과학을 이해하는 방식과 현실과 지식의 상호 관계를 고려한 혁명적인 이론이 필요하다고 주장했다. 인간은 이 세상의 일부이므로, 원자를 관측하려면 어떤 형태로든 원자와 상호작용을 교환할 수밖에 없기 때문이다.

보어의 생각을 요약하면 다음과 같다. '이 혁명적인 변화를 수용하면 양자역학은 완성된 것이나 다름없다. 왜냐하면 양자역학은 인간이 자연에 참여하는 과정 속에 이미 내재되어 있기 때문이다.' 이 관점에 의하면 양자역학이 완벽한 이유는 체계가 완벽해서가 아니라, 그 이상 완벽하게 자연을 서술하는 이론이 존재하지 않기 때문이다.

보어가 제안한 철학적 혁명을 거부하고 전통적이고 상식적인 자연관을 고수하려면, 자연의 일부 특성에 대한 우리의 지식이 잘못되었을 가능성을 신중하게 고려해야 한다. 그리고 혹시라도 틀린 가정이 발견되면 새로운 가정으로 대치하여 양자역학을 더욱 완전하게 만들어야 한다.

1935년에 아인슈타인은 동료 연구원 두 명과 함께 이론과 실험을 겸비한 논문을 발표함으로써 완전한 이론을 향한 첫걸음을 내디뎠다. 여기서 눈여겨볼 것은 이들이 '모든 사물은 자신과 가까운 곳에 있는 사물하고만 상호작용을 교환한다'는 전통적인 가정을 부정했다는 점이다.

이 가정을 '국소성locality'이라 한다. 양자역학을 대신할 새로운 이론은 어떻게 국소성을 초월할 수 있을까? 앞으로 언급될 내용의 상당 부분은 이 문제와 관련되어 있다.

 이 책의 목적은 세 가지로 요약된다. 첫 번째 목적은 양자역학의 가장 중요한 수수께끼를 일반 독자들이 이해할 수 있도록 설명하는 것이다. 양자역학이 탄생한 지 한 세기가 넘었는데도 이 수수께끼는 아직 해결되지 않은 채 남아 있다.

 그러나 양자역학의 진위 여부를 놓고 벌어진 보어와 아인슈타인의 세기적 논쟁에서 나는 아인슈타인을 지지하는 쪽이기 때문에, 완벽하게 중립적인 입장에서 글을 쓰기는 어려울 것 같다. 이 점 독자들에게 미리 양해를 구하는 바이다. 나는 보어가 서술한 것보다 더 깊은 영역에 진정한 현실이 존재한다고 믿는다. 이것을 이해하기 위해 전통적인 현실 개념을 훼손하거나, 현실을 이해하고 서술하는 인간의 능력을 과소평가할 필요는 없다.

 이 책의 두 번째 목적은 양자역학의 수수께끼에 대한 아인슈타인의 관점을 옹호하는 것이다. 양자역학이 직면한 수수께끼는 자체적 해결이 불가능하며, 새로운 진보를 통해서만 해결될 수 있다. 지금의 양자역학은 신비하고 혼란스럽지만, 더욱 심오한 이론은 이런 구석이 전혀 없다.

 내가 이런 주장을 펼칠 수 있는 이유는 양자역학이 개발될 때부터 미스터리와 수수께끼가 해결된 이론이 어떤 형태의 이론인지 이미 알려져 있었기 때문이다. 이 접근법에서는 객관적 현실에 대한 우리의 믿음을 포기할 필요가 없다. 현실은 우리의 지식이나 행동에 영향을 받지 않으며, 현실을 완벽하게 이해하는 것도 얼마든지 가능하다. 이 현실에는 오직 하나의 우주만이 존재하며, 무언가가 우리에게 관측되는 것은 그 자체가 진실이기 때문이다. 이것은 '양자역학에 대한 현실주의적 접근법'이라 할 수 있다.

반현실주의적 관점에 따르면 양자역학이 신비롭게 보이는 이유는 인간이 자연으로부터 지식을 얻어내는 방법이 워낙 미묘하기 때문이다. 이 관점을 지지하는 사람들은 **인식론**epistemology(인간이 사물을 인식하는 방법을 연구하는 철학의 한 분야)을 기반으로 꽤 과격한 주장을 펼치고 있다. 반면에 현실주의자들은 우리는 진정한 현실을 서술하는 이론에 조만간 도달할 것이므로, 인식론에 연연할 필요가 없다고 주장한다. 이들은 인식론보다 **존재론**ontology(존재하는 것 자체, 또는 그들이 지니고 있는 공통적 규정을 고찰하는 철학의 한 분야)에 더 많은 관심을 갖고 있다. 그러나 반현실주의자들은 우리는 무엇이 정말로 존재하는지 알 수 없으며, 자연에 대한 지식을 얻는 유일한 길은 자연과 상호작용을 하는 것뿐이라고 주장한다.

나는 외부세계가 우리와 무관하게 존재하며, 우리는 그것을 완벽하게 이해할 수 있다고 믿는다. 이 책을 집필하게 된 것도 이런 현실주의적 관점을 독자들에게 알리기 위해서였다. 우리는 현실주의의 범주 안에서 양자역학을 완벽하게 이해할 수 있으며, 관측자와 관측 대상 사이에 미스터리 같은 것은 존재하지 않는다. 현실은 우리의 의지와 선택을 조금도 존중해주지 않지만 어쨌거나 그곳에 존재하고 있기 때문에, 적절한 방법을 동원하면 얼마든지 이해할 수 있다. 그리고 또 한 가지. 현실에는 '단 하나의 세계'만이 존재한다.

양자역학에 대한 현실적 접근이 가능하다고 해서, 철학적 접근이 틀렸다는 뜻은 아니다. 굳이 그것을 믿어야 할 강력한 과학적인 이유는 없다는 것이다. 과거에도 과학에서는 가능하기만 하다면 현실주의가 항상 우세했기 때문이다.

　그렇다면 양자이론을 놓고 벌어진 수많은 논쟁에는 왜 '현실은 우리가 알고 있는 지식의 수준에 따라 달라진다'거나, '이 세상에는 여러 개의 현실이 공존한다'는 등 기이한 아이디어가 빠지지 않고 등장하는 것일까? 사실 이것은 물리학자가 아니라 철학 역사가들이 고민해야 할 문제이다. 그중 한 사람인 폴 포먼Paul Forman은 1920~1930년대에 물리학계를 지배했던 보어와 하이젠베르크의 반현실주의 철학을 1차대전 직후에 태동한 오스발트 슈펭글러Oswald Spengler의 사상과 연관시켰다. 슈펭글러는 혼돈과 비합리성을 현실의 일부로 수용한 철학자로 유명하다.

　이 역사도 나름대로 흥미롭지만 판단은 인문학자들의 몫이다. 과학자인 나는 그들의 철학을 판단하는 대신 책을 쓰기로 마음먹었다.

　나는 고등학교를 중퇴하고 아인슈타인의 책을 처음 읽은 후로 지금까지 양자역학의 저변에 숨어 있는 단순하고 심오한 진리를 추구하면서 아인슈타인과 동일한 관점을 고수해왔다. 나의 물리학 인생은 아인슈타인의 자서전을 읽으면서 시작되었다고 해도 과언이 아니다. 그는 생의 마지막 시기인 1950년대 초반에 물리학에서 아직 해결되지 않은 두 가지 문제를 집중적으로 연구했는데, 하나는 양자역학의 미스터리를 푸는 것이었고 다른 하나는 그가 개발한 중력이론(일반상대성이론)과 양자역학을 하나로 통일하는 통일장이론을 완성하는 것이었다. 나는 아인슈타인의 자서전을 읽으면서 그가 이루지 못한 꿈을 내가 대신 이룰 수도 있다고 생각했다. 물론 성공할 가능성은 별로 높지 않았지만, 그가 매달렸던 문제는 분명히 평생을 바칠 만한 가치가 있었다.

아인슈타인의 자서전에서 삶의 목표를 찾은 후 대학에 진학하여 훌륭한 지도교수를 만나고, 대학원에 진학하여 괜찮은 연구성과를 올리는 동안 줄곧 나의 길을 안내한 것은 루이 드브로이의 책이었다. 이제 와서 돌이켜보면 나는 물리학자로서 아인슈타인이 제기한 두 가지 문제에 끊임없이 도전하며 꽤 만족스러운 삶을 살았다.

한 가지 아쉬운 것은 아직 이렇다 할 성과를 거두지 못했다는 점이다. 나와 같은 길을 걷고 있는 다른 물리학자들도 마찬가지다. 그러나 지난 수십 년 동안 물리학자들은 아인슈타인이 남긴 두 가지 문제를 더욱 깊이 이해할 수 있게 되었다. 물론 문제를 해결한 것보다는 못하지만 허송세월은 결코 아니었다. 양자역학의 한계를 넘어서는 길에 반드시 극복해야 할 장애물에 대해서는 아인슈타인보다 우리가 더 잘 알고 있기 때문이다. 그리고 이 과정에서 제기된 흥미로운 가설은 우리가 찾는 이론의 기초가 되어줄 것이다.*

나는 1970년대부터 양자역학의 문제점을 극복하기 위해 끊임없이 노력해왔는데, 지금처럼 낙관적인 적이 없었다. 이것이 바로 이

---

* 물리학 전문가들을 위한 조언: 현재 양자역학은 이론 및 실험 분야에서 역동적인 변화를 겪고 있으며, 이 책에서 앞으로 접하게 될 수수께끼를 해결하기 위해 다양한 가설이 제기된 상태이다. 이 책에서는 그들 중 일부만 소개할 예정인데, 그 외에도 많은 가설이 연구되고 있음을 밝혀두는 바이다. 한 권의 책에서 모든 내용을 소개한다면 분량이 너무 많아질 뿐만 아니라 상반된 가설 때문에 매우 혼란스러운 책이 될 것이다. 나의 첫 번째 목적은 양자적 현상을 설명하는 다양한 방법을 늘어놓는 것이 아니라, 독자들에게 양자세계를 소개하는 것이다. 그러므로 이 책에서 자신이 선호하는 버전의 양자물리학을 찾지 못할 물리학자들에게 미리 양해를 구하며, 나처럼 자신의 이론으로 책을 써볼 것을 권한다. 그리고 역사학자들에게도 양해를 구한다. 이 책에서 내가 하는 이야기는 교수와 학생들을 통해 전수된 과학적 창조설화이며, 그중 일부는 양자역학의 창시자들이 구축한 것이다.

책을 집필하게 된 세 번째 이유이다. 독자들은 이 책을 통해 양자의 한계를 넘어선 세계를 접하게 될 것이다.

2장

양자

양자역학의 가장 기본적인 원리는 다음과 같다.

미래를 완벽하게 조종하려고(즉, 미래를 정확하게 예측하려고) 아무리 애를 써도, 우리는 필요한 지식의 절반밖에 얻을 수 없다.

이 원리는 물리학의 미래 예측 능력에 심각한 지장을 초래한다. 오래전부터 물리학자들은 물리적 세계를 완벽하게 서술할 수만 있다면 미래를 정확하게 예측할 수 있다고 믿어왔다. 모든 입자와 힘의 거동(또는 작동) 방식을 완벽하게 이해하면 미래에 일어날 모든 사건을 사전에 예측할 수 있다는 뜻이다. 양자역학이 구축되기 전부터 물리학자들은 기본 입자의 거동을 좌우하는 법칙을 알아내면 이 세상에서 일어나는 모든 사건을 미리 알 수 있다고 굳게 믿어왔다.

'이 세계의 미래는 현재 작용하는 법칙에 의해 좌우된다'는 가설을 결정론determinism이라 한다. 이것은 매우 강력한 개념이어서, 대부분의 과학 분야에 지대한 영향을 미쳤다. 19세기까지만 해도 결정론은 과학뿐만 아니라 세상의 이치를 이해하는 제1원리로 사람들의 사고를 지배해왔다. 그런데 20세기에 등장한 양자역학이 결정론을 정면으로 부정했으니, 그 충격이 얼마나 컸을지 짐작이 갈 것이다.

독자들의 이해를 돕기 위해, 톰 스토파드Tom Stoppard의 연극 〈아르카디아Arcadia〉에서 여주인공 토머시나Thomasina가 가정교사에게 던지는 대사를 여기 소개한다.

모든 원자의 위치와 방향을 고정시킨 상태에서 이들의 작용을 모두 이해할 수 있다면, 그리고 선생님께서 대수학의 대가라면 이 세상이 맞이하게 될 미래를 수식으로 써 내려갈 수 있겠지요. 이런 일을 할 수 있을 정도로 똑똑한 사람은 세상에 없겠지만, 그래도 그런 공식 자체는 존재하는 거 아닌가요?[1]

임의의 한 순간의 자연에 대한 완벽한 서술을 **상태**state라고 한다. 예를 들어 우주는 수많은 입자들로 구성되어 있으므로, 임의의 시간에 모든 입자의 위치와 빠르기, 그리고 진행 방향을 알면 우주의 상태가 완벽하게 정의된다.

물리학의 위력은 흐르는 시간에 따라 자연이 변하는 양상을 알려주는 '법칙'에서 비롯된 것이다. 물리법칙을 잘 활용하면 지금 이 순간에 주어진 물리계의 상태로부터 미래의 상태를 알 수 있다. 입력된 정보에 법칙을 적용하여 결과를 출력하는 것이 마치 컴퓨터를 닮았다. 여기서 입력은 주어진 시간의 계의 상태이고, 출력은 미래의 시간에 계가 놓이게 될 상태이다.*

수학 계산이 완료되면 이 세상이 어떤 식으로 변해가는지 설명할 수 있다. 현재 상태에 작용하는 법칙은 미래 상태의 원인으로 작용한다. 시간이 흐른 후 과거에 예측했던 상태가 관측을 통해 사실로 판명되면, 해당 법칙은 검증을 통과하여 정식 이론으로 자리 잡게 된다. 정확한 입력이 정확한 출력을 낳는다는 점에서, 예측 자체도 결정론적이다. 그리고 예측이 성공적으로 이루어졌다면, 상태를 서술하는 데 사용된 정보가 '임의의 순간에 이 세계를 좌우하는 모든 요인'이라고 자신 있게 말할 수 있다.

이런 법칙은 현실주의적 사고에 잘 부합되며, 어떤 단일 이론보다 우월하다. 뉴턴의 고전물리학과 아인슈타인의 특수 및 일반상대성이론이 바로 이런 범주에 속한다. 주어진 물리계의 초기 상태에 고전역학이나 상대성이론의 법칙을 적용하면 미래의 상태(나중 상태)를 알 수 있다. 이런 식의 설명을 최초로 시도한 사람이 뉴턴이었기에, 물리학자들은 이것을 '뉴턴 패러다임Newtonian paradigm'이라 부른다.

또 한 가지 주목할 것은 지금까지 알려진 대부분의 물리법칙이 시간에 대해 가역적reversible이라는 점이다. 미래의 상태를 초기 상태로 삼아서 물리법칙을 거꾸로(즉, 시간이 과거로 흐르는 쪽으로) 적용

---

* 우주를 컴퓨터에 비유하면 결정론을 설명하는 데에는 도움이 되지만, 약간 오해의 소지가 있다. 이 점은 잠시 후에 논할 예정이다.

하면 과거의 상태가 결과로 얻어진다(시간의 가역성과 기본 법칙에 대해서는 14~15장에서 집중적으로 다룰 예정이다).

물리계의 상태를 완벽하게 서술하는 데 필요한 정보는 위치와 운동량, 부피와 압력, 또는 전기장과 자기장처럼 종종 쌍으로 등장한다.* 미래를 예측하려면 둘 다 정확하게 알고 있어야 하는데, 양자역학은 '둘 중 하나밖에 알 수 없다'고 주장한다.

다시 말해서, 미래를 정확하게 예측하는 것이 원리적으로 불가능하다는 뜻이다. 이것이 바로 양자역학이 우리의 편안한 직관에 날린 최초의 일격이었다.

그렇다면 개개의 쌍 중에서 우리가 알 수 있는 것은 어느 쪽인가? 양자역학에 의하면 우리가 마음대로 선택할 수 있다! 위치 정보를 포기하면 운동량을 알 수 있고, 운동량을 포기하면 위치를 알 수 있다. 양자역학이 현실주의적 세계관에 정면으로 도전장을 내민 것이다.

미래예측이 불가능하다는 주장은 좀 더 자세히 들여다볼 필요가 있다. 일단은 양자역학의 일반성을 십분 활용하여 약간 추상적인 표현으로 바꿔보자. 여기 물리계 하나가 주어져 있다. 이 계를 서술하는데 필요한 한 쌍의 변수를 A, B라 하자. 양자역학의 주장은 다음 두 개의 항목으로 정리된다.

1. 주어진 특정 시간에 A와 B를 모두 알고 있으면 계의 미래를

---

* 운동량momentum은 물체의 질량과 속도에 비례하는 양으로, 정확한 정의는 잠시 후에 내리기로 한다.

정확하게 예측할 수 있다.

2. 우리는 A를 선택할 수도 있고, B를 선택할 수도 있다. 그러나 이것이 최선이다. A와 B를 동시에 선택하여 이들의 정확한 값을 모두 알아내는 것은 원리적으로 불가능하다.

앞서 말한 대로, 이것은 양자역학이 관측 행위에 내린 금지령이다. 그러나 이것은 '주어진 물리계와 관련하여 우리가 알아낼 수 있는 것에 대한 금지령'으로 해석할 수도 있다.

잠깐 스톱! 갑자기 좋은 아이디어가 떠올랐다. A를 먼저 측정하고 잠시 기다렸다가 B를 측정하면 되지 않을까? 물론 가능한 이야기다. 그러나 B를 측정하는 행위 자체가 A의 값을 무작위로 변화시키기 때문에, 이런 쌍으로는 계의 미래를 예측할 수 없다. 어떤 방법으로 측정하건 B를 측정하면 A의 값이 달라지고, A를 측정하면 B의 값이 달라진다. A를 측정한 후에 B를 측정하고, 그다음에 다시 A를 측정한다 해도 나중에 얻은 A값이 무작위로 변하여 원래의 A와 무관해지는 것이다.

위에 언급한 두 개의 원리를 합쳐서 **비가환성 원리**非可換性原理, principle of non-commutativity라 한다. 두 개의 작용이 가해지는 순서에 상관없이 동일한 결과를 낳으면 가환적commutative이고, 다른 결과를 낳으면 비가환적non-commutative이다(쉽게 말해서, 가환적인 작용은 교환법칙을 만족시키고, 비가환적인 작용은 교환법칙을 만족시키지 않는다 – 옮긴이). 예를 들어 우유를 넣은 후 설탕을 넣은 커피와 설탕을 먼저 넣고 우유를 나중에 넣은 커피는 맛이 동일하므로 '우유를 추가하는 작용'과 '설탕을 추가하는 작용'은 가환적이다(극소수의 커피 마니아들은 여기에 동의하지 않을 수도 있다). 반면에 옷을 입는 행동은 비가환적 작용이다. 스웨터를 입고 외투를 걸친 것과 외투를 먼저 걸치고 그 위에 스웨터를 입는 것은 완전히 다른 패션이기 때문이다. 그러나 양말은 둘 중 어느 쪽을 먼저 신어도 결과가 달라지지 않고, 양말과 바지의 관계도 마찬가지다. 그러므로 양말을 신는 행위는 신발을 신는 행위를 제외하고, 그 밖의 모든 행위와 가환적이다(수학과 친한 독자들은 대수학을 위상수학topology에 적용한 것으로 이해할 수도 있다).

위에 언급한 A라는 변수(물리량)에 특정한 양의 불확정성uncertainty 이 존재한다면 어떻게 될까? 이런 경우에도 우리는 B를 관측할 수 있지만, 정확성에 한계가 주어진다. 불확정성은 상호적相互的이어서 A를 정확하게 알수록 B는 부정확해지고, 그 반대도 마찬가지다.

예를 들어 A는 입자의 위치이고, B는 입자의 운동량이라고 가정해보자. 그리고 당신에게는 A를 1m 오차범위 안에서 측정하는 임무가 주어졌다고 하자. 이런 경우 운동량의 정확도는 위치의 오차범위에 따라 달라진다. 즉, A의 오차범위(불확정성)를 크게 잡을수록 B의 측정값은 정확해지고, A의 오차범위를 작게 잡을수록 B는 불확실해진다. 이것이 바로 그 유명한 **불확정성 원리**uncertainty principle 이다.

$$(A의\ 불확정성) \times (B의\ 불확정성) > 상수^*$$

---

* 여기서 부등호(>)는 왼쪽 양이 오른쪽 양보다 크다는 뜻이다.

이것을 위치와 운동량에 적용하면 다음과 같다.

$$(\text{위치의 불확정성}) \times (\text{운동량의 불확정성}) > \text{상수}$$

물리학은 모든 건물에 사람 이름을 갖다 붙인 대학교 캠퍼스와 비슷하다. 위의 부등식 오른쪽에 있는 상수는 최초 제안자인 막스 플랑크Max Planck의 이름을 따서 플랑크상수Planck's constant라 하고, 불확정성 원리는 베르너 하이젠베르크라는 이름과 세트로 붙어 다닌다.

위의 사례에서 알 수 있듯이, 불확정성 원리는 양자세계의 전역에 통용되는 막강한 원리이다. A를 측정하고 B를 측정한 후, 다시 A를 측정하는 사례로 되돌아가서 생각해보자. 앞서 말한 대로 일단 B의 측정값이 알려지고 나면 A의 두 번째 측정값은 첫 번째 측정값과 상관없이 무작위로 변한다. 여기서 한 가지 가정을 해보자. A를 측정하기 직전에 어떤 조작을 가하여 B의 값이 의미하는 바를 완전히 잊어버렸다고 가정하면, 물리계는 첫 번째 측정에서 얻은 A의 값을 기억할 수 있다(생명에 없는 물리계가 무언가를 '기억한다'는 것이 좀 어색하게 들리겠지만, 물리학자들은 이런 표현을 자주 사용한다).

이것이 바로 '간섭interference'이다. 당신이 B를 측정했다는 사실을 완전히 잊어버리면 B의 불확정성이 커져서 A의 불확정성이 작아지는 것이다.

그런데 한 번 실행된 B의 측정을 어떻게 취소할 수 있을까? A와 B가 '둘 중 하나의 값을 갖는' 간단한 경우를 생각해보자. 예를 들어 A라는 집단에 속한 사람은 좌익 아니면 우익이고, B 집단에 속한 사람은 고양이 애호가 아니면 개 애호가라 하자. 이제 임의의 한 사람이 뚜렷한 정치적 성향을 갖지 않고, 개-고양이 선호도도 뚜렷하지 않은 이상한 게임을 해보자. 당신은 좌익 성향의 사람들만 모인 집회에 참석하여 '개와 고양이 중 어떤 동물을 좋아하십니까?'라는 질문을 던진 후, 고양이를 좋아하는 사람은 거실에 모아놓고 개를 좋아하는 사람은 부엌에 모아놓았다. 그리고 얼마 후 거실과 부엌을 각각 방문하여 정치적 성향을 물으니, 놀랍게도 절반이 '우익'이라고 대답한다. 인터뷰에 응한 사람들은 얼마 전까지만 해도 모두 좌익이었는데, 어찌된 영문일까? 이것이 바로 '정치적 성향과 개-고양이 선호도가 서로 비가환적일 때' 일어나는 현상이다.

그 후 당신은 거실과 부엌에 분리 수용된 모든 사람들을 식당에 모아놓고 이리저리 섞은 다음에 무작위로 한 사람을 골랐다. 당신은 그가 거실에 있었는지, 아니면 부엌에 있었는지 알 길이 없다. 즉, 개-고양이 선호도에 관한 측정(질문과 대답)이 완전히 무효로 돌아간 것이다. 그에게 정치적 성향을 물으니 한 치의 망설임도 없이 좌익이라고 대답한다. 다른 사람을 무작위로 골라서 물어봐도 대답은 똑같다. 모든 사람이 좌익이다.

이것은 모든 경우에 적용되는 일반적 원리이며, 대부분의 경우 A와 B는 예/아니오 질문('예'나 '아니오'로 대답 가능한 질문)의 답이다. 그러나 물리학자들이 주로 언급하는 것은 A가 전자와 같은 입자의 위치이고 B는 입자의 운동량인 경우이다.

운동량이라는 개념에 익숙하지 않은 독자들을 위하여 정확한 정의를 내려보자.

물리학 문제를 다루다 보면 입자의 빠르기와 방향을 동시에 고려해야 하는 경우가 종종 있다. 이 두 가지를 합한 개념이 바로 속도velocity이다. 입자의 속도는 진행 방향으로 향하는 화살표로 표현할 수 있다. 화살표의 길이가 길수록 속도가 빠르다는 뜻이다.

누구든지 충돌 사건에서 살아남으려면 가능한 한 힘을 적게 받아야 한다. 트럭과 승용차가 충돌했을 때 트럭이 승용차에 가하는 힘은 트럭의 속도변화율, 즉 가속도acceleration에 비례하고, 트럭의 질량에도 비례한다. 트럭과 탁구공이 같은 속도로 당신을 향해 다가오고 있을 때 둘 중 하나를 몸으로 받아내야 한다면 당연히 탁구공을 선택할 것이다. 이 경우에 운동량momentum을 '질량×속도'로 정의하면 힘과 가속도의 관계를 수학적으로 간결하게 표현할 수 있다. 운동량도 화살표로 표현되는데, 화살표의 방향은 물체의 진행 방향(또는 속도의 방향)을 나타내고 화살표의 길이는 운동량의 값에 비례한다.

운동량이 물리학에서 중요한 이유는 어떤 상황에서도 보존되는 양이기 때문이다. 즉, 계의 총 운동량은 계를 구성하는 모든 입자의 운동량을 더한 값과 같고, 이 값은 시간이 흘러도 변하지 않는다. 다시 말해서, 충돌 전의 운동량과 충돌 후의 운동량이 같다는 뜻이다(트럭과 승용차가 충돌한 경우, 트럭의 운동량과 승용차의 운동량을 더한 값은 충돌 전과 후에 동일하다 - 옮긴이). 충돌이 일어나면 두 물체는 운동량을 교환하고, 이 변화는 각 물체에 작용하는 힘으로 나타난다.

운동량뿐만 아니라 에너지도 보존되는 양이다. 입자로 이루어진 물리계의 총 에너지는 시간이 아무리 흘러도 변하지 않는다. 입자들이 상호작용을 교환하면 에너지를 얻는 입자도 있고 잃는 입자도 있지만, 총 에너지는 항상 같은 값을 유지한다. 즉 에너지는 생성되

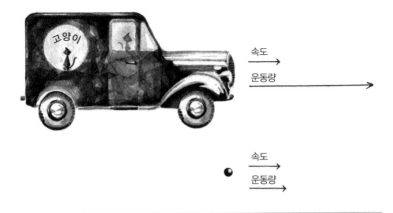

그림 1 트럭과 탁구공이 동일한 속도로 움직일 때, 트럭의 운동량은 탁구공의 운동량보다 훨씬 크다. '운동량=질량×속도'로 정의되는데, 트럭의 질량이 탁구공의 질량보다 압도적으로 크기 때문이다.

지도, 파괴되지도 않는다.

에너지와 운동량은 서로 밀접하게 연관되어 있다. 여기서 정확한 관계를 언급할 필요는 없지만, 자유롭게 움직이는 입자는 명확한 운동량과 함께 명확한 에너지를 갖고 있다는 점을 기억해두기 바란다.

하이젠베르크의 불확정성 원리에 의하면, 우리는 물체의 위치와 운동량을 동시에 정확하게 알 수 없다. 이것은 곧 미래를 정확하게 예측할 수 없음을 의미한다. 미래를 예측하려면 물체의 위치와 빠르기, 그리고 진행 방향을 정확하게 알아야 하기 때문이다.

양자적 입자의 거동을 직관적으로 이해하려면 입자의 정확한 위치를 시각화해야 한다. 그런데 이 작업을 수행하면 불확정성 원리에 의해 입자의 운동량(또는 속도)을 정확하게 정의할 수 없다. 예를

1부 비현실에 대한 믿음

들어 특정 위치를 일시적으로 점유하고 있는 입자를 상상해보자. 잠시 후에 이 입자는 근방의 다른 명확한 위치로 이동한다. 운동량이 불확실하기 때문에, 입자는 무작위로 점프할 수 있다.

그렇다면 이와 반대로 운동량이 명확하면서 위치가 제멋대로인 입자는 어떻게 시각화할 수 있을까? 이건 좀 어려울 것 같다. 이런 입자는 어떤 위치에 있건 존재할 확률이 똑같기 때문이다. 다시 말해서, 하나의 입자가 모든 곳에 골고루 퍼져 있다는 뜻이다. 이런 이상한 입자를 어떻게 시각화할 수 있을까?

바로 여기서 '파동'이 등장한다. 운동량이 명확하면서 위치가 불확실한 입자는 파동으로 시각화할 수 있다. 단, 평범한 파동이 아니라 단 하나의 진동수를 갖는 순수한 파동이어야 한다.

임의의 파동은 두 개의 숫자로 정의된다. 1초 동안 파동이 진동하는 횟수를 의미하는 진동수frequency와, 파동의 마루와 마루 사이(또는 골과 골 사이)의 거리를 의미하는 파장wavelength이 바로 그것이다. 사람의 걸음걸이에 비유하면 진동수는 1초 동안 걸음을 옮긴 횟수이고, 파장은 보폭에 해당한다. 1초당 걸음 수에 보폭을 곱하면 1초 동안 이동한 거리, 즉 속도가 되는 것처럼, 진동수에 파장을 곱하면 파동의 이동 속도가 얻어진다. 그러므로 진동수가 하나의 값으로 고정된 순수한 파동은 명확한 파장을 갖고 있다.

양자역학에 의하면 특정 입자를 나타내는 파동의 파장과 그 입자의 운동량은 서로 반비례하는 관계에 있다. 즉,

$$\text{파장} = h / \text{운동량}$$

이다. 여기서 h는 불확정성 원리에 등장했던 플랑크상수이다.

당분간은 우리가 다루는 입자가 다른 물체와 멀리 떨어져 있어서 아무런 힘도 받지 않는다고 가정하자. 힘이 작용하지 않는 경우, 운동량이 명확한 입자는 명확한 에너지를 가지며, 이 에너지는 진동수에 비례한다.

$$에너지 = h \times 진동수$$

이 관계는 범우주적으로 성립한다. 양자세계에 존재하는 모든 객체들은 파동으로 간주할 수도 있고, 입자로 간주할 수도 있다. 이것은 '우리는 입자의 위치 또는 운동량을 측정할 수 있지만, 두 값을 동시에 정확하게 측정할 수 없다'는 불확정성 원리의 결과이다.

위치를 측정할 때에는 잠시 동안 측정 대상을 '하나의 점에 집중되어 있는 입자'로 시각화해야 한다. 그러면 다음 순간에는 운동량의 불확정성이 커져서, 입자를 다시 관측하면 위치가 무작위로 변한다. 관측자에게 위치를 '들킨' 입자는 한 자리에 가만히 있을 수가 없다. 만일 그 자리에 가만히 있다면 0이라는 명확한 운동량을 갖게 되기 때문이다.

반면에 관측자가 입자의 운동량을 먼저 관측하기로 결정했다면, 명확한 운동량을 얻을 수 있다. 그러나 이런 경우에는 위치가 불확실해져서 입자를 파동으로 시각화해야 한다. 단, 이 파동은 앞에서 언급한 관계에 따라 명확한 파장과 진동수를 갖고 있다.

여기서 흥미로운 것은 파동과 입자의 물리적 특성이 완전히 다르다는 점이다. 입자는 모든 질량이 한 점에 집중되어 있기 때문에 공

1부 비현실에 대한 믿음

간에서의 위치가 명확하게 정의되며, 움직일 때에도 명확한 하나의 궤적을 따라간다. 또한 뉴턴의 고전물리학에 의하면 입자는 매 순간 명확한 속도와 운동량을 갖고 있다. 그러나 파동은 입자와 달리 이동하면서 넓게 퍼지기 때문에, 공간의 넓은 지역을 점유한다.

파동과 입자의 특성이 이렇게 다른데도, 우리는 하나의 현실을 시각화하는 방법으로 파동과 입자를 모두 선택할 수밖에 없었다. 하나의 현실이 파동과 입자라는 두 가지 특성을 모두 갖고 있기 때문이다. 이것을 파동-입자 이중성wave-particle duality이라 한다.

양자적 입자는 위치라는 속성을 분명히 갖고 있다. 입자의 위치를 측정하면 어디선가 반드시 발견된다. 그러나 임의의 순간에 위치가 밝혀지면 다음 순간의 위치가 극도로 불확실해지기 때문에, 양자적 입자는 명확한 궤적을 따라가지 않는다. 앞으로 독자들은 '명확한 위치를 갖고 있으면서 궤적 위의 점으로 표현되지 않는' 입자에 익숙해질 필요가 있다. 이와 마찬가지로 입자의 운동량도 관측하기로 마음만 먹으면 언제나 관측할 수 있다. 그러나 이 경우에 입자는 모든 곳에 골고루 퍼진 파동으로 존재한다. 운동량을 측정하여 하나의 명확한 값을 얻은 후에 위치를 측정하면 그 값은 완전히 무작위로 나타난다.

이것은 믿기 어려울 정도로 우아한 개념이다. 제아무리 고전물리학에 익숙한 사람이라 해도, 이 사실을 알고 나면 인정하지 않을 수 없다. 그러나 가장 눈에 띄는 것은 보편성이다. 위에 언급한 파동-입자 이중성은 빛과 전자, 쿼크 등 지금까지 알려진 모든 소립자에 예외 없이 적용되며, 여러 개의 소립자로 이루어진 원자와 분자에도 똑같이 적용된다. 심지어는 버키볼buckyball(탄소원자 60개가 축구공

모양으로 배열된 분자. 정식 명칭은 버크민스터풀러린buckminsterfullerene이다–옮긴이)이나 단백질처럼 복잡한 분자들도 이 원리를 따르고 있다. 물체의 양자적 특성을 드러낼 만큼 예민한 실험은 아직 실행된 적이 없지만, 이중성을 갖는 물체의 복잡한 정도와 크기에는 한계가 없는 것으로 알려져 있다. 사람이나 고양이, 또는 행성과 별들도 파동–입자 이중성을 갖고 있을까? 아직 단정할 수 없지만 그렇지 않을 이유를 찾지 못했으니 가능성은 열어둬야 한다.

이 장의 결론을 한 문장으로 요약하면 다음과 같다. 어떤 경우에도 우리는 미래를 정확하게 예측하기 위해 필요한 정보 중 절반밖에 얻을 수 없다.

3장

양자는 어떻게 변하는가

나의 대학 시절, 양자역학 담당 교수였던 허버트 번스타인은 강의 첫 시간에 다음과 같이 말했다. "물리학은 모든 것을 서술하는 과학입니다. 물리학의 목적은 자연의 다양한 현상을 설명하는 가장 일반적인 법칙을 찾는 것입니다."

양자역학은 지금까지 개발된 과학이론 중 적용 범위가 가장 넓지만, 특정 현상에 대한 질문을 크게 제한하는 이론이기도 하다. 우리는 이 제한을 앞에서 이미 겪은 바 있다. 미래를 정확하게 예측하는 데 필요한 정보를 절반밖에 얻을 수 없는 것이 바로 이런 제한에 해당한다. 양자역학으로 원자 한 개의 거동을 정확하게 서술하는 것은 불가능하며, 통계적인 거동만 서술할 수 있다. 즉, '하나의 원자가 특정 시간, 특정 위치에서 발견될 확률'만 알 수 있게 되는 것이다. 그러므로 양자역학을 수용한다는 것은 정확한 미래 예측을 포기한다는 뜻이다.

양자역학이 전대미문의 성공을 거두었음에도 불구하고, 대부분의 물리학자들은 미래 예측에 대한 희망을 포기할 수밖에 없었다. 그러나 나는 이것이 근시안적인 판단이며, 더욱 깊은 수준에는 명확한 하나의 현실이 존재한다고 믿는다. 이 원리가 밝혀지면 자연을 완벽하게 이해하겠다는 우리의 희망도 실현 가능해질 것이다.

양자이론에는 또 하나의 한계가 존재한다. 소위 말하는 **하부체계원리**subsystem principle가 바로 그것이다.

양자역학이 적용되는 모든 물리계는 더 큰 물리계의 하부체계이다.

그 이유 중 하나는 양자역학의 연구 대상이 '도구로 관측 가능한 물리량'으로 한정되어 있기 때문이다. 그리고 관측 결과를 인식하고 기록하는 관찰자observer와 그가 사용하는 관측 도구는 관찰 대상으로 삼은 물리계의 바깥에 존재해야 한다.

대부분의 사람들은 과학이 진실을 밝혀줄 것이라는 순진한 기대감을 갖고 과학에 접근한다. 우리는 존 벨의 논리를 따라, 주어진 물리계의 진정한 특성을 **비에이블**beable(be와 able을 붙인 신조어로, '유일한 현실이 존재할 수도 있다'는 가능성을 의미함 – 옮긴이)이라 부를 수도 있다. 이것은 반현실주의자들이 이론으로부터 얻어내려는 **관측 가능한 양**observables의 반대 개념으로 벨이 도입한 용어이다.

현실주의와 반현실주의의 논쟁에서 '비에이블'은 전자를, '관측 가능한 양'은 후자를 지지하는 의미로 사용된다. 관측 가능한 양은 실험이나 관측을 통해 얻어진 양으로, 관측이 실행되기 전부터 그런 양이 존재했다고 믿을 만한 근거는 없다. 반현실주의자들은 '관측으로 얻은 양은 관측 전부터 존재할 필요가 없다'는 점을 강조할 때 이 용어를 사용한다. 반면에 현실주의자들은 '현실은 관측 여부와 상관없이 항상 그곳에 존재한다'는 의미로 존 벨의 '비에이블'을 언급한다.

날아가는 새와 벌, 그리고 대포알의 궤적을 서술할 때, 대부분의 과학이론은 비에이블의 관점을 고수한다.

그러나 양자역학은 다르다! 하이젠베르크와 보어는 양자역학이 진실을 밝히는 이론이 아니라, 관측된 결과만을 설명하는 이론이라고 주장했다(그렇다고 이들이 '관측과 무관하게 존재하는 진실'을 믿었다는 뜻은 아니다. 양자역학 지지자들은 관측으로 얻은 결과만이 유일한 진실이라고 믿는다 – 옮긴이). 이들의 주장에 의하면 비에이블은 원자 영역에서 아무런 쓸모가 없다. 양자역학은 오직 관측 가능한 양만을 다루기 때문이다.

원자에서 '관측 가능한 양'을 관측하려면 커다란 거시적 도구를 사용하는 수밖에 없다. 그런데 정의에 의해, 관측 도구는 관측 대상인 물리계에 속하지 않는다. 물론 관측자도 마찬가지다.

그러므로 양자역학의 언어로 표현하면 관측 대상은 관측자와 관측 도구를 포함하는 더 큰 물리계의 일부에 해당한다. 이것이 바로 하부체계 원리이다.

대부분의 경우, 양자역학은 원자나 분자와 같이 아주 작은 물리계의 거동을 서술할 때 사용된다. 이런 경우에는 제한조건이 별로 중요한 역할을 하지 않는다. 그러나 물리학자들 중에는 우주 전체를 양자역학으로 설명하려고 애쓰는 사람도 있다. 언뜻 듣기에는 지나치게 야무진 꿈 같지만, 사실 이것이야말로 과학의 궁극적인 목표이다. 그런데 문제는 우주가 '더 큰 물리계의 일부'가 아니라는 점이다. 하부체계 원리에 의하면, 우리는 아무리 노력해도 우주 전체를 서술하는 이론을 개발할 수 없다.

양자역학이 모든 만물을 설명하는 이론이라는 주장과, 양자역학을 우주 전체에 적용하겠다는 희망 사이에는 미묘한 차이가 있다. 번스타인 교수는 양자역학 첫 시간에 "물리학은 모든 것을 설명하는 가장 기본적인 과학"이라고 했는데, 그 '모든 것'이란 전체 시스템의 하부구조에 해당한다. 그러나 양자역학을 우주 전체에 적용하는 것은 완전히 다른 이야기다. 이 원대한 작업을 구현하려면 관찰자와 관측 도구를 이론에 모두 포함시켜야 하기 때문이다.

지난 한 세기 동안 양자역학으로 우주를 설명하려는 시도가 몇 번 있었는데, 자세한 내용은 나중에 다룰 예정이다. 아무튼 나는 이런 시도가 실패할 수밖에 없다고 생각하는 쪽이다.

관찰자를 관측 대상에 포함시키면 자기참조self-reference라는 골치 아픈 문제에 직면하게 된다. 자기 자신을 관측(또는 서술)하는 행위는 자신의 물리적 상태를 변화시키기 때문에, 완벽한 서술이 가능할지 의심스럽다.

그러나 양자역학을 우주 전체로 확장할 수 없는 데에는 더욱 중요한 이유가 있다.

나는 이전에 썼던 책들(《우주의 일생The Life of Cosmos》, 《시간의 재탄생Time Reborn》, 《하나뿐인 우주와 시간의 실체The Singular Universe and the Reality of Time》. 마지막 책은 로베르토 망가베이라 웅거Roberto Mangabeira Unger와 공동으로 집필했다)에서도 우주 전체를 서술하는 물리학이론을 다루었는데,

거기서 내가 내린 결론은 '우주 전체를 서술하는 이론은 몇 가지 면에서 양자역학을 비롯한 기존의 이론과 확실하게 달라야 한다'는 것이었다. 기존의 이론들은 한결같이 우주의 일부에 적용되는 이론이기 때문이다.

우주의 일부에만 적용된다는 사실만으로도, 양자역학은 불완전한 이론임이 분명하다. 양자역학을 완전하게 만들어줄 새로운 이론은 우주 전체에 적용해도 타당한 결과를 얻을 수 있어야 한다.

양자역학이 불완전한 이유는 이뿐만이 아니다. 다른 이유들은 양자역학의 발달사에 훨씬 큰 영향을 미쳤다. 그러나 당분간은 우주론과 관련된 주제를 피하고, 눈앞에 닥친 문제에 집중하기로 하자.

특정한 물리계에 일반적인 법칙을 적용할 때에는 다음 세 단계의 과정을 거쳐야 한다.

(1) 연구 대상(물리계)을 명확하게 정의한다.

(2) 특정 시간에 계가 갖고 있는 물리적 특성의 목록을 작성한다. 계가 여러 개의 입자로 구성되어 있다면 각 입자의 위치와 운동량을, 파동으로 이루어져 있다면 파장과 진동수를 목록에 포함시켜야 한다. 완성된 목록은 계의 상태를 나타낸다.

(3) 시간에 따른 계의 변화를 서술하는 법칙을 가정한다.

양자역학이 등장하기 전까지만 해도, 물리학자들은 과학에 대하여 매우 큰 야망을 품고 있었다. 2단계에서 계를 완벽하게 서술한다는 것은 두 가지 의미가 있다. 첫째, 완벽한 서술이란 '더 이상의 자세한 서술이 불필요하거나 불가능하다'는 뜻이다. 목록이 완벽하다면, 목록에 없는 특성은 이미 목록에 포함된 특성들로부터 알

아닐 수 있다. 둘째, 완벽한 목록은 계의 미래를 예측하는 데 반드시 필요한 정보들로 이루어져 있다. 이 목록에 법칙을 적용하면 계의 미래를 알 수 있다. 즉, 현재 상태를 완벽하게 알고 있으면 미래를 알 수 있다는 뜻이다. 이것이 바로 '완벽한 서술'의 두 번째 의미이다.

뉴턴이 17세기에 고전역학을 완성한 후로 양자역학이 등장하기 전인 1920년대까지, 물리학자들은 '계를 구성하는 모든 입자의 위치와 운동량을 알면 계의 모든 특성을 안 것이나 다름없다'고 믿어왔다.

물론 우리는 계를 구성하는 모든 입자의 위치와 운동량을 알아내지 못할 수도 있다. 보통 크기의 방 안에 떠다니는 원자와 분자는 대략 1028개쯤 되는데, 이 많은 입자의 위치와 운동량을 모두 알아내기란 사실상 불가능에 가깝다. 물리학자들은 수가 지나치게 많은 입자 집단의 특성을 간단히 서술하기 위해 위치와 운동량의 평균을 이용하여 밀도, 압력, 그리고 온도라는 개념을 창안했지만, 이것은 어디까지나 확률적인 서술이기 때문에 계의 미래를 예측할 때에는 어느 정도의 오차를 감수해야 한다.

그러나 확률은 자연의 원리가 아니라 편의상 도입된 개념이며, 이로부터 초래된 불확실성은 자연에 대한 우리의 이해가 불완전하다는 증거일 뿐이다. 우리는 밀도와 온도를 이용하여 기체의 거동을 서술하고 있지만, 모든 원자의 개별적 거동은 분명히 존재한다. 내가 자연에 대한 정확한 서술이 가능하다고 믿는 것은 이런 이유 때문이다. 모든 원자의 위치와 운동량을 알 수만 있다면, 물리법칙을 이용하여 계의 미래를 정확하게 예측할 수 있다. 이것은 '객관적 현실이 분명히 존재하고, 우리는 그것을 알아낼 수 있다'는 현실주의적 믿음에 뿌리를 두고 있다.

그러나 양자역학은 '우리는 계의 미래를 정확하게 예측하는 데 필요한 정보들 중 절반밖에 알 수 없다'는 제1원리를 주장하면서 현실주의자들의 희망에 가차 없이 재를 뿌렸다.

계의 미래를 정확하게 예측하는 데 필요한 정보의 집합을 고전적 상태classical state라 한다. 여기서 '고전적classical'이라는 말은 뉴턴역학 이후부터 양자가 발견되기 전까지 통용되었던 물리학에 붙는 접두어이다. 우리가 알아낼 수 없는 나머지 절반의 정보는 양자상태 quantum state에 해당한다. 미래 예측에 필요한 정보의 절반이 누락되어 있는 한, 나머지 절반의 내용은 임의적이다. 즉 운동량만을 선택할 수도 있고 위치만을 선택할 수도 있으며, 둘의 조합을 선택할 수도 있다.

양자상태는 양자이론의 핵심 개념이다. 현실주의자들은 묻는다. 그것은 현실적 정보인가? 입자의 양자상태는 물리적 현실과 정확하게 일치하는가? 아니면 미래를 예측하기 위해 편의상 도입된 개념인가? 양자상태는 입자에 대한 서술이 아니라, 입자와 관련하여 우리가 갖고 있는 정보에 불과한 것 아닌가?

대부분의 물리학자들은 현실주의적 관점에 동의하지 않는다. 양자역학의 의미와 진위 여부에 대한 여러 가지 질문들은 잠시 뒤로 미루고, 당분간은 실용적인 관점에서 양자상태를 미래 예측용 도구로 받아들이기로 하자.

양자상태가 유용한 이유는 그로부터 미래의 상태를 예측할 수 있기 때문이다. 이것이 바로 양자역학의 두 번째 원리이다.

임의의 시간에 고립된 계의 양자상태를 알면 이로부터 미래의 양자상태를 예측할 수 있는 법칙이 존재한다.

이 법칙을 양자역학의 **제1규칙**이라 하며, 가끔은 **슈뢰딩거의 방정식**Schrödinger equation으로 불리기도 한다. 그리고 이와 같은 법칙이 존재한다는 원리를 **유니터리 원리**principle of unitarity라 한다.

그러므로 양자상태와 각 입자의 거동 사이의 관계는 통계적이지만, 양자상태의 시간에 따른 변화를 설명하는 이론은 결정론적이다.

앞서 말한 대로 명확한 에너지와 운동량을 가진 양자상태는 명확한 진동수와 파장을 갖는 순수파동으로 서술되며, 이것은 매우 특별한 양자상태에 속한다([그림 2] (A) 참조-옮긴이). 운동량이 불확실하여 단 하나의 진동수, 또는 단 하나의 파장으로 진동하지 않는 양자상태는 어떻게 될까? 일반적인 양자상태는 여러 개의 파장과 진동수가 섞인 파동으로 서술된다. 이들은 위치와 운동량이 명확하지 않기 때문에, 둘 중 하나를 측정하면 다른 하나는 불확실해진다.*

위치가 명확하면서 운동량은 무한정 불확실한 상태도 있다. 이런 상태를 파동으로 나타내면 단 한 지점(입자가 있는 곳)에서 뾰족하게 솟아 있고, 다른 모든 지점에서는 0이다([그림 2] (B) 참조-옮긴이).

---

* 양자상태를 나타낸 파동을 파동함수wave function라 부르기도 한다.

　　　　　　　　　　　　　　　　　1부 비현실에 대한 믿음

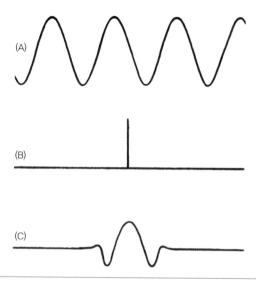

그림 2 각기 다른 양자상태에 대응되는 세 가지 유형의 파동함수. (A) 파장이 한 값으로 정의된 파동은 명확한 운동량을 갖고 있다. 그러나 이런 경우에는 불확정성 원리에 의해 위치의 불확정성이 무한대로 커진다. (B) 위치가 명확한 상태에 해당하는 파동함수. 이 경우에는 파장(또는 운동량)의 불확정성이 무한히 크다. (C) (A)와 (B)의 중간에 해당하는 파동함수. 이런 파동은 파장이 다른 여러 개의 파동을 조합하여 만들 수 있으며, 위치와 운동량 모두에 불확정성이 존재한다.

입자가 한 지점에 집중되진 않지만 꽤 좁은 영역에 집중될 수도 있는데([그림 2] (C) 참조 – 옮긴이), 이런 경우에는 입자의 위치를 대략적으로나마 알 수 있다.

일반적인 양자상태를 나타내는 한 가지 방법은 진동수와 파장이 다른 여러 개의 순수파동을 더하는 것이다.

이러한 '조합상태'의 에너지를 측정하면 파동을 구성하는 여러 진동수의 범위를 알 수 있다.

이것을 음악에 비유하면 파동은 음파에 해당한다. 순수파동은 하나의 진동수로 진동하는 단일음에 해당하고, 여러 개의 음을 동시에 연주하면 화음이 생성된다. 실제 음악에서 화음이 조성되려면 특별한 조건을 만족해야 하지만, 양자세계의 음악은 동시에 낼 수 있는 소리의 개수에 아무런 제한이 없으며, 하나로 더해지는 양자상태의 수에도 한계가 없다.

각기 다른 양자상태에 대응되는 두 개의 파동을 더하는 것을 **중첩**superposition이라 한다. 이것은 하나의 입자가 감지기에 도달할 때까지 거쳐온 두 개의 경로를 더하는 것과 같다. 앞에서처럼 고양이 애호가를 거실에, 개 애호가를 부엌에 따로 모아놓았을 때 개개의 방은 '선호하는 동물'에 따라 정의된 양자상태를 나타낸다. 그리고 이들을 식당에 하나로 집결시키면 식당은 중첩상태가 된다.

이것은 **중첩원리**superposition principle라는 일반적 원리의 한 사례이다.

> **중첩원리:** 임의의 두 양자상태를 중첩시키면 제3의 양자상태가 정의된다. 세 번째 상태는 두 상태를 나타내는 파동을 수학적으로 더함으로써 만들어지며, 중첩된 후에는 두 상태의 차이에 관한 정보가 말끔하게 사라진다.

상태 C와 D를 중첩시켜서 만든 제3의 상태는 C **또는** D이다. 식당에 모인 사람들은 고양이 애호가일 수도 있고, 개 애호가일 수도 있다. C와 D 사이에 '또는or'이 끼어들었다는 것은 정보의 일부가 누락되었음을 의미한다. 식당에 모인 사람은 C일 수도 있고 D일 수도 있지만, 누가 C이고 누가 D인지는 알 길이 없다. 우리가 알 수 있는 사실은 모든 사람이 C **아니면** D에 속한다는 것뿐이다.

앞에서 강조한 바와 같이, 양자상태가 중요하게 취급되는 이유는 시간에 따른 변화가 명백한 법칙에 의거하여 일어나기 때문이다. 양자상태와 관측 행위의 관계는 확률적이지만, 현재의 양자상태와 다른 시간대의 양자상태는 명백한 관계로 얽혀 있다. 그러나 시간에 따른 변화를 관장하는 법칙은 외부(우주의 나머지 부분)와 완전하게 고립된 계에만 적용된다. 즉, 파동함수의 미래를 좌우하는 법칙이 결정론처럼 적용되려면, 주어진 물리계는 외부로부터 아무런 영향도 받지 않아야 한다.

물리계를 관측할 때, 관측 장비와 물리계는 어쩔 수 없이 상호작용을 교환해야 한다. 그러므로 관측 행위가 개입되면 양자역학의 제1규칙은 더 이상 적용되지 않는다. 관측뿐만 아니라 물리계가 외부의 (자연적)힘과 상호작용을 교환해도 제1규칙은 물 건너간다. 관측 행위에 어떤 특별한 점이 있기에 물리계의 상태를 그토록 크게 변화시키는 것일까?

관측 행위가 특별한 이유는 관측이 실행되는 순간 양자역학에 확률이 개입되기 때문이다.

양자역학은 계의 양자상태와 관측 결과가 확률적 관계에 있다고 주장한다(계의 양자상태를 정확하게 예측할 방법은 없고, 특정 상태가 관측될 확률만 알 수 있다는 뜻이다. 예를 들어 상태 a가 관측될 확률이 50%이고 상태 b는 30%, c가 20%라면 관측을 10번 수행했을 때 a가 5번, b가 3번, c가 2번 관측될 가능성이 제일 높다. 저자는 이런 관계를 '확률적 관계'라고 말하고 있다 – 옮긴이). 일반적으로 한 번의 측정에서는 여러 개의 결과가 나올 수 있으며, 각 결과에는 특정한 확률이 할당되어 있고 이 확률은 양자상태에 의해 결정된다. 입자의 위치를 측정하는 경우, 양자상태와 확률의 관계는 다음과 같다.

공간의 특정 위치에서 입자가 발견될 확률은 그 지점에서 입자에 대응되는 파동의 '높이의 제곱'에 비례한다.

이 법칙은 최초 발견자인 막스 보른의 이름을 따서 '보른 규칙 Born rule'으로 알려져 있다.

그런데 왜 하필 제곱이어야 할까? 이유는 간단하다. 파동의 높이는 양수일 수도 있고 음수일 수도 있는데, 확률은 무조건 0보다 크거나 같아야 하기 때문이다. 임의의 수를 제곱하면 항상 양수가 되므로, 파동의 높이의 제곱이 확률과 연결된 것이다. 여기서 중요한 것은 파동의 키가 클수록 그곳에서 입자가 발견될 확률이 높다는 점이다.

지금까지 언급한 양자역학의 핵심 원리를 정리해보자. 파동은 양자상태를 나타내고, 외부와 고립된 물리계는 제1규칙에 의거하여 시간에 따라 변한다. 그러나 우리가 관측을 실행하여 얻은 결과는 양자상태와 간접적으로 연결되어 있으며, 이 관계는 결정론을 따르지 않는다(즉, 미리 결정되어 있지 않다). 양자상태와 관측 결과는 확률적 관계이며, 가장 기본적인 단계에 무작위성이 개입되어 있다.

그러나 양자상태로부터 알 수 있는 것이 확률뿐이라 해도, 일단 관측을 실행하면 확실한 것이 존재한다. 관측 후에는 계가 어떤 양자상태에 있는지 정확하게 알고 있기 때문이다. 예를 들어 전자의

1부 비현실에 대한 믿음

운동량을 관측하여 (특정 단위로) 17이라는 운동량을 갖고 북쪽으로 이동하고 있다는 사실을 알아냈다면, 관측 후 전자의 양자상태는 '북진, 운동량=17'이다.

이것이 바로 양자역학의 **제2규칙**이다.*

관측을 실행하기 전에는 어떤 결과가 나올지 아무도 알 수 없다. 관측자가 예측할 수 있는 것이라곤 다양한 시나리오 중 특정 결과가 얻어질 확률뿐이다. 그러나 관측을 실행하면 관측 대상에 변화가 일어나 단 하나의 상태로 결정되며, 이것이 관측 결과로 나타난다. 이 과정을 '파동함수의 붕괴collapse of the wavefunction'라 한다.

앞에서 예로 들었던 것처럼 정치적 성향과 애완동물 선호도에 따라 사람들을 나눈 경우, 한 사람을 골라 질문을 던져서 답을 얻어내면 바로 그 순간부터 그 사람의 성향은 명확하게 결정된다. 질문을 하기 전까지는 그가 좌파인지 우파인지, 또는 고양이를 좋아하는지 개를 좋아하는지 알 수 없지만, 질의응답이 오간 후에는 그의 양자상태가 하나로 결정되는 것이다(이 경우에는 질의응답이 관측 행위에 해당한다).

관측 결과는 확률적이기 때문에, 제2규칙에 의해 일어나는 양자

---

* 앞에서 제1규칙을 언급했을 때, 독자들은 제2규칙도 존재한다는 사실을 이미 눈치챘을 것이다. 개중에는 파동함수의 붕괴를 제1규칙으로, 슈뢰딩거의 파동함수를 제2규칙으로 정의한 책도 있다.

상태의 변화도 확률적으로 일어난다.

관측이 완료되면 관측 대상은 다시 고립계가 되어 다음 관측이 실행될 때까지 제1규칙(슈뢰딩거 방정식)을 따라 변해간다.

당신은 제2규칙에 대하여 다음과 같은 질문을 제기할 수 있다.

- 파동함수는 한순간에 붕괴되는가? 아니면 붕괴될 때까지 어느 정도 시간이 걸리는가?
- 파동함수는 관측 장비와 상호작용을 교환하자마자 곧바로 붕괴되는가? 아니면 상호작용을 어딘가에 기록한 후에 붕괴되는가? 이것도 아니면 관측자에게 인식되었을 때 붕괴되는가?(이 경우에는 시간이 훨씬 오래 걸린다.)
- 파동함수의 붕괴는 물리적 변화인가?(그렇다면 양자상태는 현실적 상태가 된다.) 아니면 관측 대상에 대한 우리의 지식이 달라진 것뿐인가?(그렇다면 양자상태는 관측 대상에 대하여 우리가 알고 있는 정도를 나타낼 뿐이다.)
- 관측 대상인 물리계는 관측 장비와 상호작용이 교환되었다는 사실을 어떻게 알고 제2규칙을 따르는가?
- 관측 대상과 관측 장비를 하나의 물리계로 합치면 어떻게 되는가? 이 경우에 전체 물리계는 제1규칙을 따를 것인가?

각 질문에는 관측 문제의 각기 다른 양상이 반영되어 있다.

물리학자들은 이에 대해 저마다 다른 답을 내놓으며 거의 100년 동안 치열한 논쟁을 벌여왔다. 전체적인 그림이 파악되면 독자들도 할 말이 꽤 많아질 것이다.

4장

양자는 어떻게 공유되는가

세상이 우리와 상관없이
바깥에 존재한다고 생각하면 모든 면에서 편리하지만,
현실은 전혀 그렇지 않다.

존 아치볼드 휠러

양자계의 중첩은 현실주의적 세계관에 위협적인 도전이 아닐 수 없다. 그러나 양자역학이 단순한 계의 조합으로 구성된 물리계를 설명하는 방식은 현실주의를 더욱 난처하게 만든다.

중첩이란 하나의 물리계에서 각기 다른 '가능한 상태'들이 더해진 상태이며, 이들은 앞서 말한 대로 '또는or'이라는 관계로 결합되어 있다. 양자역학은 두 개의 다른 상태를 결합하여 하나의 상태로 만들 때 매우 흥미로운 특성을 발휘한다. 예를 들어 전자 한 개와 양성자 한 개가 가까운 거리에 놓인 경우를 생각해보자. 이들은 각기 다른 양자상태를 점유하고 있지만, 하나로 묶으면 수소 원자가 된다. 이때 전자의 상태와 양성자의 상태를 결합하면 원자의 양자상태가 얻어지는데, 둘을 결합하는 방식이 'or'가 아니라 'and'이다. 또한 각 양자상태는 구성성분을 완벽하게 서술하는 데 필요한 정보의 절반만을 갖고 있으며, 결합된 양자상태도 원자에 대한 정보의 절반만 갖고 있다. 바로 여기서 양자역학의 흥미로운 현상이 모습을 드러낸다.

정치적 성향은 좌파 아니면 우파이면서, 좋아하는 애완동물이 개 아니면 고양이인 사람들로 돌아가보자. 같은 아파트에 사는 안나Anna와 베스Beth가 애완동물에 대해 이야기를 나누고 있다. 두 사람 모두 개보다 고양이를 좋아한다. 그러므로 안나와 베스를 결합한 상태는 '고양이+고양이' 상태이다. 애완동물에 관한 한 두 사람은 명확한 성향을 갖고 있으므로 정치적 성향은 불확실하다. 안나나 베스에게 정치적 성향을 물었을 때 좌파라고 답할 확률은 50%이고, 우파라고 답할 확률도 똑같이 50%이다. 따라서 두 사람의 정치적 성향이 같을 확률(좌+좌, 또는 우+우)과 다를 확률(좌+우, 또는 우+좌)도 50%이다. 안나와 베스가 어떤 애완동물을 좋아하는지 명확하게 알려진 경우, 두 사람의 정치적 성향은 무작위적이며 상대방의 성향에 아무런 영향도 받지 않는다.

그러나 양자역학에서는 '개별적 성향은 불확실하지만 둘 사이의 연결관계가 확실하게 알려진' 한 쌍의 상태를 정의할 수 있다. 안나와 베스가 이런 상태에 있다면, 둘 중 한 사람에게 정치적 성향을 물었을 때 어떤 답을 할지 알 수 없지만, 두 사람의 답이 항상 반대라는 사실만은 확실하다. 이런 상태를 '대립CONTRARY'이라 한다. 두 사람에게 임의의 질문을 던지면 항상 정반대의 답이 돌아온다. 그러나 누가 어떤 답을 할지는 아무도 알 수 없다.

CONTRARY는 두 입자가 서로 연결되어 있지만 입자의 개별적 상태는 알 수 없는 희한한 상태의 한 사례이다. 물리학자들은 이런 상태를 **얽힌 상태**entangled state라 한다. 이것은 양자역학에서만 볼 수 있는 새로운 현상으로, 고전역학에는 비슷한 개념조차 존재하지 않는다.

어떤 질문을 하건 둘의 답이 항상 반대라는 사실로부터, 우리는 둘의 답을 예측하는 데 필요한 정보의 절반을 얻을 수 있다. 나머지 절반은 개별적인 질문으로부터 얻어진다(예를 들어 안나에게 어떤 동물을 좋아하느냐고 물었을 때 고양이라고 답했다면, 베스에게는 굳이 묻지 않아도 개를 좋아한다는 사실을 알 수 있다 - 옮긴이). 그러므로 CONTRARY 상태에서는 두 객체(안나와 베스)의 개별적인 관점을 알 방법이 없고, 두 관점의 상호관계만 알 수 있다. CONTRARY 상태에 있는 안나와 베스는 '두 사람의 개별적 관점의 단순한 합이 아닌' 특이한 성질을 공유하고 있는 것이다.

안나와 베스는 저녁시간을 함께 보내고 각자 집으로 돌아가 잠을 청한 후, 다음날 아침에 CONTRARY 상태에서 깨어나 각자 자신의 직장으로 출근했다. 점심시간에 안나는 회사 동료들과 대화를 나누다가 정치적 성향, 또는 애완동물 선호도에 대한 질문을 받았는데, 동료들은 둘 중 어떤 질문을 할지 미리 생각해놓지 않고 마지막 순간에 질문을 선택하여 안나에게 물은 후 질문의 내용과 안나의 대답을 노트에 기록했다. 안나는 전혀 모르고 있었지만, 베스의 직장 동료들도 이와 똑같은 과정을 수행하고 있었다. 두 직장의 동료들은 이런 일을 매일 한 번씩 1년 동안 반복하여 데이터 북을 만들었고, 어느 날 연합회의장에서 만나 각자 가져온 노트를 비교해보았다. 자, 과연 어떤 결과가 나올 것인가?

안나의 동료들과 베스의 동료들이 각기 다른 질문을 한 경우가 전체의 절반을 차지할 텐데, 이런 경우는 무시하고 두 회사 동료들이 똑같은 질문을 한 경우만 생각해보자. 안나와 베스는 CONTRARY 상태에 있으므로, 두 사람의 대답은 100% 정반대이다. 한 사람(안나 또는 베스)의 대답은 완전히 무작위인데, 신기하게도 두 사람은 항상 정반대의 답을 내놓았다. 어떻게 그럴 수 있을까? 회사 동료들은 어안이 벙벙해졌다.

앞에서도 말했지만 이것을 논리적으로 설명하기란 결코 쉽지 않다. 단, 안나와 베스가 매일 아침 출근 전에 만나서 누가 어떤 대답을 할지를 동전을 던져 미리 결정했다면 설명이 된다. 두 사람이 두 회사의 직원들을 갖고 논 것이다. 그러나 문제는 사람이 아니라 광자光子, photon도 이와 비슷한 거동을 보인다는 점이다. 물리학자들은 CONTRARY 상태에 있는 한 쌍의 광자를 관측하여, 관측 결과가 항상 정반대라는 사실을 확인했다. 광자는 안나와 베스 같은 사람이 아니므로, 이들이 사전에 모의했다는 설명은 전혀 설득력이 없다. 광자의 얽힌 상태는 아일랜드의 물리학자 존 벨이 1964년에 발표한 논문을 통해 세상에 알려지게 되었다.

물론 광자에게 애완동물이나 정치적 성향을 물을 수는 없다. 존 벨이 광자에게 던진 질문은 '편광偏光, polarizarion'이었다. (제임스 클러크 맥스웰James Clerk Maxwell의 전자기학에 의하면 – 옮긴이) 전자기파(빛)는 진동하는 전기장과 자기장으로 이루어져 있다. 이들의 진동은 전자기파가 진행하는 방향의 수직 방향으로 일어난다. 3차원 공간에서는 주어진 하나의 방향에 수직인 방향이 무한히 많이 존재하는데, 전기장이 이들 중 한 방향으로 진동하면 자기장은 전기장과 수직인 방향으로 진동하면서 앞으로 나아간다. 빛이 편광되었다polarized는 것은 전기장의 진동면이 하나로 정해졌다는 뜻이다. 선글라스처럼

1부 비현실에 대한 믿음

그림 3 전자기복사(빛)의 편광polarization을 보여주는 그림. 외부에 전류나 전하가 없을 때 전자기파의 전기장은 진행 방향과 수직인 방향으로 진동한다. 이 그림은 그중 두 가지 사례를 표현한 것이다. 전기장이 진동하는 방향과 빛의 진행 방향은 3차원 공간에서 하나의 면에 포함되는데, 이것을 편광면plane of polarization이라 한다. 이 그림에는 두 개의 편광면이 예시되어 있다.

편광 처리된 렌즈를 통과한 빛은 편광상태가 하나로 정의된다.

편광에 대하여 CONTRARY 상태에 있는 한 쌍의 광자를 상상해보자(이런 광자쌍은 실험실에서 실제로 만들 수 있다). 이들이 각자 반대 방향으로 진행하여 둘 사이의 거리가 충분히 멀어졌을 때, 진행경로에 편광처리된 유리를 갖다 놓는다. 두 광자가 CONTRARY 상태에 있고 두 개의 거울이 같은 방향으로 편광처리되었다면, 둘 중 하나의 광자는 유리를 통과하고 다른 광자는 통과하지 못한다. 그러나 두 광자의 개별적 특성은 전적으로 불확실하기 때문에, 어떤 광자가 통과할지는 미리 예측할 수 없다.

이제 두 개의 유리 중 하나의 각도를 조금 바꿔보자. 편광된 유리를 돌리면 편광면도 함께 돌아가기 때문에, 두 유리의 편광방향이 달라진다(물론 처음에는 같은 방향이었다). 그러면 어떤 경우에는 두 광자가 모두 유리를 통과한다. 이런 경우의 발생빈도는 편광유리의 각도에 따라 다르다. 두 편광유리 사이의 각도가 0이면 두 광자에게 똑같은 질문을 던진 경우에 해당하기 때문에, 모두 통과하는 경우는 절대로 없다. 그러나 두 편광유리 중 하나의 각도를 조금 바꾸면 이는 두 광자에게 '약간 다른 질문'을 던진 경우에 해당하여, 두 광자가 모두 통과하는 경우가 드물게 발생하기 시작한다. 그렇다면 두 편광면 중 하나의 각도를 연속적으로 바꿨을 때, 두 광자가 모두 통과하는 비율은 어떤 식으로 달라질 것인가?

벨은 물리학이 국소적local이라는(즉, 모든 정보가 빛보다 빠르게 전달될 수 없다는) 가정을 내세웠다. 이 가정이 옳다면 멀리 떨어져 있는 두 광자 중 하나에게 던진 질문이 다른 광자의 답에 영향을 줄 수 없다.

벨은 여기에 기초하여 두 개의 광자가 편광기(편광처리된 유리)를 모두 통과하는 비율의 제한조건을 유도했다(벨은 이 조건을 수학적 부등식으로 표현했다. 이것을 벨의 부등식Bell's inequality이라 한다 – 옮긴이). 이 조건은 두 편광기 사이의 각도에 따라 달라진다.

벨은 제일 먼저 이 제한조건이 양자역학의 예측에 위배되는지 확인했는데, 실제로 두 편광기 사이의 각도가 특정한 값일 때 조건이 위배되는 것으로 나타났다. 이는 곧 양자역학이 벨의 '국소성 가정'을 만족하지 않는다는 뜻이다. 이것은 안나와 베스의 사례를 통해 쉽게 확인할 수 있다. 직장에 출근한 안나와 베스는 CONTRARY라는 하나의 양자상태를 공유하고 있는데, 이것은 개인적인 특성이 아니라 '공유된' 특성이기 때문에 두 사람이 모두 갖고 있어야 의미를 갖는다. 그리고 이 상황은 물리학이 국소적이라는 철학적 관점과 양립할 수 없다.

구체적 사례로 들어가면 상황은 더욱 혼란스러워진다. 직장동료들이 베스에게 어떤 동물을 좋아하냐고 물었을 때 베스가 고양이를 좋아한다고 대답했다면, 그녀의 양자상태는 제2규칙(파동함수의 붕괴)에 따라 즉각적으로 변한다. 베스의 동물 선호도는 원래 불확실한 상태였는데, 질문에 답하는 순간 고양이를 좋아하는 사람으로 결정되는 것이다. 그 후 똑같은 질문을 다시 해도 베스는 여전히 고양이라고 답할 것이다. 즉, 베스의 상태는 '고양이'로 결정되었다.

그러나 베스와 안나는 CONTRARY 상태에서 하루를 시작했으므로, 베스가 동료들의 질문에 답하는 순간 안나는 개를 좋아하는 사람으로 결정된다. 안나의 동료들이 어떤 동물을 좋아하냐고 물으면 그녀는 추호의 망설임 없이 '개'라고 답할 것이다. 베스의 대답 때문에 안나는 졸지에 개를 좋아하는 사람으로 100% 확실하게 결정된다.

베스의 동물선호도에 대한 관측행위(동료들의 질문과 베스의 대답)는 안나의 상태에 즉각적으로 영향을 미친다. 관측을 당한 사람은 베스이고 안나는 누구와도 대화를 나누지 않았는데, 안나의 상태가 제2규칙에 의해 결정되었다. 이것은 '양자적 비국소성quantum nonlocality'의 한 사례이다.

베스에게 정치적 성향을 물어도 똑같은 상황이 벌어진다. 베스가 무슨 대답을 하건, 안나는 그 반대로 대답할 것이다.

베스가 자신의 성향을 묻는 질문에 답하는 순간부터 베스와 안나는 더 이상 같은 상태를 공유하지 않는다. 이제 베스는 자신만의 명확한 상태에 놓이게 되는데, 당신은 이것이 '관측을 당한 결과'라고 생각할 수도 있다. 이상한 것은 두 사람이 CONTRARY라는 얽힌 상태에 있다가 베스가 동료들의 질문에 답하는 순간 안나의 상태까지 즉각적으로 변한다는 점이다. 베스가 고양이를 좋아한다고 대답했다면 바로 그 순간에 안나는 개를 좋아하는 사람으로 결정되고, 베스가 좌파라고 대답하면 안나는 우파로 결정된다.

이런 일은 안나에게 질문을 하지 않아도 일어날 수 있다. 지금 중요한 것은 안나의 대답이 아니라, 베스의 대답이기 때문이다. 베스의 회사와 안나의 회사가 몇 광년 거리만큼 떨어져 있는 경우, '어떤 정보도 빛보다 빠르게 전달될 수 없다'는 속도제한을 받아들인다면 안나는 적어도 몇 년이 지난 후에야 베스가 어떤 질문을 받았고 어떤 대답을 했는지 알 수 있다. 다시 말해서, 안나는 자신의 양자상태가 달라졌다는 것을 즉각적으로 인지할 수 없다는 뜻이다. 그러나 양자이론이 옳다면 안나의 상태는 베스와의 거리가 아무리 멀어도 베스가 동료의 질문에 대답하는 순간 즉각적으로 변해야 한다.

물론 누군가가 안나에게 먼저 질문하여 답을 얻어냈다면, 베스의 성향이 즉각적으로 결정된다. 안나와 베스가 얽힌 상태를 공유하고 있는 한, 두 사람의 역할은 완전히 대칭적이다.

CONTRARY 상태의 이상한 거동을 최초로 알아낸 사람은 양자역학을 거부했던 아인슈타인이다. 그는 1935년에 두 사람의 젊은 동료 보리스 포돌스키Boris Podilsky, 네이선 로젠Nathan Rosen과 함께 이 내용을 논문으로 발표하여 전 세계 물리학자들에게 큰 충격을 안겨주었다.[1] 세 사람의 저자(줄여서 EPR이라 부른다)는 위에서 언급한 것과 비슷한 실험을 이용하여 '정보는 절대로 빛보다 빠르게 이동할 수 없으므로, 양자역학은 완전한 이론이 아니다'라고 결론지었다. 이 논문에서 EPR은 물리계가 현실적 특성을 갖고 있다는 믿음하에

1부 비현실에 대한 믿음

하나의 판단기준을 내세웠는데, 그 내용은 다음과 같다.

계를 교란하지 않고 특성을 100% 정확하게 결정할 수 있으려면, 계의 특성과 관련된 물리적 실체 요소가 존재해야 한다.

또한 EPR은 '물리적 작용이 가해지지 않는 한, 계는 절대로 교란되지 않는다'고 가정했다. 멀리 떨어진 곳에서 관측이 이루어졌다는 사실만으로 이곳에 있는 계가 영향을 받을 수는 없다는 것이다. 더욱 중요한 것은 물리적 교란이 국소적이라는 가정이다. 즉, 우리의 우주에서는 어떤 신호나 정보도 빛보다 빠르게 전달될 수 없다. 이것을 안나와 베스에게 적용하면 다음과 같은 결론이 내려진다.

베스가 동료들에게 어떤 질문을 받고 어떤 대답을 했건 간에, 안나가 이 사실을 인지하려면 시간이 최소한 '빛이 베스와 자신 사이를 여행하는 데 걸리는 시간'만큼 흘러야 한다.

앞에서 펼친 논리에 의하면 베스의 동료들은 베스에게 어떤 동물을 좋아하는지 묻고 답을 듣는 순간, 안나가 어떤 동물을 좋아하는지도 알게 된다. 그러나 국소성을 굳게 믿었던 EPR은 이런 일이 원리적으로 불가능하다고 주장했다. 베스의 상태가 변했다고 해서 멀리 떨어져 있는 안나가 즉각적으로 영향을 받을 수는 없다는 것이다. 이 경우에 **안나의 애완동물 선호도는 EPR이 말했던 '실체 요소'에 해당한다.**

그뿐 아니라 안나의 실체는 베스에게 일어난 일이나 일어나지 않은 일에 영향을 받을 수 없으므로 베스가 동료의 질문에 답을 했건 안 했건 간에, 안나의 애완동물 선호도는 현실세계에 엄연히 존재하는 실체여야 한다.

회사 동료들이 베스에게 정치적 성향을 물은 경우에도 똑같은 논리가 적용된다. 즉, **안나의 정치적 성향은 현실세계에 존재하는 실체적 요소이며, 이것은 베스의 정치적 성향의 누설 여부와 무관하다.**

그러므로 우리의 결론은 다음과 같다. **안나의 애완동물 선호도와 정치적 성향은 관측 여부와 상관없이 현실세계에 존재하는 실체적 요소이다!**

그러나 양자역학은 한 사람의 정치적 성향과 애완동물 선호도를 동시에 알 수 없다고 주장한다. **이 논리에 의하면 안나의 양자상태로는 그녀를 완벽하게 서술할 수 없다.**

그래서 EPR은 '양자역학을 이용한 서술은 불완전하다'고 결론지었다.

나는 대학교 1학년 때부터 EPR의 논리를 끊임없이 생각해왔는데, 지금까지 내린 결론은 '논리적으로 타당하다'는 것이다. 그러나 한 가지 명심할 것은 이 논리가 '물리학 = 국소적'이라는 가정에 기초하고 있다는 점이다. **'베스의 대답은 멀리 떨어져 있는 안나에게 물리적 영향을 줄 수 없다'**는 EPR의 주장은 국소성에 뿌리를 두고 있다.

벨은 사람 대신 광자의 제한조건을 유도할 때 이와 동일한 가정을 세웠다.

두 개의 광자가 멀리 떨어져 있을 때, 내가 선택한 광자에게 던진

질문은 다른 광자의 대답에 영향을 줄 수 없다.

벨의 논리에서 의미 있는 가정은 이것뿐이다. 벨의 제한조건은 양자역학과 양립할 수 없으므로, 양자역학은 국소성에 부합되지 않는다.

여기서 한 걸음 더 나아가면 EPR과 벨이 가정한 국소성이 자연의 법칙에 위배되는지의 여부도 간접적으로 확인할 수 있다.

벨이 유도한 제한조건은 양자역학뿐만 아니라 국소성을 만족하는 모든 이론에 적용되며, 양자역학을 대신할 새로운 이론에도 적용 가능하다. 이는 곧 국소성 원리의 진위 여부를 검증하는 실험을 실행할 수 있다는 뜻이다.

다행히도 벨의 제한조건은 평범한 크기의 실험실에서 저렴한 도구를 이용하여 검증할 수 있다. 그래서 몇 명의 대담한 물리학자들이 이 분야에 뛰어들었으나, 처음 몇 년 동안은 부분적이거나 모순된 결과밖에 얻지 못했다. 그러던 중 1980년대 초에 파리 근교에 있는 오르세Orsay에서 알랭 아스페Alan Aspect와 그의 동료 장 달리바르Jean Dalibard, 필리프 그랑지에Philippe Grangier, 제라르 로제Gérard Roger가 드디어 의미 있는 실험 결과를 얻어내는 데 성공했다.[2]

아스페의 실험에서 얽힌 관계에 있는 입자는 광자였고, 질문의 내용(관측 항목)은 편광면의 방향이었다. 이 실험은 바닥상태(에너지가 최저인 상태 – 옮긴이)에 있는 원자에 레이저를 발사하여 그것을 들뜬 상태로 만들면서 시작된다. 아스페와 그의 동료들은 실험장치를 정교하게 세팅하여 들뜬 원자가 다시 바닥상태로 돌아갈 때 CONTRARY 상태로 얽힌 광자쌍이 생성되도록 만들었다. 두 광자는 서로 반대 방향으로 몇 미터쯤 날아가다가 편광면의 방향을 관측하는 편광판을 만나게 된다. 편광판의 방향은 실험자가 마음대로 바꿀 수 있으므로, 이 장치를 이용하면 두 광자의 편광면 사이의 관계를 알아낼 수 있다. 자, 과연 어떤 결과가 얻어졌을까? 당시 많은 물리학자들이 예상했던 대로, 아스페의 실험은 벨의 제한조건을 만족하지 않으면서 양자이론의 예측과 정확하게 일치하는 것으로 나타났다.

물리학이 국소적이라는 벨의 가정이 틀린 것이다! 결국 양자세계는 국소성 원리를 따르지 않는 희한한 세계였다.

이것이 과학 역사상 가장 놀라운 뉴스라는 생각이 들지 않는다면, 당신은 문제의 핵심을 제대로 이해하지 못한 것이다. **자연은 국소성 원리를 만족하지 않는다.** 서로 멀리 떨어져 있는 두 개의 입자, 또는 두 개의 물체는 (개별적 특성이 아닌) 특성을 공유할 수 있다.

이 시점에서 독자들의 머릿속에는 다음과 같은 생각이 떠오를 것이다. "안나와 베스가 얽힌 상태를 공유하고 있다는 사실을 잘 활용하면, 어떤 정보도 빛보다 빠르게 전달될 수 없다는 금지령을 피해갈 수 있지 않을까?" 베스가 받은 질문에 따라 안나의 상태가 갑자기 변한다면, 베스의 동료들은 베스가 한 대답을 안나의 동료들에게 즉각적으로 전달할 수 있지 않을까?

안타깝게도 답은 '아니오'다. 어떤 경우에도 유용한(의미 있는) 정보는 빛보다 빠르게 전달될 수 없다. 안나의 상태와 그녀의 대답 사이의 관계가 무작위적이기 때문이다. 안나에게 어떤 질문을 하건, 그녀가 특정 대답을 할 확률은 50%이다(개 아니면 고양이, 또는 좌파 아니면 우파). 이것은 안나와 CONTRARY 상태를 공유하고 있는 베스가 질문을 받기 전에도, 질문에 답한 후에도 변하지 않는 사실이다. 동료들이 두 사람의 신비한 관계를 알고 대경실색하려면 베스와 안나에게 여러 개의 질문을 던져서 대답 목록을 작성한 후 두 목록을 비교해야 하는데, 목록은 평범한 고전적 물체이기 때문에 빛보다 빠르게 전달될 수 없다.

확률과 관련하여 아스페의 실험팀이 테스트할 수 있는 또 한 가지 문제가 있다. 두 원자가 양자이론보다 더욱 깊은 수준에서 교신이 가능하다면, 먼저 관측된 첫 번째 광자가 자신이 받은 질문을 두 번째 광자에게 전송하여 자신과 정반대의 특성을 보여주도록 작당을 할 수도 있지 않을까? 교신 방식이 궁금하긴 하지만, 어쨌거나 이것이 사실이라면 국소성은 만족된다. 그러나 이 시점에서 우리는 '어떤 정보도 빛보다 빠르게 이동할 수 없다'는 아인슈타인의 특수상대성이론을 되새길 필요가 있다. 아스페는 위와 같은 가능성을 확인하기 위해 한쪽에 광자에게 던질 질문을 매우 빠르게 바꿀 수 있는 스위치를 달아놓았다. 이 스위치가 하나의 세팅에서 다른 세팅으로 바뀌는 데 걸리는 시간은 두 광자 사이를 빛이 가로지르는 데 걸리는 시간보다 짧다. 이런 환경에서 이전과 동일한 실험을 했는데, 놀랍게도 결과는 달라지지 않았다. 실제로 두 광자는 빛보다 빠른 속도로 교신을 주고받고 있었다. 광자가 특수상대성이론의 금지령을 위반한 것이다.

그렇다면 EPR의 논리를 어떻게 받아들여야 할까? 아스페의 실험에 의하면 EPR의 주장은 틀렸다. 왜냐하면 그들의 논리에는 국소성이라는 가정이 깔려 있기 때문이다. 벨의 실험에 의하면 안나와 베스가 CONTRARY 상태를 공유하고 있으면 둘 사이의 거리가 아무리 멀어도 베스에게 던진 질문은 안나에게 물리적 영향을 미친다. 이것은 양자역학에서 성립하고, 미래에 양자역학보다 우월한 이론이 발견된다 해도 여전히 성립해야 한다.

그럼에도 불구하고 EPR의 논문이 물리학 역사상 가장 중요한 논문 중 하나로 꼽히는 이유는 양자역학의 '얽힘'이라는 의외의 특성을 만천하에 드러냈기 때문이다. 시대를 지나치게 앞서가는 바람에 수십 년 동안 관심을 끌지 못했지만, EPR의 논문은 벨의 부등식(제한조건)뿐만 아니라 물리학이 국소성 원리를 만족하지 않는다는 충격적 발견의 시발점이 되었다.

EPR의 논문이 발표되자 반현실주의의 대표주자였던 닐스 보어는 곧바로 '둘 중 하나의 입자를 관측하면 다른 입자가 간접적으로 영향을 받는다'는 점을 지적하면서, 다소 모호한 논리로 현실에 대한 EPR의 기준에 이의를 제기했다.[3]

그 후 15년 동안 EPR의 논문을 인용한 논문은 단 한 편에 불과했고, 1950년대에 들어서도 데이비드 봄과 휴 에버렛의 논문에 몇 차례 인용된 것이 전부였다. 존 벨은 1964년에 발표한 역사적 논문에서 여섯 번째로 EPR의 논문을 인용했는데, 이것은 EPR이 논문을 발표한 지 무려 30년 후의 일이었다. 그러나 2015년에는 EPR 논문의 인용 횟수가 60건을 넘어섰고, 이 추세는 2016년에도 계속되었다. 간단히 말해서, 지금 우리는 얽힘의 시대에 살고 있는 셈이다.

최근에는 양자적으로 얽힌 입자들이 수백 킬로미터 떨어진 거리에서도 특성을 공유한다는 사실이 실험을 통해 확인되었다. 또한 얽힘 현상은 호기심 많은 물리학자들의 실험실을 벗어나 첨단 기술로 진화하는 중이다. 차세대 컴퓨터로 종종 거론되는 양자컴퓨터가 바로 그 주인공이다. 머지않아 양자컴퓨터는 절대로 풀 수 없다고

1부 비현실에 대한 믿음

믿어왔던 암호를 무력화시키고, 해독이 원천적으로 불가능한 새로운 암호체계를 만들어낼 것이다. 지금도 얽힌 쌍을 이용하여 메시지를 암호화하는 양자통신위성이 수백 킬로미터 상공에서 지구 주변을 선회하고 있다.

1905년에 아인슈타인이 역사에 길이 남을 네 편의 논문을 한꺼번에 발표하여 물리학 혁명에 불을 당겼을 때 그의 나이는 겨우 26살이었다. 그로부터 정확하게 30년이 지난 1935년에 물리학계를 뒤흔든 EPR 논문을 발표했으니, 최소 30년 동안 물리학계를 이끌었다고 해도 과언이 아니다. 아인슈타인 못지않게 두각을 나타낸 과학자는 많이 있지만, 이토록 긴 세월 동안 선두 자리를 지킨 사람은 극소수에 불과하다. 그는 양자역학을 능가하는 이론을 찾기 위해 모든 열정을 쏟아부었고, 세상을 떠나기 전날 밤에도 병원 침대에 누워서 연구 노트에 계산 결과를 써 내려갔다. 그러나 이 모든 노력에도 불구하고 그는 결국 실패하고 말았다. 자신이 발표했던 위대한 논문들의 공통된 가정(물리학이 국소적이라는 가정)이 틀렸다는 것을 몰랐기 때문이다.

벨의 1964년 논문은 EPR 논문이 발표된 직후인 1930년대에 나올 수도 있었다. 벨은 1928년생이지만 그의 아이디어는 전부터 연구되어왔기 때문이다. 국소성을 반증하는 실험도 곧바로 실행되어 아인슈타인이 벨과 아스페의 논문을 1940년대에 접했다면 물리학의 역사는 크게 달라졌을 것이다.

지금까지 우리는 양자세계의 기이한 특성에 대해 알아보았다. 파동-입자 이중성과 중첩된 상태, 그리고 불확정성 원리는 양자세계의 기이함을 보여주는 대표적 사례이다.

서로 멀리 떨어져 있으면서 양자적으로 얽힌 두 물리계가 특성을 공유한다는 사실은 양자세계를 더욱 기이하게 만든다. 이것은 아인슈타인과 포돌스키, 그리고 로젠EPR의 논문을 통해 세상에 알려졌다. 그러나 뭐니 뭐니 해도 기이함의 극치는 존 벨이 알아낸 '양자세계의 비국소성'이다.

앞서 말한 대로 중첩은 '또는or'의 양자 버전이다. 앞으로 이것을 or라는 기호로 표기하기로 한다. 그리고 두 물리계를 결합하는 것은 '그리고and'의 양자 버전에 해당하며, 앞으로 and로 표기할 것이다. or와 and는 독자들이 상식적으로 알고 있는 뜻과 조금 다르다는 점을 기억하기 바란다. 이들이 한꺼번에 작용하면 정말로 놀랍고 기이한 일이 벌어지는데, 가장 유명한 사례가 그 유명한 슈뢰딩거의 고양이Schrödinger's cat이다.

일단은 간단한 원자모형에서 시작해보자. 이 원자가 놓일 수 있는 상태는 단 두 개뿐인데, 에너지가 높은 상태를 EXCITED(들뜬 상태)라 하고, 에너지가 낮은 상태를 GROUND(바닥 상태)라 하자. EXCITED는 상태가 불안정하여 시간이 조금 지나면 GROUND로 떨어지고, 이때 광자를 방출하면서 에너지를 잃는다. 이것은 일종의 붕괴 과정으로, 발생 빈도는 들뜬 상태의 반감기half-life에 의해 결정된다.

EXCITED 상태에 있는 원자를 상자 안에 넣고 반감기만큼 기다렸다고 하자. 상자 내부를 들여다보지 않는다면 우리가 알 수 있는 것은 원자가 붕괴되었을 확률이 50%라는 것뿐이다. 즉, 상자의 뚜껑을 열었을 때 원자가 GROUND 상태에 있을 확률은 50%이다(이것이 반감기의 정의이다. 예를 들어 이런 원자가 1,000개 있을 때, 전체의 절반인 500개가 붕괴될 때까지 걸리는 시간을 반감기라 한다 - 옮긴이). 그렇다면 뚜껑을 열기 전에는 어떤 상태였을까? 양자역학에 의하면 원자는 EXCITED도 GROUND도 아니고, 두 상태가 중첩된 채로 존재한다. 이것을 간단하게 표현하면 다음과 같다.

$$원자 = \text{EXCITED } \textbf{or } \text{GROUND}$$

제2규칙에 의하면 이 중첩상태는 두 가지 가능성을 갖고 있다. 즉, 뚜껑을 열었을 때 원자는 EXCITED일 수도 있고, GROUND일 수도 있다. 이런 상자가 여러 개 있다면 두 경우가 각각 나타날 확률을 계산할 수 있다. 그러나 EXCITED 상태는 불안정하기 때문에 이 확률은 시간에 따라 변한다. 원자를 만들어서 상자에 막 집어넣었을 때에는 붕괴될 확률이 매우 낮고, 반감기보다 훨씬 긴 시간이 지나면 붕괴될 확률이 1에 가까워진다.

우리는 중첩을 or라는 기호로 표현하고 있지만 이것은 '둘 중 하나'라는 뜻이 아니라, 두 개의 상태가 섞여 있다는 뜻이다. 그 이유 중 하나는 에너지가 각기 다른 두 상태가 중첩되어 에너지가 불확실해지면 다른 물리량이 확실해지기 때문이다. 이것은 정치적 성향이 확실한 사람들을 한 방에 몰아넣었을 때, 그들의 애완동물 선호도가 불확실한 것과 같은 상황이다. 그러므로 우리는 에너지와 상보적相補的, complementary 관계에 있는 물리량에 대하여, 대답이 항상 YES로 나오는 질문을 할 수 있다. 그러나 상자 속에 넣은 원자가 EXCITED이거나 GROUND일 확률만을 다룬다면, 답이 정해진 질문을 할 수 없다.

이제 다음 단계로, 처음에 원자를 상자 안에 넣을 때 가이거계수기Geiger counter(방사선을 감지하여 입자의 개수를 헤아리는 장치 – 옮긴이)를 같이 넣어서 광자가 방출될 때마다 전기펄스가 발생하도록 만들었다고 하자.

양자역학의 관점에서 보면 가이거계수기도 두 가지 상태(광자를 감지하지 못한 NO 상태와 광자를 감지한 YES 상태)에 놓일 수 있다. 물론 상자의 뚜껑을 열지 않으면 가이거계수기는 YES와 NO가 중첩된 상태로 존재한다.

처음에 원자는 EXCITED 상태였고, 가이거계수기는 NO 상태였다.

처음 상태 = EXCITED **and** NO

여기서 **and**라는 연산자를 쓴 이유는 원자와 가이거계수기가 각기 다른 물리계여서 중첩이 아니라 '결합'에 해당하기 때문이다.

상자의 뚜껑을 닫고 충분히 긴 시간 동안 기다리면 원자는 GROUND 상태로 떨어지고 가이거계수기는 YES 상태로 바뀔 것이다. 즉, 원자는 붕괴되고 이때 방출된 광자가 가이거계수기에 도달한다.

나중 상태 = GROUND **and** YES

그리고 처음 상태와 나중 상태의 중간에는 두 상태가 다음과 같

　　　　　　　　　　　　　　　　1부 비현실에 대한 믿음

이 중첩되어 있다.

$$중간 상태 = (GROUND \textbf{ and } YES) \textbf{ or } (EXCITED \textbf{ and } NO)$$

전체 물리계(상자)는 '원자는 아직 붕괴되지 않은 EXCITED이고 가이거계수기는 입자를 감지하지 않아 NO인 상태'와 '원자는 붕괴되어 GROUND이고 가이거계수기는 입자를 감지하여 YES인 상태'가 중첩된 상태로 존재한다.

원자와 가이거계수기는 별개의 물리계임에도 불구하고 이들의 상태는 서로 무관하지 않다. 즉, GROUND에는 반드시 YES가 동반되고, EXCITED는 NO와 함께 존재한다. 그래서 이런 중간 상태를 상관 상태相關狀態, correlated state라 한다. 원자의 상태는 불확실하지만, 한번 알아내기만 하면 가이거계수기의 상태도 덤으로 알 수 있다.

그러나 누군가가 상자의 뚜껑을 여는 순간, 중첩된 상태는 감쪽같이 사라진다. 상자 내부를 들여다보는 것은 제2규칙에서 말하는 관측 행위에 해당하기 때문이다. 뚜껑을 열면 '입자를 감지한 가이거계수기와 붕괴된 원자'가 보일 수도 있고, '입자를 감지하지 않은 가이거계수기와 붕괴되지 않은 원자'가 보일 수도 있다.

양자역학을 오랫동안 접해온 물리학자들은 이것을 당연하게 여긴다. 그러나 따지고 보면 정말로 이상한 상황이다. 이 시점에서 누구나 떠올릴 수 있는 질문 몇 개를 나열하면 다음과 같다.

시간에 따른 계의 변화를 관장하는 규칙이 왜 하나가 아니고 두 개인가?(제1규칙과 제2규칙)

측정이나 관측을 여타의 물리적 과정과 왜 다르게 취급해야 하는 가? 관측 장비도 결국은 원자로 이루어진 물건이므로, 관측 전과 관측 후에 똑같이 적용되는 '하나의 규칙'이 존재해야 하지 않을까?

그리고 관측 장비가 중첩상태를 붕괴시키려면 어떤 조건을 만족해야 하는가? 덩치가 어느 정도 이상으로 커야 하는가? 아니면 일정 수준 이상으로 복잡해야 하는가? 이것도 아니라면 정보수집용으로 사용되어야 하는가?

의문점은 또 있다. 중첩된 파동함수는 정확하게 '언제' 붕괴되는가? 원자가 관측 장비와 만났을 때? 신호가 증폭될 때? 아니면 관측자가 정보를 인식하는 순간에 붕괴되는가?

이 모든 의문을 하나로 묶은 것이 앞에서 언급했던 관측 문제이다.

가장 간단한 답은 다음과 같다. 큰 물체를 관측할 때에는 불확실성이 개입되지 않는다. 일상적인 세상에는 '입자를 감지했으면서 동시에 감지하지 않은 가이거계수기'라는 것이 존재할 수 없고, 모든 질문에는 명백한 답이 존재한다. 그러나 원자와 복사를 설명하려면 중첩이라는 개념을 도입해야 한다.

슈뢰딩거는 이 역설적인 상황을 극명하게 보여주기 위해, 원자와 가이거계수기가 설치된 상자에 고양이 한 마리를 덤으로 집어넣었다. 그리고 가이거계수기에서 나온 전선을 변압기에 연결하고, 여기서 나온 전선을 고양이의 귀에 연결했다. 가이거계수기에서 나온 전기신호를 변압기가 증폭하여 고양이를 감전시킨다는 계획이다. 변압기는 성능이 매우 강력하기 때문에, 가이거계수기가 광자를 감지하기만 하면 고양이는 곧바로 죽는다.

[물론 슈뢰딩거는 이런 실험을 실행한 적이 없다. 이것은 고양이가 아니라 사람을 놀라게 하기 위해 고안된 일종의 사고실험思考實驗, thought experiment(현실적으로 실행이 불가능하여 상상으로 진행하는 실험 – 옮긴이)이다.]

이제 상자를 닫고 반감기만큼 기다렸다가 뚜껑을 열었다면, 상자에는 제1규칙과 제2규칙 중 어떤 것을 적용해야 할까? 일단은 두 규칙이 각각 어떤 결과를 예측하는지 알아보자.

고양이를 포함한 상자 전체에 제1규칙을 적용해보자. 이 물리계는 원자와 가이거계수기, 그리고 고양이로 구성되어 있으며 가능한 상태는 두 가지인데, 그중 하나가 아래와 같은 처음 상태이다(고양이가 살아있는 상태를 ALIVE, 죽은 상태를 DEAD라 하자).

처음 상태 = EXCITED and NO and ALIVE

이것은 원자가 들떠 있고, 가이거계수기는 입자를 감지하지 않았으며, 고양이는 살아 있는 상태이다. 여기서 충분히 긴 시간이 흐르면 원자는 붕괴되고 고양이는 죽는다.

나중 상태 = GROUND and YES and DEAD

이것은 원자가 붕괴되어 가이거계수기가 입자를 감지하고, 고양이는 감전사한 상태이다.

그러므로 처음과 나중의 중간 상태에는 위의 두 가지 가능성이 중첩되어 있다.

$$중간\ 상태 = (처음\ 상태)\ \textbf{or}\ (나중\ 상태)$$

$$= (EXCITED\ \textbf{and}\ NO\ \textbf{and}\ ALIVE)\ \textbf{or}\ (GROUND\ \textbf{and}$$

$$YES\ \textbf{and}\ DEAD)$$

그러나 고양이는 두뇌와 의식을 가진 포유동물이다. 사람보다는 지능이 떨어지지만, 신체는 사람 못지않게 복잡하다. 이런 고양이가 어떻게 삶과 죽음이 중첩된 상태에 놓일 수 있단 말인가? 우리가 중첩된 상태에 놓일 수 없다면, 고양이도 마찬가지다. 우리가 상자를 관측할 때 제2규칙이 적용된다면, 가이거계수기의 신호를 바

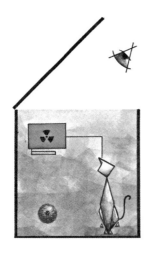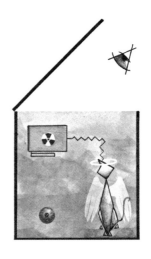

그림 4 슈뢰딩거의 고양이 사고실험 개요도. 원자가 들뜬상태EXCITED에서 바닥상태GROUND로 떨어지면서 광자가 방출되면 전기 신호가 생성되고, 이 신호가 증폭되어 고양이를 감전사시킨다. 처음에 원자는 들뜬상태에 있었지만, 상자의 뚜껑을 닫고 시간이 흐르면 들뜬상태와 바닥상태가 중첩된 상태에 놓이게 된다. 여기에 제1규칙을 적용하면 고양이도 살아 있는 상태와 죽은 상태가 중첩되어 있음을 알 수 있다.

1부 비현실에 대한 믿음

라보는 고양이에게도 동일한 규칙이 적용되어야 한다.

그러므로 일단은 제2규칙을 적용해보자. 상자 뚜껑을 열면 계는 두 가지 가능성 중 하나를 선택하여 명확한 상태로 점프하고, 고양이는 살아 있거나 죽었거나 둘 중 하나이다.

제1규칙은 사람이나 고양이에게 적용되지 않는다. 그렇다면 가이거계수기에는 적용되는가? 제1규칙이 적용되는 한계는 어디까지인가? 원자에는 적용되는데, 입자 감지기나 고양이, 그리고 사람에게는 왜 적용되지 않는가?

이것이 바로 '슈뢰딩거의 고양이 역설'이다. 지금까지 제안된 수많은 해결책들은 인간의 상상력이 풍부하다는 것을 말해줄 뿐, 역설은 여전히 역설로 남아 있다.

———

벨의 제한조건(부등식)이 발표되고 몇 년이 지난 후, 더욱 강력한 결과가 알려지면서 현실적 양자역학의 입지가 더욱 좁아졌다. 이 내용을 이해하기 위해 벨의 논문으로 되돌아가 보자.

벨의 이론이 충격적인 이유는 베스가 어떤 질문을 받았는지에 따라 안나의 대답이 달라지기 때문이다. 안나와 베스는 아주 멀리 떨어져 있으므로, 물리학이 국소적이라면 이런 일은 절대로 일어나지 않는다. 그러나 결과를 적용하기 위해 두 사람을 멀리 떼어놓을 필요는 없다. 베스가 받은 질문에 따라 안나의 대답이 달라지는 것은 또 다른 이유에서 매우 충격적이다.

앞에서 우리는 입자의 위치와 운동량처럼 서로 호환되지 않는 물리량을 다룬 적이 있다. 둘 중 하나를 측정하면 다른 쪽이 영향을 받아 값이 불확실해진다. 우리는 이것을 '두 측정이 실행되는 순서에 따라 결과가 달라진다'는 말로 표현했었다.

그러나 안나와 베스는 경우가 다르다. 베스가 받은 질문은 안나가 받은 질문과 완벽하게 호환되기 때문이다. 안나와 베스가 다른 은하에 살고 있건 바로 옆에서 등을 대고 있건 간에, 둘 중 누가 먼저 질문을 받았는지는 중요하지 않다.

그러나 둘 중 한 사람이 받은 질문이 다른 사람이 받은 질문과 호환된다 해도, 안나의 대답은 베스가 받은 질문의 내용에 따라 달라진다.

이런 의존관계를 **맥락성**脈絡性, contextuality이라 한다. 굳이 이렇게 낯선 이름으로 부르는 이유는 안나의 대답이 전체적인 맥락에 따라 달라지기 때문이다. 이것은 양자역학 전반에 걸쳐 사실로 알려져 있다. 이해를 돕기 위해 간단한 예를 들어보자. 여기 A, B, C라는 세 개의 특성으로 서술되는 물리계가 있다. A는 B와 호환되고, C와도 호환된다. 즉, A와 B는 동시에 측정할 수 있고 A와 C도 동시에 측정할 수 있다. 그러나 B와 C는 호환되지 않아서, 한 번에 하나씩만 측정할 수 있다.

따라서 우리는 A와 B를 측정하거나 A와 C를 측정할 수 있다. 이런 실험을 여러 번 반복한 후 결과를 분석해보면, 함께 측정한 속성이 B인지, 또는 C인지에 따라 A의 결과가 다르다는 것을 알게 된다. 즉, 자연은 맥락적이다. 지금까지 양자이론에서 맥락성이 위반된 사례는 단 한 번도 없었으며, 실험 결과도 마찬가지였다. 앞으로 양자역학을 대신할 이론이 나온다 해도 맥락성은 여전히 유지될 것

　　　　　　　　　　　　　　　　　　1부 비현실에 대한 믿음

이다.

맥락성은 1960년대에 존 벨이 발표한 논문에서 처음으로 증명되었다(비국소성에 대한 논문이 발표되기 전이었다). 그는 이 논문을 곧바로 학술지에 제출했지만, 편집자(논문 심사위원)가 서류함에 방치해놓고 심사를 미루는 바람에 근 2년의 세월을 낭비한 후 1966년이 되어서야 학술지에 게재되었다. 그런데 이보다 조금 먼저 사이먼 코헨Simon Kochen과 에른스트 스펙커Ernst Specker라는 두 수학자가 맥락성을 증명하는 논문을 발표하여 '공식적인 최초 증명자'라는 타이틀을 가져갔다. 지금도 사람들은 양자역학의 맥락성에 관한 정리를 '코헨-스펙커 정리'라 부르고 있지만, 논문을 먼저 탈고한 사람은 벨이었으므로 '벨-코헨-스펙커 정리'로 불러야 맞는다.[4]

양자역학은 빛, 복사, 원자 등과 관련된 의외의 실험 결과를 설명하기 위해 개발된 이론이다. 그러나 이 장에서 언급한 세 가지 새로운 현상들(얽힘, 비국소성, 맥락성)은 의외성을 넘어 거의 마술에 가깝다. 그래서 이 개념들은 한동안 양자역학이 틀렸음을 보여주는 증거로 인용되다가 결국 실험을 통해 사실로 확인되었다. 얽힘과 비국소성, 그리고 맥락성은 양자계를 연구하다가 발견된 개념으로, 양자이론으로부터 예견되었기 때문에 아무리 낯설어도 인정할 수밖에 없다. 자연은 애초부터 우리가 생각하는 정상正常과 거리가 한참 멀었던 것이다.

양자역학에서 발견된 위의 세 가지 특성은 현실주의적 세계관을 뿌리째 흔들면서 많은 이론을 사장시켰다. 특히 비국소적 얽힘 현상은 오직 국소적 힘을 통해 광속과 같거나 느린 속도로 영향을 주고받는 비에이블beable과 양립할 수 없다. 아인슈타인이 얽힘 현상을 "유령 같은 원거리 작용spooky action at a diatance"이라 부른 것도 이런 이유에서다. 이제 우리에게 주어진 선택은 둘 중 하나이다. 현실주의를 포기하고 양자역학을 궁극의 이론으로 받아들이거나, 자연이 거의 대부분 합리적이면서 국소성을 위반하는 이유를 끝까지 추적해야 한다.

5장

양자역학으로 설명되지 않는 것들

양자역학은 원자와 관련된 모든 질문에 답을 주지는 않지만, 주어진 답은 거의 대부분 맞는 것으로 판명되었다. 독자들이 앞에서 양자역학의 기이한 특성을 접했으므로, 바로 지금이 양자역학으로 설명되는 것과 설명되지 않는 것을 정리하기에 적절한 시기인 것같다.

양자역학이 예측/설명할 수 있는 것은 '물리계의 개별적 특성'과 '여러 물리계의 평균적 특성'이라는 두 가지 항목으로 요약되는데, 이 두 가지는 완전히 다른 개념이다.

당신이 어떤 물리량에 정확한 값을 할당했다면(이 과정은 주로 측정을 통해 이루어진다), 그 값은 물리계의 개별적 특성에 해당한다. 모든 물리량이 이런 식으로 결정된다면 더할 나위 없이 좋겠지만, 실제로는 불확정성 원리 때문에 개별적인 값 대신 평균을 다뤄야 하는 경우가 종종 있다.

여기서 말하는 평균이란 무슨 의미인가? 두 개의 원자가 처음에 완전히 동일한 상태에 있었다 해도, 시간이 흐르면 불확정성 원리 때문에 상태가 달라질 수 있다. 예를 들어 처음에 여러 개의 원자를 같은 위치에 놓아도 시간이 흐를수록 넓게 퍼지면서 나중에는 각기 다른 위치에서 발견된다. 그러나 나중 위치가 제각각이라 해도, 관측자는 동일한 물리계를 여러 개 만들어서 특정 시간의 위치의 평균값을 알아낼 수 있다.

비슷한 면과 다른 면을 모두 갖고 있는 원자의 집합을 **앙상블** ensemble이라 한다. 양자역학이 다루는 것은 개개의 원자가 아니라 바로 이 앙상블이다. 이들은 에너지와 같은 하나의 양을 정확하게 결정함으로써 정의할 수 있다. 단, 다른 변수들은 불확정성 원리에 의해 넓은 폭으로 변한다. 양자역학에서 말하는 평균, 또는 확률이란 조사 대상 원자의 수많은 복사본으로 이루어진 여러 앙상블의 평균을 의미한다.

대부분의 실험은 기체와 같은 원자 집단을 대상으로 이루어지기 때문에 평균을 취하기가 별로 어렵지 않다. 기체는 원자로 이루어져 있으므로, '실존하는 앙상블'에 해당한다. 그러나 개중에는 이론가의 상상 속에만 존재하는 앙상블도 있다.

똑같은 여러 물리계의 평균적 특성은 한 물리계의 개별적 특성으로 서술하는 것이 일반적 관례이다. 그러나 양자역학에서는 이와 반대로 원자 여러 개의 평균적 특성을 이용하여 원자 하나의 특성을 서술한다. 집단적인 특성이 어떻게 한 객체의 특성을 대신할 수 있을까? 양자역학의 가장 신비로운 점 하나를 고르라고 한다면, 나는 주저 없이 이것을 꼽을 것이다.

양자역학으로 다룰 수 있는 개별적 특성은 원자나 분자의 에너지이다. 양자역학에서 계의 에너지는 불연속적인 값으로 얻어지는데, 이것을 스펙트럼spectrum이라 한다. 스펙트럼은 원자 한 개를 대상으로 한 실험에서 관측될 수 있으므로 원자의 개별적 특성에 속한다. 원자와 분자를 비롯한 여러 물질은 고유의 스펙트럼을 갖고 있으며, 구체적인 배열은 이론적으로 정확하게 예측할 수 있다. 게다가 양자역학은 파동-입자 이중성을 이용하여 계의 에너지가 불연속적인 이유까지 **설명해준다.** 이것은 여러 물리계의 평균으로부터 한 물리계의 특성을 설명하는 사례 중 하나이다.

설명은 두 단계로 이루어진다. 첫 번째 단계는 파동-입자 이중성의 기초가 되었던 에너지와 진동수의 관계를 이용하는 것이다. 불연속적인 에너지 스펙트럼은 불연속적인 진동수 스펙트럼에 대응된다. 두 번째 단계에서는 양자상태를 파동으로 시각화한다. 종이나 기타 줄처럼 명확한 진동수로 진동하는 물체가 일정한 소리를 만들어내듯이, 진동수가 일정한 파동은 하나의 명확한 양자상태에 대응된다.

그다음에 할 일은 양자상태의 시간에 따른 변화를 알려주는 방정식을 이용하여 계의 공명진동수를 예측하는 것이다. 입자의 질량과 그들 사이에 작용하는 힘을 방정식에 대입하면 공명진동수의 스펙트럼을 구할 수 있고, 에너지와 진동수의 관계를 이용하여 이 값을 환원하면 공명에너지가 된다.

이 과정은 실패한 적이 거의 없다. 예를 들어 전자 한 개와 양성자 한 개가 전기적 인력으로 결합된 물리계를 방정식에 대입하면 수소 원자의 스펙트럼이 얻어진다.

대부분의 경우 에너지가 가장 낮은 상태를 바닥상태ground state라 하고, 에너지가 이보다 높은 상태를 들뜬상태excited state라 한다. 바닥상태에 있는 계에 에너지가 주입되면 들뜬상태로 올라가고, 들뜬상태의 계는 자발적으로 에너지를 방출하면서 바닥상태로 되돌아가려는 경향이 있다. 물리계에 인위적으로 더해지는 에너지는 종종 광자의 형태이며, 들뜬상태에 놓인 계는 불안정하기 때문에 초과에너지를 광자의 형태로 방출하면서 바닥상태로 돌아간다. 바닥상태는 그 아래로 더 이상 낮은 에너지상태가 존재하지 않기 때문에 안정한 상태이다. 대부분의 물리계는 바닥상태에서 대부분의 시간을 보낸다.

이것은 원자와 분자, 원자핵, 고체 등을 대상으로 여러 차례에 걸쳐 검증된 사실이며, 이론적으로 계산된 에너지 스펙트럼도 실험결과와 정확하게 일치하는 것으로 확인되었다. 양자역학을 이용하면 에너지 스펙트럼뿐만 아니라 계를 구성하는 입자의 평균 위치를 비롯하여 다양한 평균값을 예측할 수 있다.

개개의 공명진동수에 양자역학의 대표방정식을 적용하면 거기 대응되는 파동이 얻어진다. 여기에 막스 보른의 해석(파동의 제곱이 해당 위치에서 입자가 발견될 확률에 비례한다는 해석)을 적용하면 입자가 특정 위치에서 발견될 확률을 알 수 있다.

에너지가 분명한 상태에서는 위치가 불확실하다. 예를 들어 바닥상태에 있는 수소 원자 100만 개가 실험용으로 주어졌다고 가정해보자. 우리의 임무는 각 원자에서 전자의 위치(양성자에 대한 상대적 위치)를 알아내는 것이다. 원자 하나씩 측정하면 매번 다른 결과가 나와서 결국은 100만 개의 다른 값이 얻어질 것이다. 개중에는 전자가 양성자로부터 멀리 떨어진 경우도 있겠지만, 대부분은 전자가 양성자 근처에 바싹 달라붙어서 마치 한 덩어리처럼 보인다. 이모든 결과를 도표로 작성하면 통계분포가 얻어지는데, 이것이 바로 양자역학의 결과이다. 즉, 양자역학으로 알 수 있는 것은 전자 하나의 위치가 아니라, 통계적인 분포이다.

불확정성 원리에 의하면 우리는 전자 하나의 위치를 정확하게 예측할 수 없지만, 방정식을 풀어서 얻은 파동을 제곱하여 위치에 대한 통계분포를 알아낼 수는 있다. 그리고 이 결과는 여러 차례의 실험을 통해 검증 가능하다.

지금까지 언급된 내용을 요약하면 다음과 같다. 양자역학은 두 종류의 예측(이론적 계산)을 내놓는다. 하나는 계의 에너지처럼 불연속적인 양의 스펙트럼이고, 다른 하나는 입자의 위치와 같은 양의 통계적 분포이다.

이 두 종류의 예측은 다양한 실험을 통해 확실하게 검증되었다. 양자역학으로 계산된 결과는 실험 결과와 혀를 내두를 정도로 정확하게 일치한다. 여기에는 의심의 여지가 없다.

그렇다면 양자역학으로 원자 하나의 거동을 서술할 수 있을까? 성공적인 이론이라면 이것도 가능해야 하지 않을까?

이론과 실험이 정확하게 일치하는 것도 놀랍지만, 양자역학이 계의 개별적 거동을 서술하지 못한다는 것도 놀랍기는 마찬가지다. 양자역학으로는 개개의 전자가 어디에 있는지 알 수 없다. 양자역학은 평균만을 다루기 때문에, 개개의 물리계에서 일어나는 사건에 대해서는 할 말이 별로 없다.

물론 평균은 그 나름대로 유용한 개념이다. 캐나다인의 평균 신장을 알고 싶다면 모든 사람의 키를 더한 후 인구수로 나누면 된다. 이것이 가능한 이유는 모든 캐나다인들이 자신만의 명확한 키를 갖고 있기 때문이다.

이런 경우에 평균은 모든 개인의 키, 즉 개별적인 특성으로부터 계산된 값이다. 모든 사람의 키가 기록된 목록을 활용할 수도 있지만, 가구나 자동차를 설계할 때는 평균만으로 충분하다. 그 외에 사용 가능한 정보로는 전체적인 분포가 평균에서 벗어난 정도를 알려주는 표준편차standard deviation가 있다. 평균과 표준편차만 알면 항공사는 캐나다인의 95%가 만족하는 비행기 좌석을 만들 수 있다.

일상적인 통계자료에는 평균뿐만 아니라 각 개체의 데이터도 함께 수록되어 있다. 모름지기 평균이란 모든 개체의 값으로부터 계산된 양이기 때문이다. 평균만으로도 충분한 경우에는 각 개체의 값을 일일이 알 필요가 없지만, 평균이 알려진 한 이 자료는 어딘가에 분명히 존재한다. 평균과 확률만을 사용하여 내린 결과에 불확정성이 존재하는 것은 우리가 개별적인 정보를 모르거나 그것을 무시했기 때문이다(비행기 좌석이 불편하다고 느끼는 5%의 캐나다인들이 바로 이 불확정성에 해당한다－옮긴이).

여기, 키를 측정할 때마다 매번 다른 값이 나오는 희한한 사람이 있다고 가정해보자. 다음에 측정할 때 어떤 값이 나올지 알 수가 없으므로, 그의 키는 문자 그대로 '무작위적'이다. 양자역학은 바로 이런 경우를 다루는 이론이다. 개별적인 자료가 전무한 상태에서 평균이란 대체 무슨 뜻이며, 무엇을 설명할 수 있는가?

양자역학은 개별적 사례에 대해 아무런 언급도 하지 않은 채 평균값을 정확하게 예측하고 있다. 여러 사람으로 이루어진 집단에서 평균 신장을 구하려면 각 개인의 키를 일일이 알아야 한다. 즉, 평균을 안다는 것은 개별적인 값을 알고 있다는 뜻이기도 하다. 그런데 양자역학에서는 이런 논리가 전혀 통하지 않는다. 개별적인 값을 모르면서 평균은 알 수 있다니, 무언가가 누락되었다는 느낌을 지우기 어렵다.

양자역학의 가장 놀라운 특징 중 하나는 물리계의 시간에 따른 변화가 두 가지 방식으로 일어난다는 점이다. 이 내용은 3장에서 이미 언급한 바 있다. 대부분의 경우 양자계는 제1규칙에 따라 결정론적으로 변한다. 그러나 관측행위가 개입되면 계는 제1규칙과 완전히 다른 제2규칙에 따라 극적인 변화를 겪게 된다. 관측을 시도하면 여러 가지 가능한 값들 중 하나가 얻어지고, 계의 양자상태는 관측값에 대응되는 하나의 확실한 상태로 점프하는 것이다.

제1규칙은 연속적이고 결정론적인 반면, 제2규칙은 갑작스러우면서 확률적이다. 관측이 실행된 직후에 계의 상태는 급격하게 변하지만 양자역학으로는 계가 어떤 상태로 관측될지 알 수 없으며, 특정 상태로 점프할 확률만 알 수 있을 뿐이다.

사람들에게 이 두 가지 규칙을 설명하면 거의 예외 없이 혼란스러워한다. 앞에서도 말했지만 이 상황은 정말로 수수께끼가 아닐 수 없다. 첫 번째 수수께끼는 관측 문제와 관련되어 있다. 관측 행위가 그토록 특별한 이유는 무엇인가? 관측 장비와 그것을 사용하는 인간도 결국은 제1규칙을 따르는 원자로 구성되어 있는데, 왜 유독 관측 행위만이 양자상태를 그토록 격렬하게 바꾼다는 말인가?

양자계의 시간에 따른 변화를 말해주는 제1규칙은 고전역학에서 뉴턴의 운동법칙과 같은 역할을 한다. 게다가 제1규칙은 뉴턴의 운동법칙처럼 결정론적이어서, 임의의 시간에 계의 상태를 입력하면 나중 상태를 알려준다. 중첩으로 이루어진 처음 상태를 알면 역시 중첩으로 이루어진 나중 상태를 알 수 있다는 뜻이다. 이 과정에서 확률은 아무런 역할도 하지 않는다.

그러나 제2규칙으로 서술되는 관측은 하나의 중첩에서 다른 중첩으로 이동하는 과정이 아니다. 개/고양이 선호도와 같은 어떤 양을 관측하면(이 경우에는 질문을 하면) 중첩이 아닌 하나의 명확한 답이 얻어지고, 그 후로 계의 상태는 관측으로 얻은 명확한 값으로 결정된다. 제2규칙의 입력 데이터는 명확한 값(관측 가능한 값)을 갖는 여러 상태의 중첩인데, 관측을 거치면 단 하나의 값만이 출력되는 것이다.

제2규칙은 명확한 값(관측 결과)을 알려주지 않고, 나올 수 있는 다양한 값의 확률을 말해줄 뿐이다. 그런데 신기하게도 이 확률은 실험 결과와 기가 막힐 정도로 정확하게 일치한다. 제2규칙이 중요하게 취급되는 이유는 양자역학에 확률이 개입되는 관문이기 때문이다. 많은 경우에 확률은 양자역학으로 알 수 있는 가장 근본적인 값이며, 실험물리학자들이 측정하는 값이기도 하다.

그러나 제1규칙과 제2규칙은 서로 모순되기 때문에 동일한 과정에 적용할 수 없다. 양자역학을 적용할 때에는 관측과 관측 이외의 모든 과정을 엄밀하게 구별해야 한다.

현실주의적 관점에서 볼 때 관측이란 평범한 물리적 과정 중 하나일 뿐이므로 자연에서 일어나는 다른 과정과 구별할 이유가 없다. 현실주의의 범주 안에서는 관측 행위에 특별한 의미가 없는 것이다. 양자역학이 현실주의와 조화를 이루지 못하는 것은 바로 이런 이유 때문이다.

결국 가장 중요한 질문은 이것이다. 모순과 수수께끼를 있는 그대로 떠안고 살아갈 것인가? 아니면 과학에 더 많은 것을 요구하면서 앞으로 계속 나아갈 것인가?

6장

반현실주의의 승리

> 양자역학은 물리적 실체를 서술하는 이론이 아니라
> 실험실에서 관측된 거시적 사건(감지기의 반응)의
> 발생확률을 계산하는 일종의 알고리즘이다.
> 이것은 양자이론에 주어진 명백한 한계이며,
> 이론이건 실험이건 우리에게 필요한 해석은
> 이것이 전부이다.
>
> 크리스 푹스Chris Fuchs와 애셔 페레스Asher Peres

양자역학이 파동-입자 이중성에 기초한 이론이라는 사실을 최초로 간파한 사람은 현실주의의 선두주자인 아인슈타인이었다. 그러나 그가 불을 당긴 양자혁명은 20년 후에 '관측은 그 외의 모든 과정과 다르게 취급되어야 한다'는 주장을 펼치면서 최고의 전성기를 맞이했다. 5장에서 말했듯이, 이것은 현실주의적 세계관과 도저히 양립할 수 없는 주장이다. 이런 대치 상황에서 양자역학의 선구자들이 내놓은 해결책이라곤 현실주의를 포기하라는 극약처방뿐이었다. 2천 년이 넘는 세월 동안 인류의 세계관을 지배해온 현실주의를 포기하기란 결코 쉬운 일이 아니었으나, 결국 현실주의자들은 양자역학에 무릎을 꿇고 말았다. 이런 일이 어떻게 가능했을까?

파동-입자 이중성의 개념은 1905년에 발표된 아인슈타인의 연구논문을 통해 최초로 도입되었다. 그 무렵 물리학자들은 빛을 입자로 간주한 이론과 파동으로 간주한 이론을 모두 갖고 있었으나 상황에 따라 둘 중 하나를 적용했을 뿐, 두 이론을 동시에 적용할 수는 없다고 생각했다. 17세기에 뉴턴은 빛의 파동설을 거부하고 '빛이란 물체에서 우리의 눈을 향해 이동하는 입자의 흐름'이라고 결론지었다(일부 고대 철학자들은 빛에 관하여 엉뚱한 논리를 펼치다가 어둠 속에서 물체가 보이지 않는 이유조차 설명하지 못하는 궁지에 몰리곤 했다). 뉴턴이 빛의 입자설을 택한 데에는 그럴 만한 이유가 있었다. 빛을 입자로 간주해야 직선 경로를 따라가는 이유를 더욱 그럴듯하게 설명할 수 있었기 때문이다. 그는 파동이 앞으로 진행하다가 방해물을 만나면 회절回折, diffraction된다는 사실을 알고 있었으나, 빛은 회절을 겪지 않는다고 생각했다. 뉴턴의 입자설은 거의 130년 동안 정설로 통용되다가 19세기 초에 영국의 과학자 토머스 영Thomas Young의 실험 결과가 세상에 알려지면서 파동설에게 왕좌를 물려주게 된다. 영은 빛이 물체의 날카로운 모서리나 작은 슬릿slit(가늘고 길게 난 구멍 - 옮긴이)을 통과할 때 회절된다는 것을 실험으로 입증했다. 많은 사람들은 영을 물리학자로 알고 있지만 사실 그는 과학의 다양한 분야와 약학, 이집트 역사학에 능통한 의사였으며(과학이 세분화되고 전문화된 요즘은 이런 사람을 찾아보기 힘들다), 가끔은 '모든 것을 알았던 마지막 사람'이라고 불리기도 했다. 그러나 뭐니 뭐니 해도 그의 가장 위대한 업적은 빛의 회절을 실험으로 확인하여 뉴턴의 입자설을 누르고 파동설을 확립한 것이다.

영이 실행했던 실험 중 가장 유명한 이중슬릿실험double slit experiment의 개요는 [그림 5]와 같다. 왼쪽에서 생성된 평면파(수면파)가 오른쪽으로 진행하다가 슬릿이 두 개 뚫린 벽을 통과하면 두 개의 파동으로 나뉘고, 이들이 서로 간섭을 일으켜 오른쪽 끝에 있

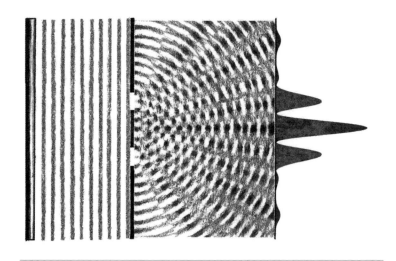

그림 5 토머스 영Thomas Young은 이중슬릿실험double slit experiment을 통해 빛이 파동임을 입증했다.

는 파동감지판에 특별한 무늬를 만든다. 감지판에 도달한 파동은 두 슬릿을 통과한 파동의 조합인데, 마루(파동의 가장 높은 곳)와 마루가 만나면 파고가 최대치에 도달하고 마루와 골(파고가 가장 낮은 곳)이 만나면 파동이 상쇄되며, 그 결과로 오른쪽 끝에 있는 감지판에 형성된 그래프를 간섭무늬interference pattern라 한다. 여기서 중요한 것은 간섭무늬가 '슬릿을 통과한 두 개의 파동'으로부터 생성되었다는 점이다.

얼마 후 토머스 영은 물 대신 빛을 이용하여 이중슬릿실험을 수행했는데 감지판에는 수면파가 만들었던 것과 거의 비슷한 간섭무늬가 나타났고, 이것은 빛이 파동이라는 강력한 증거였다.

그 후 1860년에 스코틀랜드의 물리학자 제임스 클러크 맥스웰은 전기장과 자기장을 통해 진행하는 파동이 바로 '빛'임을 증명함으로써 빛의 파동설에 더욱 큰 힘을 실어주었다. 하전입자(전기전하를 띤 입자)들 사이에 작용하는 전기력과 자석 사이에 작용하는 자기력은 각각 전기장electric field과 자기장magnetic field을 통해 전달되는데, 이들이 공간을 가득 채우면서 파동의 형태로 빛을 실어 나르고 있었던 것이다(이것을 전자기파electromagnetic wave라 한다 – 옮긴이).

아인슈타인은 맥스웰의 이론에 자신이 고안한 한 가지 가설을 추가했다. 광파(빛)가 실어 나르는 에너지는 연속적인 양이 아니라, 불연속적인 덩어리로 이루어져 있다는 가설이 바로 그것이다. 그는 이것을 광자photon라고 불렀다(원래 아인슈타인은 빛에너지 덩어리를 광양자light quanta라고 불렀다. 광자는 그로부터 10여 년 후에 학계의 의견을 수렴하여 붙인 용어이다 – 옮긴이). 빛의 이중성이라는 낯선 개념이 드디어 물리학의 중앙 무대에 진출한 것이다. 빛은 파동처럼 움직이지만, 빛의 에너지는 입자의 형태로 존재한다. 아인슈타인은 광자의 에너지가 광파의 진동수에 비례한다는 간단한 가설을 통해 파동과 입자를 하나로 묶어놓았다.

가시광선可視光線, visible light은 사람이 볼 수 있는 빛의 영역을 의미한다. 진동수가 가장 낮은 가시광선은 붉은빛이고 진동수가 가장 높은 가시광선은 푸른색 계열의 빛인데, 진동수가 붉은빛의 거의 2배쯤 된다. 따라서 푸른빛의 광자는 붉은빛의 광자보다 에너지가 두 배쯤 크다.

아인슈타인은 어떻게 이토록 파격적인 주장을 펼칠 수 있었을까? 그는 빛의 강도intensity를 증가시켰을 때 나타나는 효과와 빛의 색(또는 진동수)을 바꿨을 때 나타나는 효과를 구별하는 실험에 대해 알고 있었다. 금속에 빛을 쪼이면 표면에 있는 전자 중 일부가 튀어나오고, 이들이 전구와 같은 간단한 전기장치에 도달하면 전류가 흐른 것과 동일한 효과가 나타난다. 즉, 전구에 불이 켜진다.

이 실험의 목적은 금속에 빛을 쪼였을 때 튀어나온 전자의 에너지를 측정하는 것이었는데, 데이터를 분석한 결과 전자의 에너지를 높이려면 빛의 강도가 아니라 진동수를 높여야 한다는 결론에 도달했다. 언뜻 생각하면 빛을 강하게 쪼일수록 전자의 에너지가 커질 것 같지만, 실제로는 빛의 강도를 아무리 높여도 튀어나오는 전자의 개수만 많아질 뿐, 전자의 에너지는 달라지지 않았다. 이것은 '전자는 광자로부터 에너지를 흡수하고, 광자의 에너지는 빛의 진동수에 비례한다'는 아인슈타인의 가설과 일치한다.

대부분의 경우, 전자는 금속 내부에 갇혀 있다. 광자의 에너지는 전자를 풀어주기 위해 지불하는 보석금과 비슷하다. 광자로부터 보석금(에너지)을 받은 전자는 속박에서 풀려나 자유롭게 이동할 수 있다. 단, 보석금의 액수가 미리 정해진 '기본요금'보다 많아야 한다. 에너지가 이보다 작은 광자는 전자에게 거의 아무런 영향도 미치지 못한다. 하나의 전자는 여러 개의 광자들이 전달하는 작은 에너지를 푼돈 모으듯이 저축할 수 없기 때문에, 금속을 탈출하려면 에너지가 충분히 큰 하나의 광자로부터 에너지를 한 번에 받아야 한다. 붉은빛을 아무리 강하게 쪼여도 전류가 흐르지 않은 것은 바로 이런 이유 때문이다(빛의 강도가 세다는 것은 광자의 수가 많다는 뜻이다-옮긴이). 그러나 푸른빛의 광자는 기본요금보다 많은 보석금을 지불할 수 있기 때문에(즉, 에너지가 충분하기 때문에), 단 몇 개만 쪼여도 몇 개의 전자를 탈출시킬 수 있다.

붉은빛을 아무리 강하게 쪼여도 전자는 탈출하지 못하지만, 푸른 빛을 희미하게 쪼이면 몇 개의 전자가 탈출하기 시작한다. 이로부터 아인슈타인은 '빛의 에너지는 불연속의 덩어리로 존재하며, 덩어리 하나에 들어 있는 에너지의 양은 빛의 진동수에 비례한다'는 아이디어를 떠올렸다. 그리고 1902년에 실행된 한 실험에서는 광자가 지불한 보석금이 기본요금을 초과하여 전자가 방출되었을 때, 전자의 운동에너지가 '광자의 진동수와 기본요금 진동수의 차이'에 비례한다는 사실이 밝혀지면서 아인슈타인의 가설에 더욱 큰 힘을 실어주었다. 이것이 훗날 아인슈타인에게 노벨상을 안겨준 '광전효과photoelectric effect'이다. 당시 파동−입자 이중성에 관심을 가진 과학자는 여럿 있었지만, 이것을 새로운 과학혁명의 신호탄으로 해석한 사람은 아인슈타인이 유일하다. 그는 스위스 특허청의 말단 직원으로 일하던 1905년에 4편의 논문을 발표했는데, 광전효과도 그중 하나였다(당시 아인슈타인의 나이는 26세였고, 나머지 세 편은 특수상대성이론과 브라운운동에 관한 논문이었다. 별 볼 일 없어 보이는 젊은 물리학자가 이토록 위대한 업적을 한 해에 이룬 것은 뉴턴 이후로 처음 있는 일이다. 그래서 지금도 과학자들은 1905년을 기적의 해the year of miracle라 부르고 있다).

당시에 가장 널리 통용되던 맥스웰의 전자기학에 의하면, 빛은 전기장과 자기장을 통해 이동하는 파동이었다. 아인슈타인은 10대 시절에 고등학교를 중퇴하고 1년 동안 틈틈이 등산을 다닐 때에도 배낭에 항상 맥스웰의 책을 넣고 다닐 정도로 전자기학을 좋아했다고 한다. 그래서인지 훗날 맥스웰의 이론으로 광전효과를 설명할 수 없다는 사실을 누구보다 정확하게 간파한 사람도 아인슈타인이었다. 맥스웰이 옳다면 전자에 전달되는 빛에너지는 강도에 비례해야 하는데, 실험 결과는 전혀 그렇지 않았다.

빛의 이중성을 암시하는 증거는 광전효과뿐만이 아니었다. 아인 슈타인 이전 세대 과학자들은 빨갛게 달궈진 숯에서 방출되는 빛을 연구하고 있었는데, 가장 큰 문제는 숯의 온도에 따라 방출되는 빛의 색이 달라지는 이유를 이론적으로 설명하는 것이었다. 그러던 중 1900년에 독일의 물리학자 막스 플랑크Max Planck가 이 현상을 설명했으나, 여기에는 과학 역사상 가장 창의적인 오류가 숨어 있었다. 이 코미디 같은 상황을 이해하려면 20세기 초 물리학계의 분위기를 알아야 한다. 당시 플랑크를 비롯한 대부분의 물리학자들은 원자의 존재를 믿지 않았다. 모든 물질은 최소단위 없이 연속적인 구조로 되어 있어서, 기술만 있다면 무한정 작게 잘라나갈 수 있다고 생각한 것이다. 그러나 일각에는 원자론을 믿는 이론물리학자도 있었는데, 그중 한 사람이었던 비엔나의 루트비히 볼츠만Ludwig Boltzman은 기체를 원자의 집합으로 간주하여 물리적 특성을 계산하는 방법을 개발했다.

플랑크는 원자론에 회의적이었지만 볼츠만의 기체 이론에서 힌트를 얻어 빛을 '원자가 아닌 광자로 이루어진 기체'로 간주했고, 광자의 에너지가 빛의 진동수에 비례한다는 가정하에 기존의 실험 결과를 정확하게 재현했다.* 원자의 존재를 믿지 않았던 물리학자

---

* 플랑크가 볼츠만의 이론을 '오용'한 사연은 토머스 쿤Thomas Kuhn의 《흑체이론과 양자적 불연속성Black-Body Theory and Quantum Discontinuity》(1894-1912)과 마틴 클라인Martin Klein이 집필한 파울 에렌페스트Paul Ehrenfest의 전기에 자세히 소개되어 있다(두 책 모두 참고문헌 목록에 포함되어 있다).

1부 비현실에 대한 믿음

가 의도치 않게 원자론에 기초하여 문제를 해결한 것이다.

　원자론을 믿지 않았던 플랑크가 빛의 원자론을 믿었을 리 없다. 그런데도 빛이 입자로 이루어져 있다는 가정하에 혁명적인 발견을 이루어냈으니, 얼마나 당혹스러웠을지 상상이 가고도 남는다. 그러나 원자론과 빛의 입자설을 모두 믿었던 아인슈타인은 빛을 '광자로 이루어진 기체'로 간주한 것이 플랑크의 성공 비결이었음을 간파했다. 그 후 광전효과에 관한 실험 결과를 전해 듣고는 곧바로 광자의 에너지가 빛의 진동수에 비례한다는 플랑크의 가설을 떠올렸다. 그러므로 과학 역사상 가장 위대한 발견을 이루어낸 행운의 주인공은 플랑크가 아니라 아인슈타인이었던 셈이다. 빛은 정말로 파동과 입자의 특성을 모두 갖고 있었다.

　아인슈타인의 논문이 처음 발표되었을 때, 물리학자들의 반응은 대체로 회의적이었다. 이중슬릿실험에 의하면 빛이 두 개의 슬릿을 동시에 통과하는 것이 확실하고, 그렇다면 빛은 파동이어야 한다. 그런데 빛을 입자로 간주하면 흑체복사black body radiation, 플랑크의 이론와 광전효과를 정확하게 설명할 수 있으니, 빛은 파동성과 입자성을 동시에 갖고 있는 것처럼 보였다. 아인슈타인은 이 역설적인 상황을 해결하기 위해 여생을 바쳤으나, 1905년에 발표한 광전효과이론이 실험으로 검증되는 바람에 1921년에 다소 찜찜한 마음으로 노벨상을 받았다.

　아인슈타인이 기적의 해(1905년)에 마지막으로 발표한 논문도 원자설을 입증하는 결정적 증거였다. 원자는 너무나 작아서 당시에 가장 성능이 좋은 현미경으로도 볼 수 없었으므로, 아인슈타인은 원자의 존재를 암시하는 증거 중 현미경으로 관측 가능하면서 물리

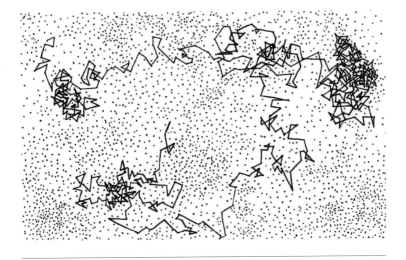

그림 6 자연에 존재하는 작은 분말이나 분자에서 관측되는 무작위운동을 브라운운동Brownian motion이라 한다. 아인슈타인은 이것이 "공기(또는 물)를 구성하는 분자와 분말 입자가 끊임없이 충돌하면서 나타나는 현상"이라는 가정하에, 원자의 밀도에 따른 충돌 효과를 거의 정확하게 예측했다.

적 현상과 무관해 보이는 '꽃가루의 운동'으로 관심을 돌렸다. 꽃가루를 수면에 띄워놓으면 마치 살아 있는 생명체처럼 수평 방향으로 이리저리 점프하면서 무작위로 움직이는데, 당시에는 매우 신기한 현상으로 여겨졌다(이것을 브라운운동Brownian motion이라 한다 – 옮긴이). 아인슈타인은 그의 논문에서 꽃가루가 무작위운동을 하는 것은 움직이는 물 분자와 연속적으로 충돌하면서 그 효과가 누적되어 나타나는 현상이라고 결론지었다.*

아인슈타인이 기적의 해에 발표한 나머지 두 편의 논문은 특수상대성이론special relativity과 $E=mc^2$(질량과 에너지의 관계)을 증명한 논

1부 비현실에 대한 믿음

문이었다.

아인슈타인 이외에 단 1년 동안 이토록 많은 업적을 이룬 사람은 과학사를 통틀어 뉴턴밖에 없다. 게다가 아인슈타인은 상대성이론과 양자가설이라는 두 개의 혁명을 혼자서 이끌었으니, 이 방면에서는 타의 추종을 불허한다. 특히 그는 양자가설에서 두 개의 뛰어난 통찰을 발휘했는데, '빛의 파동-입자 이중성'과 '입자의 에너지와 파동의 진동수 사이의 비례관계'가 바로 그것이었다.

아인슈타인은 원자의 존재를 입증한 네 번째 논문(브라운운동)에서 빛의 양자적 성질에 관하여 아무런 언급도 하지 않았지만, 거기에는 양자이론이 풀어야 할 두 가지 미스터리가 포함되어 있었다. 원자는 어떻게 안정적인 상태를 유지하는가? 그리고 화학적 성분이 같은 물질의 원자들은 왜 동일한 방식으로 거동하는가?

이론가들이 원자의 존재 여부를 놓고 왈가왈부하는 동안, 실험가들은 물질의 성분을 분리하느라 바쁜 나날을 보내고 있었다. 실험실에서 가장 먼저 발견된 입자는 전자로, 전기적으로 음전하를 띠고 있으며, 질량은 수소 원자의 1/2000밖에 되지 않는다. 모든 화학원소는 그 안에 포함된 전자의 개수에 따라 화학적 성질이 달라지는 것으로 판명되었다. 예를 들어 탄소 원자의 전자는 6개, 우라늄의 전자는 92개이다. 모든 원자는 전기적으로 중성이기 때문에, 6개

---

* 원자론을 주장했던 볼츠만은 동료들의 비난을 견디다 못해 스스로 목숨을 끊고 말았다. 그가 아인슈타인의 논문을 좀 더 일찍 접했더라면 비극을 막을 수 있었을지도 모른다. 사족이지만 당시 비엔나에서 물리학을 공부하고 있었던 루트비히 비트겐슈타인 Ludwig Wittgenstein은 볼츠만의 자살 소식을 듣고 한동안 충격에 빠졌다가 결국 물리학을 포기하고 철학으로 전공을 바꿨다.

의 전자를 포함하는 원자에서 전자를 모두 제거하면 전자의 6배에 해당하는 양전하가 남아야 한다. 그런데 전자는 매우 가벼우므로 원자 질량의 대부분은 이 양전하에 집중되어 있다. 이것이 바로 말 많고 탈도 많은 원자핵atomic nucleus이다.

1911년에 영국의 물리학자 어니스트 러더퍼드Ernest Rutherford는 그 유명한 산란 실험을 통해 원자핵이 원자 중심부의 아주 작은 영역에 자리 잡고 있다는 사실을 발견했다. 원자의 크기를 도시에 비유하면, 원자핵은 그 도시의 중앙 광장에 서 있는 대리석 조각만 하다. 이렇게 작은 덩어리 안에 모든 양전하와 원자 질량의 대부분이 집중되어 있다. 다시 말해서, 원자 내부의 대부분은 텅 빈 공간이라는 뜻이다. 전자는 이 드넓은 공간에서 원자핵을 중심으로 일종의 궤도운동을 하고 있다.

여기까지만 놓고 보면 태양계와 아주 비슷하다. 전자와 원자핵은 전하의 부호가 반대여서 둘 사이에 전기적 인력이 작용하고, 이 힘 때문에 전자는 원자핵 주변에 묶여 있다. 원자핵을 태양으로, 전자를 행성으로 대치하고 전기력을 중력으로 바꾸면 곧바로 태양계가 된다. 그러나 이런 식으로 비유하면 위에서 언급했던 두 가지 미스터리가 드러나지 않기 때문에 오해의 소지가 다분하다. 뉴턴의 고전역학을 태양계에 적용하면 모든 행성의 거동을 정확하게 설명할 수 있지만, 이런 논리로는 원자가 안정한 이유와 화학적 특성을 설명할 수 없다.

전자는 전기전하를 띤 하전입자이다. 맥스웰의 고전 전자기이론에 의하면 원운동(일반적으로는 가속운동)을 하는 하전입자는 궤도운동의 진동수(1초당 회전수)와 같은 진동수의 빛을 방출해야 한다. 그런데 빛은 곧 에너지이므로 빛을 방출한 전자는 에너지를 잃으면서 원자핵과의 거리가 가까워진다. 즉, 원자핵을 중심으로 궤도운동을 하는 전자는 점차 줄어드는 나선 궤적을 그리다가 순식간에 원자핵 속으로 빨려 들어가야 한다. 맥스웰의 이론이 옳다면 전자가 원자핵을 중심으로 원운동을 하면서 안정한 상태를 유지하는 원자는 존재할 수 없다. 이 세상의 모든 원자는 태어나자마자 곧바로 붕괴되었어야 한다. 그러나 이 세상은 장구한 세월 동안 멀쩡하게 유지되어왔다. 전자의 안정성에 관한 논리에 심각한 위기가 닥친 것이다.

그렇다면 행성에게는 왜 이런 재앙이 닥치지 않는 것일까? 물론 행성은 전기적으로 중성이기 때문에 원운동을 해도 스스로 빛을 방출하지 않는다. 그러나 아인슈타인의 일반상대성이론에 의하면 궤도운동을 하는 행성들도 중력파의 형태로 에너지를 방출하면서 궤도반경이 줄어든다. 다만 중력이 전자기력에 비해 너무나도 약한 힘이어서, 궤도수축이 아주 느리게 진행되는 것뿐이다. 이 효과는 서로 상대방을 중심으로 공전하고 있는 중성자쌍에서 실제로 관측되었으며, 거대한 한 쌍의 블랙홀이 나선을 그리며 하나로 합쳐지면서 방출한 복사에너지(빛)가 지구의 중력파 안테나에 감지된 적도 있다.

두 번째 문제는 전자의 수가 같은 원자들이 동일한 성질을 갖는 이유를 설명할 수 없다는 것이었다. 예를 들어 두 태양계가 똑같이 6개의 행성으로 이루어져 있다 해도, 태양과 행성 사이의 거리와 각 행성의 질량 및 공전·자전 속도는 얼마든지 다를 수 있다. 즉, 두 태양계는 행성의 수가 같아도 완전히 다른 시스템이다. 그러나 두 개의 탄소 원자는 다른 원자와 상호작용하는 방식이 완전히 동일하다(그렇지 않다면 화학이라는 학문은 아예 탄생하지도 않았을 것이다). 탄소 원자와 산소 원자는 화학적 성질이 크게 다르지만, 탄소는 탄소끼리, 산소는 산소끼리 완전히 똑같은 성질을 공유하고 있다. 이것이 바로 '원자의 화학적 성질에 관한 수수께끼'이다. 뉴턴의 고전역학은 태양계에 잘 들어맞지만, 원자의 화학적 성질을 설명하기에는 역부족이다.

아인슈타인이 제시했던 파격적인 아이디어를 적용하면 원자와 관련된 두 가지 미스터리를 일거에 해결할 수 있다. 그러나 정작 아인슈타인은 절호의 기회를 놓쳤고 이와 비슷한 통찰력을 보유한 신세대 물리학자가 해결사를 자처하고 나섰으니, 그가 바로 덴마크 출신의 물리학자 닐스 보어Niels Bohr이다. 지금도 많은 사람들은 보어를 양자역학을 발명하고 양자혁명을 이끈 영웅으로 기억하고 있다. 평생을 반현실주의자로 살았던 그는 누가 뭐라 해도 양자역학을 앞세워 반현실주의의 승리를 이끌어낸 일등 공신임이 분명하다. 그는 현실주의적 세계관으로 원자와 빛의 거동을 설명할 수 없는 이유를 다양한 논리로 증명했다.

보어는 생리학 교수인 아버지와 수학자 형을 둔 학자 집안에서 태어났다. 도시에서 태어나 어린 시절부터 부모와 비슷한 수준의 삶을 살았으니 당시로서는 꽤 운이 좋은 편에 속한다. 단순하고 보수적인 집안 분위기는 급진적 사고방식을 키우는 데 더없이 좋은 환경이었다(아인슈타인을 흠모하는 저자가 보어를 어떻게 생각하는지 짐작은 가지만 이건 좀 아닌 것 같다. 타고난 반골이라면 모를까, 보수적인 분위기에서 어떻게 파격적인 사고력을 키운단 말인가? – 옮긴이).

이렇게 편안하고 지적인 환경에서 보어와 그의 부인은 여섯 명의 아들을 낳았는데, 그중 몇 명은 훗날 대학 교수가 되었고 넷째 아들인 아게 닐스 보어Aage Niels Bohr는 부친의 뒤를 이어 1975년에 노벨 물리학상을 받았다. 그러나 장남은 아버지와 보트 항해를 하던 중 사고로 죽었고, 또 다른 아들 어니스트 보어는 삼촌의 뒤를 이어 하키 국가대표 선수로 올림픽에 참가했다(보어의 동생 해럴드 보어는 덴마크 국가대표 축구선수로 1908년 런던올림픽에 참가하여 은메달을 획득했고, 후에 저명한 수학자가 되었다 - 옮긴이).

덴마크는 결코 큰 나라가 아니지만 오래전부터 정책적으로 과학을 키워왔다. 보어가 젊은 나이에 두각을 나타내면서 양자혁명의 선두주자가 될 수 있었던 것은 덴마크 정부와 칼스버그Calsberg 맥주회사가 새 연구소를 설립하여 보어를 전폭적으로 지원했기 때문이다. 그 덕분에 보어는 젊은 물리학자들 사이에서 막강한 영향력을 행사했고, 끊임없이 몰려오는 방문객들과 공동연구를 수행하면서 다양한 아이디어를 접할 수 있었다. 보어와 그의 가족들은 연구소에 살면서 수많은 방문객을 접대했으니, 말이 연구소지 사실 집이나 마찬가지였다.

닐스 보어의 아들들은 보어에게 조언을 듣기 위해 사방에서 모여든 젊은 물리학자들과 아버지를 공유해야 했다. 보어의 아내는 방문객 중에서 여성 물리학자를 신중하게 골라 아들과 짝을 맺어주었다(보어의 친척 중에는 여성 과학자가 거의 없었다).

보어에게는 연구동료들을 사로잡는 매력이 있었다. 그에게 과학이란 자연과의 대화였으며, 연구도 주로 대화를 통해 이루어졌다(사실 대부분은 대화가 아니라 독백이었다). 그는 연구동료를 속기사로 부려먹곤 했는데, 보어가 연구실 안을 이리저리 거닐면서 수시로 중얼거리는 말을 받아 적었다가 여러 번의 수정을 거쳐 정리하는 것이 동료들의 중요한 업무 중 하나였다.

　박사학위를 받은 직후 양자역학에 입문한 보어는 간단하고도 파격적인 원자모형을 제기함으로써 문제의 핵심으로 뛰어들었다. 그는 광자가 에너지를 운반한다는 아인슈타인의 초기 아이디어를 수용했고, 원자의 안정성 문제를 해결하기 위해 원자 규모에는 맥스웰의 전자기이론이 적용되지 않는다고 가정했다. 그가 제기한 가설에 의하면 원자 내부에는 전자가 안정적으로 돌 수 있는 몇 개의 궤도가 존재한다. 보어는 이 궤도를 계산하기 위해 에너지와 진동수의 관계를 연결하는 비례상수, 즉 플랑크상수를 이용했다. 플랑크상수는 운동량과 단위가 같은 상수인데, 원자의 경우에는 운동량의 원운동 버전인 각운동량에 대응된다. 일반적으로 회전운동을 하는 물체는 각운동량을 갖고 있는데, 이 값은 선운동량(직선운동을 하는 물체의 운동량)이나 에너지처럼 보존되는 양이다. 그래서 자전하거나 공전하는 물체는 회전운동을 계속 유지하려는 성질이 있다(이것을 회전관성이라 한다. 직선운동을 하는 물체가 계속 앞으로 나아가려는 것(관성)과 비슷한 현상이다-옮긴이). 피겨 스케이트 선수가 양팔을 벌리고 제자리에서 돌다가 팔을 오므렸을 때 회전속도가 빨라지는 것도 회전운동량이 보존되기 때문이다.

　전자가 한 개밖에 없는 수소 원자를 생각해보자. 보어는 전자의 각운동량이 특별한 값일 때 안정적인 궤도를 돌 수 있다고 가정했다. 여기서 특별한 값이란 플랑크상수로 주어지는 각운동량의 정수배를 의미한다. 보어는 이것을 '정상상태定常狀態, stationary state(변하지 않는 상태라는 뜻)'라 불렀다. 각운동량이 0인 궤도는 전자의 에너지

　　　　　　　　　　　　　　1부 비현실에 대한 믿음

가 가장 작고 안정한 궤도로서, 전자가 이곳에 있을 때 원자는 '바닥상태ground state에 있다'고 말한다. 바닥상태 위로는 에너지가 큰 상태가 띄엄띄엄 존재하며, 이들을 들뜬상태excited state라 한다.

원자는 빛을 흡수하면서 에너지를 얻을 수도 있고, 빛을 방출하면서 에너지를 잃을 수도 있다. 보어가 제시한 또 하나의 가정은 전자가 하나의 안정한 상태에서 다른 안정한 상태로 점프할 때 위와 같은 현상이 일어난다는 것이었다. 그는 아인슈타인의 광자가설을 이용하여 구체적인 과정을 설명했는데, 대략적인 내용은 다음과 같다. 들뜬상태에 있는 전자는 광자를 방출하면서 바닥상태로 떨어지는데, 이 광자의 에너지는 두 상태의 에너지 차이와 같기 때문에 총에너지는 달라지지 않는다(즉, 보존된다). 그리고 이때 방출되는 빛의 진동수는 플랑크와 아인슈타인이 제시했던 '진동수와 에너지의 관계'에 따라 결정된다.

이와 반대로 바닥상태에 있던 전자가 들뜬상태로 점프할 수도 있다. 단, 이 경우에는 전자가 두 상태의 에너지 차이에 해당하는 진동수의 광자를 흡수해야 한다.

모든 원자는 자신만의 '안정한 궤도'가 이미 정해져 있기 때문에, 전자가 궤도를 바꾸려면 특정 진동수의 빛을 흡수하거나 방출해야 한다. 이렇게 원자마다 다른 특정 진동수를 스펙트럼spectrum이라 한다.

보어가 초기 원자모형을 완성했던 1912년에 화학자들은 수소원자의 스펙트럼을 관측하는 데 성공했다. 보어는 전술한 아이디어를 이용하여 스펙트럼의 위치를 이론적으로 계산했는데, 놀랍게도 관측 결과와 거의 정확하게 일치했다.

이것은 실로 대단한 발견이었지만, 해결해야 할 문제는 아직 사방에 널려 있었다. 원자를 탈출한 전자는 드넓은 세상에서 마음대로 움직이는데, 원자에 갇혀 있을 때에는 왜 정상상태에 놓여 있어야 하는가? 그리고 양자이론은 수소 원자 이외의 다른 원자에도 적용할 수 있는가?

향후 10년 동안 물리학자들은 보어의 원자모형을 수소보다 무거운 원자와 복잡계에 적용하기 위해 총력을 기울였다. 이 시기에 제안된 새로운 아이디어들은 창의적이고 기발했지만, 결과는 아무리 좋게 봐줘도 '절반의 성공'이었다. 프랑스의 젊은 귀족 루이 드브로이Louis de Broglie가 1920년에 파리에서 대학원에 진학했을 때, 물리학계는 위와 같은 상황에 처해 있었다.

루이 빅터 피에르 라몽, 드브로이 공작Louis Victor Pierre Raymond, duc de Broglie은 1892년에 프랑스의 최고 귀족 가문에서 태어나 역사를 공부하다가 나중에 물리학으로 전향했다. 대학을 졸업한 후 육군에 입대했으나 제1차 세계대전이 발발하는 바람에 복무기간이 1년에서 5년 반으로 늘어났고, 이 기간 동안 그는 파리에 있는 무전 부대에 배속되어 매일 에펠탑에 올라 무전을 쳤다.

당시 이론물리학계는 규모가 별로 크지 않았지만 네트워크를 통한 결속력은 지금 못지 않게 탄탄했다. 양자역학이 한창 개발되는 동안 지지자들은 편지와 엽서를 통해 끊임없이 연락을 주고받았으며, 대부분의 대학 교수들은 수시로 열리는 학회와 세미나에 참석하느라 꽤 많은 시간을 기차에서 보냈다. 그러나 드브로이는 귀족 신분에 성격도 내성적이어서 다른 물리학자들과 어울릴 기회가 별로 없었고, 그 무렵 파리는 물리학을 선도하는 도시가 전혀 아니었

1부 비현실에 대한 믿음

다. 드브로이는 자신의 연구 내용을 오직 친형인 모리스 드브로이 Maurice de Broglie에게만 털어놓았는데, 그는 X선 분야에서 뛰어난 업적을 남긴 실험물리학자이자 역사를 전공하던 동생 루이를 물리학의 세계로 이끈 장본인이기도 했다.

과학자가 학계로부터 고립되면 불리한 점이 많지만, 가끔은 모든 사람들이 놓친 결정적 실마리를 찾아내는 경우도 있다. 드브로이는 박사과정 학생 때 '파동-입자 이중성은 빛뿐만 아니라 모든 만물의 공통적인 특성'이라는 대담한 가설을 제안하여 전 세계 물리학자들을 놀라게 했다. 그의 가설이 옳다면 전자도 파동적 성질을 갖고 있어야 한다.

훗날 드브로이는 당시의 일을 회상하며 이렇게 말했다.

나는 1920년이 되어서야 이론물리학으로 돌아올 수 있었다. … 그 무렵 물질과 복사는… 1900년에 플랑크가 흑체복사를 설명하기 위해 도입했던 양자라는 이상한 개념 때문에 날이 갈수록 미궁 속으로 빠져들고 있었다.[1]

항상 그런 것은 아니지만, 오랫동안 풀리지 않던 문제를 새로운 시각으로 바라보면 문득 해답이 보일 때가 있다. 학계의 변방에 있던 20대 청년 드브로이가 아인슈타인과 보어도 생각하지 못했던 아이디어를 떠올린 것이다. 두 거장은 파동-입자 이중성을 피해가는 데 주력한 반면, 드브로이는 과감하게 정면 돌파를 시도했다. 빛이 파동이면서 입자라면, 전자라고 그렇지 않을 이유가 어디 있는가? 모든 물질과 복사가 파동-입자 이중성을 가질 수도 있지 않은가?

드브로이의 회상을 좀 더 들어보자.

모리스 형과 대화를 나누다 보면 항상 X선이 입자이면서 파동이
라는 결론에 도달하곤 했다. ⋯ 그러던 중 어느 날 갑자기 파동-
입자 이중성을 모든 물질 입자에 적용할 수도 있겠다는 아이디어
가 떠올랐다.[2]

노련한 물리학자들도 생각하지 못한 아이디어가 어떻게 드브로
이의 머릿속에 떠오른 것일까? 그는 파동-입자 이중성을 포용하는
새로운 물리학을 구축한다는 야심찬 계획을 세워놓고, 이미 실험을
통해 확인된 빛의 이중성부터 파고들기 시작했다. 이때 드브로이가
떠올린 질문은 단순하면서도 의미심장하다. 광양자(광자)는 어떤 식
으로 움직이는가?

뉴턴이 빛의 입자설을 택한 것은 빛이 직선 경로를 따라간다고
믿었기 때문이다. 토머스 영도 이와 동일한 가정을 세웠지만, 빛이
장애물을 만나면 회절되고 매질이 다른 경계면에서 굴절된다는 사
실을 확인한 후, 입자설을 포기하고 파동설을 받아들였다. 빛이 직
진하지 않는 한 입자로 간주할 수 없기 때문이다. 그렇다면 광자는
어떻게 되는가? 광자는 직선 경로를 따라가지 않던가? 드브로이는
광자가 "회절과 굴절을 일으키는 파동에 의해 전달되기 때문에" 직
진하지 않는다고 생각했다.

이것은 실로 혁명적인 발상이었다. 입자가 직진한다는 것은 모든
물리학의 기본인 뉴턴의 제1법칙의 결과이다. 관성의 법칙으로 알

　　　　　　　　　　　　　　　1부 비현실에 대한 믿음

려진 이 법칙에 의하면 입자는 외부로부터 힘을 받지 않는 한, 동일한 속도로 직선운동을 한다. 운동량이 보존된다는 것도 여기서 유도된 결과이다. 또한 이 법칙은 상대성이론과도 밀접하게 연관되어 있다(상대성이론에 의하면 속도는 절대적 기준이 없는 상대인 양이다).

드브로이는 빛의 양자(광자)가 이 모든 기본원리를 따르지 않고 장애물을 만났을 때 휘어진다고 생각했다. 당시 그는 박사학위논문을 쓰고 있었는데, 논문의 목적은 파동-입자 이중성을 가진 모든 대상에 적용 가능한 혁명적 이론을 구축하는 것이었다. 그러므로 빛에 한정되어 있던 파동-입자 이중성을 모든 형태의 물질과 에너지로 확장하는 것은 간단하지만 반드시 필요한 수순이었다.

드브로이는 1924년에 학위논문을 완성했지만, 내용이 너무 짧고 논지가 지나치게 강경하여 심사위원들을 난처하게 만들었다(드브로이가 귀족이 아니었다면 논문심사에서 탈락했을 것이라는 소문이 돌 정도였다). 심사위원들은 어찌할 바를 몰라 전전긍긍하다가 아인슈타인에게 조언을 구했는데, 그는 드브로이의 논지를 한눈에 간파하고 합격 도장을 찍어주었다. 당시 아인슈타인의 동료들도 드브로이의 논문을 읽고 커다란 관심을 보였다.

그 친구 중 한 사람이 독일의 젊은 물리학자 막스 보른Max Born이었다. 보른의 동료인 실험물리학자 발터 엘자서Walter Elsasser는 전자빔을 고체 결정에 발사하여 산란시키면 드브로이가 예견했던 전자의 회절현상을 관측할 수 있을 것이라고 제안했고, 막스 보른으로부터 이 아이디어를 전해 들은 영국의 실험물리학자들도 전자의 회절 관측에 도전했지만 아무도 성공하지 못했다. 그러던 중 미국 벨 연구소의 클린턴 데이비슨Clinton Davission과 레스터 저머Lester Germer

가 1925년에 다른 목적으로 전자의 산란 실험을 수행하다가 우연히 회절 현상을 관측했다. 두 사람의 원래 목적은 특정 샘플의 표면에 원자가 규칙적으로 배열된 층을 쌓는 것이었는데, 뜻하지 않게 물리학의 역사를 바꿀 엄청난 발견을 하게 된 것이다. 또한 이들은 전자가 산란된 금속 결정의 표면에서 간섭무늬까지 발견했으나, 데이비슨과 저머는 자신의 실험 결과가 무엇을 의미하는지 전혀 깨닫지 못했다. 그 후 데이비슨은 1926년 여름에 옥스퍼드에서 개최된 학회에 참석했다가 놀라운 사실을 알게 된다. 발표자로 나선 막스 보른이 드브로이의 혁명적인 물질파 가설을 소개하면서 데이비슨이 발표했던 실험 논문의 사진을 증거로 제시한 것이다. 데이비슨이 실험실로 돌아와 저머와 함께 황급히 사진을 다시 분석해보니, 역시 드브로이의 예측과 정확하게 맞아떨어졌다.

뛰어난 수리물리학자였던 에르빈 슈뢰딩거Erwin Schrödinger는 빈에서 태어나 빈대학교에서 박사학위를 받은 후 취리히대학교의 교수가 되었다. 1887년생인 그는 드브로이의 물질파 가설이 발표되었을 때 이미 40을 바라보고 있었으니, 양자혁명을 이끄는 젊은 세대가 아니라 이미 전성기가 지난 노학자의 대열에 끼기 직전이었다. 1925년 11월 23일, 슈뢰딩거는 네덜란드의 물리학자 피터 디바이 Peter Debye가 개최한 세미나에 참석했다가 드브로이의 물질파 가설을 접하게 된다. 이 자리에서 디바이는 물질파의 중요성을 열심히 강조한 후 "드브로이의 가설은 아름답지만 전자의 파동이 공간에서 진행하는 방식, 즉 파동의 운동방정식이 누락되어 있다"라는 말로 강연을 마무리했다. 그 후 크리스마스 휴가가 찾아왔을 때 슈뢰딩

1부 비현실에 대한 믿음

거는 여행가방에 드브로이의 논문을 챙겨 넣고 아내가 아닌 여자친구와 함께 알프스로 여행을 떠났다(슈뢰딩거의 아내는 남편의 친구이자 저명한 수학자인 헤르만 바일Herman Weyl과 함께 크리스마스 휴일을 보냈다). 휴가 첫날, 슈뢰딩거는 스키를 타지 않고 숙소에 머물면서 드브로이의 논문을 읽다가 전자파동의 거동을 결정하는 방정식을 자신이 유도하기로 마음먹었고, 바로 다음 날 목표를 이루었다. 양자이론의 기본방정식인 슈뢰딩거의 파동방정식이 탄생하는 순간이었다.

알프스에서 돌아온 슈뢰딩거는 바일과 함께 원자핵 주변을 도는 전자에 자신의 방정식을 적용하여 보어가 말했던 정상상태와 수소원자 스펙트럼을 정확하게 재현했다. 핵심 아이디어는 전자파동이 그림 7과 같이 궤도의 크기와 맞아떨어져야 한다는 것이다. 그러나 알프스에서 역사적인 순간을 슈뢰딩거와 함께 맞이했던 여인의 정체는 끝내 알려지지 않았다(소문에 의하면 슈뢰딩거의 노벨상 시상식에 아내와 여자친구가 함께 참석했다고 한다).

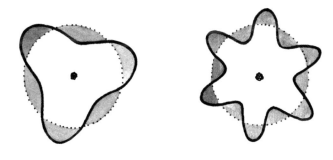

그림 7 원자 내부의 전자파동 개요도. 왼쪽 파동은 세 걸음 만에 출발점과 매끄럽게 만나므로 파장은 원자의 직경을 3으로 나눈 값과 같다. 오른쪽 파동의 파장은 왼쪽 그림의 절반이어서 여섯 걸음 만에 출발점으로 돌아온다.

파동에 기초한 양자역학은 이렇게 탄생했다(물리학이론에 '역학 mechanics'이라는 이름이 붙으려면 모든 경우에 적용되는 운동방정식이 있어야 한다 - 옮긴이). 남은 문제는 드브로이의 물질파와 슈뢰딩거가 다뤘던 파동의 의미를 파악하는 것인데, 처음에 슈뢰딩거는 전자가 곧 파동이라고 생각했다. 그러나 파동은 시간이 흐를수록 넓게 퍼지는 경향이 있고 전자와 같은 입자는 질량이 한 곳에 집중되어 있으므로 '전자=파동'이라는 주장은 별로 설득력이 없다. 그 후 막스 보른은 슈뢰딩거의 파동이 특정 위치에서 입자가 발견될 확률과 관련되어 있다고 해석했다.

아인슈타인도 파동-입자 이중성을 중요하게 취급했지만, 본인이 직접 적용한 사례는 빛뿐이었다. 이중성을 빛에 한정시키면 충격이 별로 크지 않고 새로운 지식을 얻기도 어렵다. 빛의 파동설과 입자설은 이미 정설로 굳어졌거나 과거 한때 정설로 받아들여졌던 이론이기 때문이다. 반면에 물질파이론은 발상부터 매우 충격적이다. 드브로이와 슈뢰딩거는 양자물리학의 최고 미스터리인 파동-입자 이중성을 물리학의 중앙 무대에 올림으로써 물리학 체계를 완전히 바꿔놓았다.

이제 중요한 질문은 '빛은 어떻게 입자이면서 파동일 수 있는가?'가 아니라, '어떻게 모든 만물이 입자이면서 파동일 수 있는가?'였다.

아인슈타인은 파동-입자 이중성을 최초로 공식화하면서 당혹감을 감추지 못했다. 상대성이론보다 양자물리학에 훨씬 많은 시간을 투자했음에도 불구하고, 눈에 띄는 결과를 내놓지 못했기 때문이다. 탁월한 직관의 소유자였던 그가 양자와의 한판 승부에서 패한 데에는 그럴만한 이유가 있다. 내가 보기에는 개념적으로 완벽함을 추구했던 것이 실패의 요인이었던 것 같다.

슈뢰딩거도 다른 대다수의 물리학자들처럼 한동안 좌절감에 빠져 있었다.

양자역학의 선구자들 중에서 자신이 할 일을 정확하게 파악한 사람은 보어뿐이었다. 그는 새로운 물리학과 함께 새로운 철학을 제시함으로써, 양자역학이 탄생하던 순간에 주인공으로 떠올랐다. 현실주의를 포기하지 못한 물리학자들이 의외의 결과를 접하고 우왕좌왕하는 사이에 파격적인 반현실주의가 물리학을 지배하게 된 것이다. 물론 보어는 이런 변화를 받아들일 준비가 되어 있었다.

보어는 새로운 철학을 상보성相補性, complementarity이라 부르면서 자연의 본성은 파동도, 입자도 아니라고 했다. 그의 주장에 따르면 파동과 입자는 돌멩이나 수면파처럼 거시적인 물체의 거동을 서술하기 위해 만들어낸 직관적 개념일 뿐이며, 전자는 둘 중 어느 쪽에도 속하지 않는다. 전자는 우리가 직접 관측할 수 없는 미시적 물체여서 직관적인 이해가 불가능하다. 전자를 연구하려면 전자와 상호작용을 교환하는 거시적 관측 장비를 동원하는 수밖에 없고, 이를 통해 관측되는 것은 전자의 실체가 아니다. 우리가 관측 결과라고 부르는 것은 보이지 않는 전자에 대한 관측 장비의 반응일 뿐이다.

관측 장비의 반응을 분석할 때 파동이나 입자 같은 직관적 개념을 사용하면 여러모로 편리하지만 장비를 세팅하는 방법에 따라 결과가 달라지기 때문에, 여기서 얻은 결과를 자연의 실체로 받아들이면 곤란하다. 이 사실을 망각한 채 파동과 입자의 개념을 전자에 적용하면 모순된 결과가 얻어진다. 그러나 다음 두 가지 사실을 명심하면 모순은 발생하지 않는다. 첫째, 파동이나 입자라는 개념은 특별한 경우에 전자의 거동을 서술하는 '수단'일 뿐이며 둘째, 파동성과 입자성을 동시에 적용해야 하는 실험 장비는 이 세상에 존재하지 않는다는 것이다.

보어의 관점은 반현실주의의 최상급이다. 그는 어떤 실험을 하건 전자의 진정한 모습을 서술하는 것은 원리적으로 불가능하다고 주장했다. 그의 주장에 의하면 과학의 목적은 전자의 실체를 파악하는 것이 아니라, 관측 장비와 전자의 상호작용을 파악하는 것이다.

상보성은 보어에게 원리 이상의 의미를 갖고 있었다. 그는 상보성이 물리학뿐만 아니라 모든 과학의 철학적 기반이 되어야 한다고 주장했다. 이 얼마나 파격적인 발상인가! 보어는 평생 동안 상보성에 대한 신념을 굽히지 않았으며, 하이젠베르크를 포함한 양자역학의 선구자들도 상보성을 가장 근본적인 원리로 받아들였다.

보어에게 과학이란 자연의 실체를 탐구하는 학문이 아니었다. 우리는 도구 없이 자연과 상호작용을 직접 교환할 수 없기 때문에, 과학을 통해서는 자연에 대한 객관적 그림을 얻을 수 없다. 자연으로부터 지식을 얻으려면 반드시 실험 장비와 같은 매개체를 통해야 한다.

그러므로 과학이 자연을 객관적으로 서술한다거나, 우리가 개입하지 않아도 과학으로 자연을 서술할 수 있다는 생각은 포기해야 한다. 과학이란 인간이 자연에 개입하여 얻은 결과를 공통의 언어로 풀어놓은 것에 불과하다.

보어는 다양한 저술을 통해 상보성의 철학과 광범위한 적용 가능성을 적극적으로 홍보했다. 세간에는 그가 유대교의 신비주의분파

카발라Kabbalah에서 말하는 '신의 사랑과 공정함의 상호보완적 관계'에서 상보성의 개념을 떠올렸다는 설도 있다. 보어는 생명과 물리학, 에너지와 인과율causality(원인이 결과보다 시간적으로 앞선다는 법칙 – 옮긴이), 그리고 지식과 지혜까지도 상보성의 관점에서 논하곤 했다. 그에게 양자역학은 단순한 이론이 아니라 물리학과 과학을 초월한 혁명적 사고의 원천이었던 것이다.

양자역학이 유독 젊은 세대 물리학자들의 마음을 사로잡은 이유는 다양한 관점에서 접근이 가능했기 때문이다. 지금까지 이 책에서는 파동 – 입자 이중성의 관점에서 양자역학의 탄생과정을 논했지만, 슈뢰딩거가 파동방정식을 유도하기 직전에 하이젠베르크가 개발한 또 하나의 관점에서 양자역학을 유도할 수도 있다. 하이젠베르크는 젊고 패기 넘치는 독일의 물리학자로, 괴팅겐대학교의 막스 보른 연구팀에서 박사과정을 마치고 1925년에 코펜하겐으로 건너가 보어와 합류했다. 그 후 몇 년 동안 하이젠베르크는 괴팅겐과 코펜하겐을 수시로 오가면서 당대 최고의 물리학자인 보른, 보어와 긴밀한 관계를 유지했다. 하이젠베르크가 새로운 양자역학 체계를 개발할 수 있었던 것은 막스 보른과 그의 제자들, 그리고 조교들이 그의 연구를 열성적으로 도왔기 때문이다. 앞에서도 말했지만 초기의 양자역학은 한두 사람의 발명품이 아니라, 대여섯 명의 이론물리학자들이 끊임없이 교류하면서 만들어낸 합작품이었다.

하이젠베르크는 반현실주의적 관점에서 물리학을 바라보았다. 그는 물리학의 본분이 존재 자체를 서술하는 것이 아니라, 관측 가능한 대상을 파악하는 것이라고 믿었다. 과거의 과학자들은 주로 거시적 물체를 다루면서 존재 자체에 대한 서술과 관측 결과를 같은 것으로 혼동해왔지만, '원자 규모에서 과학의 탐구 대상이 되려면 무엇보다 관측이 가능해야 한다'는 것이 그의 확고한 지론이었다.

하이젠베르크는 전자의 운동이 거시적 규모의 관측 장비에 관측 가능한 영향을 주지 않는 한, 전자의 운동을 논하는 것은 의미가 없다고 주장했다. 보어의 원자모형에 의하면 원자 외부의 물체와 상호작용을 교환하지 않는 전자는 정상상태에 존재한다. 사실 전자는 대부분의 시간을 정상상태에서 보내고 있으며, 이 상태에서는 전자의 움직임을 논하는 것 자체가 무의미하다. 전자가 외부세계와 상호작용하는 경우는 정상상태 사이를 점프할 때뿐이다. 이때 방출되거나 흡수되는 전자의 에너지는 분광기로 관측할 수 있기 때문이다.

하이젠베르크의 주장을 정리하면 대충 다음과 같다. '정상상태에 조용히 놓여 있는 전자의 궤적은 알아낼 방법이 없다. 그러니 괜한 헛수고하지 말고 관측 가능한 양에 집중해라.' 원자의 실체를 밝히기 위해 많은 시간을 투자했다가 아무런 소득도 올리지 못한 당대의 젊은 물리학자들에게 하이젠베르크의 경고는 신선한 충격으로 다가왔다.

하이젠베르크는 여기서 영감을 얻어 전자의 에너지를 표현하는 새로운 방법을 고안했다. 에너지는 원자만 갖고 있는 특성이 아니었기에, 전자의 에너지를 하나의 숫자로 표현하는 것은 적절한 방법이 아니었다. 물리학에서 중요한 요소는 에너지가 측정 장비에 주는 '영향'뿐이며, 이 에너지는 전자가 에너지준위 사이를 점프할 때 흡수하거나 방출하는 광자를 통해 운반된다. 또한 광자의 에너지는 전자의 점프가 일어난 전후상태 에너지의 차이와 같다.

하이젠베르크는 이 에너지 차이를 전자의 위치나 운동량처럼 관측 가능한 양으로 이루어진 숫자배열에 할당했다. 그의 계획은 숫자배열의 변화를 관장하는 방정식을 찾아서 새로운 역학 체계를 구축하는 것이었다. 물리학 방정식에 등장하는 연산은 더하기와 곱하기가 대부분인데(가끔은 뉴턴의 운동방정식에서처럼 미분연산자가 등장할 때도 있다–옮긴이), 하이젠베르크는 이 연산을 숫자가 아니라 '숫자의 배열'에 적용한 것이다.

보어의 연구소와 막스 보른의 연구팀에 모두 속해 있었던 하이젠베르크는 연구 방식이 완전히 다른 두 거장과 의견을 교환하면서 자신만의 스타일을 구축해나갔다. 그러나 아인슈타인과 드브로이, 그리고 슈뢰딩거가 그랬듯이 하이젠베르크도 생각을 다듬으려면 혼자만의 시간이 필요했고, 그가 선택한 곳은 북해에 있는 작은 섬 헬골란트Helgoland였다.

이곳에서 하이젠베르크는 단 며칠만에 '관측 가능한 양의 배열'을 만족시키는 방정식을 유도하는 데 성공했다.

그는 자신이 개발한 이론을 전자가 초미세 용수철에 묶여 있는 간단한 원자모형에 적용해보았다(전자의 위치에 변형이 일어났을 때 원래대로 돌아가려는 복원력의 세기가 위치의 변화량에 비례하는 모형이다. 물리학자들은 이것을 조화진동자harmonic oscillator라 부른다–옮긴이). 실제 원자에는 이런 힘이 작용하지 않지만, 해답이 이미 알려져 있는 문제여서 새로운 이론을 검증하기에는 안성맞춤이었다. 결과는 어땠을까? 한 가지 문제만 빼면 대성공이었다. 숫자배열에 기초한 하이젠베르크의 새로운 역학이 중요한 검증을 통과한 것이다. 문제는 두 개의 숫자배열을 곱하는 순서에 따라 결과가 달라진다는 것이었는데(앞에서 도입한 용어로 표현하면 숫자배열은 '비가환적non-commutative'이다), 하이젠베르크는 이것을 옥의 티라고 생각했다.

그는 여기에 연연하지 않고 1925년 말에 연구 결과를 발표했다. 이 논문의 서문에서 하이젠베르크는 '전자의 궤적을 일일이 서술하지 않고 관측 가능한 양들(원자의 흡수 또는 방출 스펙트럼) 사이의 관계만을 고려한 새로운 물리법칙을 구축하는 것이 본 연구의 목표'라고 선언했다.

이 정도만 해도 커다란 진전이었으나, 아직 완전한 이론은 아니었다. 그 후 하이젠베르크는 괴팅겐으로 돌아와 막스 보른과 그의 수제자 파스쿠알 요르단Pascual Jordan에게 조언을 구했다. 전부터 하이젠베르크의 이론에 깊이 관여해왔던 보른과 요르단은 새 이론에 사용된 숫자배열이 수학적 행렬matrix이며, 행렬의 곱셈은 원래 비가환적이기 때문에 아무런 문제가 되지 않는다고 했다. 그때서야 하이젠베르크는 숫자배열(행렬)이 측정 과정을 의미한다는 사실을 깨달았다. A를 먼저 측정하고 B를 측정한 경우와 B를 먼저 측정하고 A를 측정한 경우에 측정값이 달라지는 현상이 행렬의 비가환성으로 나타났던 것이다. 세 사람은 이 논리에 기초하여 이론의 나머지 부분을 완성한 후 '양자역학quantum mechanics'으로 명명했다. 하이젠베르크와 보른, 그리고 요르단이 공동 저술한 논문은 양자역학을 주제로 한 최초의 완전한 논문이었다.

오스트리아의 젊은 천재 볼프강 파울리Wolfgang Pauli는 새로운 이론을 접하자마자 곧바로 수소 원자의 스펙트럼에 적용하여 그것이 실험 결과와 정확하게 일치한다는 사실을 확인했다. 슈뢰딩거와는 완전히 다른 두 번째 방법으로 양자역학이 탄생한 것이다. 소위 행렬역학matrix mechanics으로 불리는 하이젠베르크의 이론은 1925년에 발표한 반현실주의적 원리에서 영감을 받은 것으로 원자가 관측 장비에 반응하는 방식을 서술하는 양으로 표현되며, 전자의 정확한 궤적을 나타내는 양은 존재하지 않는다.

원자를 서술하는 양자이론이 단 하나뿐이라면 최고의 이론으로 등극했겠지만, 이론이 두 개면 당장 문제가 발생한다. 게다가 두 이론에서 계산된 수소 원자 스펙트럼이 정확하게 일치했기 때문에 물리학자들은 어느 이론을 받아들여야 할지 갈피를 잡지 못했다. 모든 이론에는 개발자의 철학이 반영되기 마련인데, 자연을 바라보는 관점이 크게 달랐던 슈뢰딩거와 하이젠베르크가 그 주인공이었으니 이론이 다르게 보이는 것은 당연한 결과였다. 앞에서도 말했듯이 아인슈타인과 드브로이, 그리고 슈뢰딩거는 현실주의를 대표하는 물리학자로서, '전자의 거동에 약간 이상한 구석은 있지만 그래도 전자라는 실체는 분명히 존재하며, 이유는 잘 모르겠지만 어쨌거나 파동성과 입자성을 모두 갖고 있다'고 믿었다. 반면에 반현실주의자였던 보어와 하이젠베르크는 '우리는 자연의 실체를 알 수 없으며, 원자에 대하여 우리가 알 수 있는 것이라곤 원자의 상호작용을 나타내는 숫자배열뿐'이라고 주장했다.

두 이론은 몇 달 동안 팽팽하게 맞서다가 슈뢰딩거가 두 이론이 동등하다는 사실을 수학적으로 증명하면서 의외의 타협을 이루었다. 슈뢰딩거의 파동역학과 하이젠베르크의 행렬역학은 사용한 언어가 달랐을 뿐, 수학적으로 완전히 동일한 이론이었던 것이다.

반현실주의적 관점을 고수했던 보어와 하이젠베르크는 파동과 입자, 또는 위치와 운동량처럼 동시에 관측할 수 없는 특성을 일관되게 서술하는 방법을 연구했는데, 보어가 찾은 답은 상보성 원리였고 하이젠베르크는 이 책의 2장에서 언급했던 불확정성 원리를 해결책으로 제시했다.

불확정성 원리에 의하면 우리는 입자의 위치와 운동량을 동시에 정확하게 알 수 없다. 이것은 관측 도구나 실험 환경에 상관없이 모든 경우에 적용되는 일반적인 원리이다. 하이젠베르크와 그의 조언자 보어는 이 원리의 파급 효과를 추적하다가, 뉴턴의 고전역학은 양자세계에서 살아남을 수 없다는 놀라운 결론에 도달했다. 입자의 미래를 예측하려면 현재 위치와 빠르기, 그리고 진행 방향을 정확하게 알아야 하는데(빠르기와 진행방향을 한 단어로 줄인 것이 운동량이다-옮긴이), 불확정성 원리가 이것을 원천적으로 금지하고 있기 때문이다. 위치와 운동량을 동시에 알지 못하면 미래에 입자가 놓일 위치를 정확하게 예측할 수 없다. 양자역학이 할 수 있는 일이란 미래의 상태를 확률적으로 예측하는 것뿐이다.

입자와 관련된 임의의 실험 결과를 설명할 때 파동성과 입자성이 모두 필요한 상황은 지금까지 단 한 번도 없었다. 만일 이런 경우가 한 번이라도 발생하면 보어의 상보성 원리는 심각한 위험에 직면할 것이다. 그러나 상보성 원리는 하이젠베르크가 1927년에 발표한 불확정성 원리의 철통같은 보호를 받고 있다(이 무렵에 하이젠베르크는 다시 코펜하겐으로 돌아가 보어와 친밀한 관계를 유지하고 있었다).

과학자가 자신의 분야에서 성공하려면 실력도 중요하지만 무엇보다 운이 좋아야 한다. 이것은 대부분의 과학역사가들이 인정하는 사실이다. 하이젠베르크는 막스 보른과 닐스 보어라는 두 거장을 스승으로 두었을 뿐만 아니라 적절한 시기에 적절한 장소에 있었으니, 남들보다 운이 두 배 이상 좋았던 셈이다. 보어는 그에게 현실주의적 관점을 버리고, 오직 '도구로 측정한 교환에너지'만으로 원자를 서술해야 한다고 가르쳤고, 막스 보른은 그에게 행렬역학을 표현할 수 있는 수학적 도구를 전수해주었다.

물론 하이젠베르크는 자신이 운이 좋은 사람이라는 것을 잘 알고 있었으며, 새로운 길을 정확하게 찾아갈 정도로 현명한 물리학자였다. 그 외에도 보어와 보른 주위를 맴돌던 젊은 물리학자가 여러 명 있었는데, 대표적 인물로는 행렬역학을 수소 원자에 처음으로 적용했던 파울리와 하이젠베르크의 훌륭한 조력자였던 요르단, 그리고 양자역학에 특수상대성이론을 접목하여 아름다운 이론(상대론적 양자역학)을 구축한 영국의 이론물리학자 폴 디랙Paul Dirac을 꼽을 수 있다. 행렬역학의 개발사는 이 책에서 소개한 것보다 훨씬 복잡하다. 일등 공신은 단연 하이젠베르크였지만, 그 외에도 수많은 물리학자들이 긴밀한 관계를 유지하면서 중요한 기여를 했다.

행렬역학에 투신한 물리학자들은 보어의 파격적인 반현실주의 철학에 영향을 받지 않을 수 없었다. 개인적으로 선호하는 철학사조가 없다 해도, 일단 이 분야에 뛰어들면 자연스럽게 반현실주의자가 된다. 그렇지 않으면 자신이 연구한 내용을 받아들일 수가 없기 때문이다. 끝까지 현실주의자로 남은 사람은 파동-입자 이중성에 기초하여 양자역학을 구축했던 아인슈타인과 드브로이, 그리고 슈뢰딩거뿐이었다. 그러나 슈뢰딩거의 파동역학과 하이젠베르크의 행렬역학이 수학적으로 동일하다는 사실이 밝혀진 후, 현실주의자들은 형이상학적 환상에 빠진 구세대 취급을 받으며 물리학의 중앙 무대에서 밀려나게 된다.

보어가 추구했던 철학의 핵심은 과학은 부적절한 그림과 언어에 기초할 수밖에 없다는 것이다. 하이젠베르크도 이와 비슷한 관점에서 관측 가능한 양만이 과학의 대상이 될 수 있으며, 원자 내부에서 일어나는 사건을 직관적으로 이해하기란 불가능하다고 믿었다. 그의 주장에 의하면 관측 가능한 양은 관측자에게 관측되었을 때 비로소 존재하며, 관측 도구의 영향을 받지 않는 자유로운 원자는 어떤 양으로도 서술될 수 없다.

이것을 **조작주의**operationalism라 한다. 하이젠베르크는 이 관점을 의무적으로 받아들여야 한다고 주장했으니, 조작주의는 반현실주의와 사촌지간이라 할 수 있다. 만약 원자를 '더 깊숙이' 들여다 보면 전자의 운동을 파악할 수 있지 않을까? 아니다. 하이젠베르크의 불확정성 원리가 그것을 방해하고 있기 때문이다.

하이젠베르크는 불확정성 원리와 상보성 원리가 밀접하게 연결되어 있다고 주장했다. 여기서 잠시 그의 말을 들어보자.

관측 행위와 무관하게 입자의 거동을 서술하는 것은 아무런 의미가 없다. 양자이론에서 수학적으로 체계화된 법칙들은 입자 자체를 다루는 것이 아니라, 입자에 대한 우리의 지식을 다루고 있다. 그러므로 이 입자들이 시간과 공간에서 객관적으로 존재하는지를 묻는 것도 무의미하다. …

얼마 전까지만 해도 과학으로 자연을 서술한다는 것은 '**우리와 자연의 상호관계를 서술한다**'는 뜻이 전혀 아니었다. … 그러나 이제 과학은 더 이상 객관적인 관찰자가 아니라, 인간과 자연의 상호작용을 표현하는 수단으로 강등되었다. 과학적 분석과 설명, 분류 등에는 넘을 수 없는 한계가 존재한다. 과학이 자연에 개입하면 필연적으로 관측 대상을 교란시켜서 원래의 상태를 바꿔놓기 때문이다. 다시 말해서, 관측 행위와 관측 대상을 분리하는 것은 원리적으로 불가능하다. …

우리가 원자를 서술할 때 제시하는 직관적 그림들은 실험에서 얻은 결과임이 분명하지만, 그 내용은 실험의 종류에 따라 얼마든지 달라질 수 있다. 예를 들어 보어의 원자모형은 중심에 원자핵이 있고 전자가 그 주변을 공전하는 소형 태양계로 서술할 수 있지만, 다른 실험에 의하면 원자를 에워싸고 있는 정상상태 파동의 집합으로 간주할 수도 있고(단, 이 파동의 진동수는 원자에서 방출되는 복사의 진동수와 같다), 화학적 관점에서 원자를 서술할 수도 있다. … 개개의 그림들이 서로 모순되는 것처럼 보이는 것은 관측 방법이 달랐기 때문이며, 따라서 이들은 서로 상보적인 관계에 있다.[3]

보어의 관점은 좀 더 파격적이다.

물리적 의미의 독립적인 실체란 … 자연에 존재하지 않으며, 실험실에서 관측되지도 않는다. …

하나의 대상을 완벽하게 서술하려면 다양한 관점에서 바라봐야 한다. 엄밀히 말해서 임의의 개념에 대한 의식적인 해석은 즉각적인 응용이 불가능하다.[4]

21세의 젊은 나이에 일반상대성이론 교과서를 집필한 볼프강 파울리와 컴퓨터에서 양자이론에 이르기까지 다양한 분야에서 천재적인 수학능력을 발휘했던 헝가리 출신의 수학자 존 폰 노이만John von Neumann도 반현실주의 철학의 전도사였다. 두 사람의 관점은 조금 달랐지만 이들이 집필한 논문과 책은 '코펜하겐해석Copenhagen interpretation'의 한 지류에 속한다. 이름에 코펜하겐이라는 지명이 붙은 이유는 보어의 영향력이 그 정도로 막대했기 때문이다. 양자역학에 투신한 학자들 중 가장 나이가 많았던 그는 젊은 물리학자들의 멘토이자 새로운 과학의 창시자였으며, 그가 소장으로 재직했던 닐스 보어 연구소는 거의 모든 물리학자들이 동경하는 양자역학의 성지였다.

내가 학자로 살아오면서 배운 교훈 중 하나는 아무리 파격적인 이론이라 해도, 속전속결로 밀어붙이면 정통 이론으로 자리잡을 수 있다는 것이다(가장 당혹스러운 교훈이기도 하다). 파격적이고 위험한 주장을 펼치는 대학원생이 졸업과 동시에 교수로 채용되면 단 몇 년 안에 학계의 주목을 받게 되고, 뜻을 같이하는 학술적 동지들끼리 강력한 네트워크를 구축하여 영향력을 키우면 혁명으로 발전할 수도 있다. 20세기 초에 양자혁명을 주도했던 세대가 바로 이런 경우였다. 1920년에 대학원생이었던 하이젠베르크와 디랙, 파울리, 요르단은 1925년에 양자이론 개발의 주역으로 자리 잡았으며, 이들이 소속 대학의 전임교수가 된 1930년 무렵에는 양자혁명이 거의 마무리된 상태였다. 이 시기에도 아인슈타인과 슈뢰딩거, 그리고 드브로이는 유행에 휩쓸리지 않고 현실주의적 관점을 고수했지만, 수많은 학생들이 이미 정설로 굳어진 양자역학으로 몰리는 상

1부 비현실에 대한 믿음

황에서 대세를 바꾸기에는 역부족이었다. 그 후로 50년 동안 코펜하겐학파의 반현실주의는 양자이론의 유일하게 옳은 버전으로 군림하면서 모든 과학 교과서를 점령해왔다.

다시 태어난 현실주의

Realism Reborn

7장

현실주의의 도전
– 드브로이와 아인슈타인

코펜하겐해석은 양자역학의 정설로 자리 잡았지만 하나로 통일된 적은 단 한 번도 없다. 보어와 하이젠베르크, 그리고 폰 노이만은 각기 다른 관점에서 양자이론을 해석했다. 그러나 과학이 한 단계 업그레이드되었다는 점에는 이들 모두 동의했다. 어려운 관문을 간신히 통과했는데, 다시 현실주의로 돌아갈 수는 없지 않은가? 이들은 양자물리학에서 내려진 모든 결론들이 현실주의와 일치하지 않는다는 것을 다양한 논리로 설파했고, 여기에 영향을 받은 젊은 학생들은 자신도 모르는 사이에 '양자역학 = 반현실주의'라는 공식에 익숙해졌다. 전자가 정확한 위치와 궤적을 갖는다고 주장하는 원자물리학은 더 이상 설 곳이 없어진 것이다.

만일 누군가가 현실주의적 관점에서 올바른 양자이론을 구축했다면, 이들의 이론은 극적인 실패 사례로 역사에 기록되었을 것이다. 두 이론이 모두 옳은데 굳이 이상한 버전을 택할 이유가 없기 때문이다.

그런데 이상한 것은 양자역학의 현실주의적 버전이 1927년부터 존재했다는 점이다. 이 이론은 파동과 입자가 동시에 모두 존재한 다는 가정에서 출발한다. 누구나 한 번쯤 생각해봤을 간단한 가정이다. 자연에서 생성되고 관측 장비에 감지되는 것은 입자이며, 파동은 공간을 가로지르면서 입자의 길을 안내하고 있다. 그 결과 입자는 파고가 높은 곳으로 찾아가려는 경향을 보인다.

이중슬릿 실험처럼 둘 중 하나를 택해야 하는 갈림길에 놓였을 때, 파동은 두 개의 슬릿을 '동시에 모두' 통과한다. 반면에 입자는 하나의 슬릿을 골라서 통과하지만 입자를 유도한 것은 파동이기 때문에, 두 경로의 간섭무늬가 스크린에 나타난다.

파동−입자 이중성이라는 문제에 명백한 답을 제시한 사람은 루이 드브로이였다. 그는 '파일럿파 이론pilot wave theory'을 개발하여 1927년에 브뤼셀에서 개최된 제5차 솔베이학회Solvay conference에서 발표했다. 솔베이학회는 벨기에의 화학자이자 기업가인 어니스트 솔베이Ernest Solvay의 후원을 받아 1년에 한 번씩 개최된 과학 학술회의로, 1927년에는 양자역학 전문가들이 대거 참석하여 열띤 토론을 벌였다.

파일럿파 이론의 핵심은 전자가 파동과 입자라는 두 가지 속성을 실제로 모두 갖고 있다는 것이다. 입자는 항상 특정 위치를 점유하고 있으며, 항상 특정 경로를 따라간다. 한편 파동은 공간을 통해 흐르면서 입자가 갈 수 있는 모든 가능한 경로를 탐색한 후 입자의 길을 인도한다. 그래서 이름이 '파일럿파'다(파일럿pilot이라는 단어에는 '인도하다'라는 뜻도 있다−옮긴이). 파동이 입자를 어떤 길로 인도할지는 각 경로의 물리적 조건에 달려 있다. 입자는 파동과 달리 한 번에 하나의 길밖에 갈 수 없지만, 그 길을 결정하는 것은 파동이다.

파동이 입자에 영향을 준다는 것은 완전히 새로운 개념으로, 양자세계에서 일어나는 이상한 현상의 대부분이 여기에서 기인한다. 파일럿파 이론에는 두 개의 법칙이 등장하는데, 하나는 파동에 적용되고 다른 하나는 입자에 적용된다. 파동법칙은 음파나 광파(빛)를 서술하는 기존의 물리법칙과 크게 다르지 않다. 즉, 파동은 시간이 흐를수록 넓게 퍼지고, 회절과 간섭을 일으킨다. 이 양자파동은 수면파나 음파처럼 자신 앞에 펼쳐진 모든 길을 지나갈 수 있으며, 두 개 이상의 길이 만나는 곳에서 간섭을 일으킨다.

이런 파동을 파동함수라 한다. 파동함수는 슈뢰딩거가 스키장에서 유도했던 방정식을 따른다(제1규칙). 사실 이 방정식은 모든 버전의 양자역학에서 핵심적 역할을 한다.

드브로이의 이론에는 제2규칙(파동함수의 붕괴)에 해당하는 규칙이 없다. 그 대신 입자가 파동을 따라가도록 유도하는 '유도방정식guidance equation'이 그 역할을 대신한다. 파동함수로 정의된 물리계와 결정론적으로 거동하는 입자 이 두 가지가 있으면 이론은 완성되는 셈이다.

다른 형태의 양자역학(반현실주의적 양자역학)에서는 파동이 큰 곳에서 입자가 발견될 확률이 높다고 가정한다. 좀 더 구체적으로 말하면 특정 위치에서 입자가 발견될 확률은 그곳의 파동함수를 제곱한 값에 비례한다. 이것이 바로 앞에서 언급했던 '보른 규칙'이다.

파일럿파 이론에서도 파동이 높을수록 입자가 발견될 확률이 크다. 그러나 이것은 가정이 아니라, 입자가 파동을 따라간다는 법칙으로부터 유도된 결과이다.

언덕 위에 놓인 공이 아래로 굴러 내려오는 모습을 상상해보자. 공은 매 위치마다 가장 가파른 방향을 따라가는데, 이것을 '최대경사경로steepest descent path'라 한다. 대충 말하자면 드브로이의 유도방정식은 파동으로 이루어진 경사 길에서 입자가 최대경사경로를 따라 올라가도록 유도한다.* 일단은 이것을 '최대경사법칙'이라 부르기로 하자. 등산객이 이 법칙에 따라 산을 오른다면 매 위치마다 오르막 경사가 가장 가파른 방향을 따라간다는 뜻이다. 또한 이 경로는 지도에서 모든 등고선과 직교하기 때문에 정상으로 가는 가장 짧은 길이기도 하다.

드브로이는 막스 보른의 확률법칙이 입자가 가장 가파른 길을 따라간다는 최대경사로법칙의 결과임을 증명했다. 이 부분은 매우 중요하기 때문에, 좀 더 자세히 짚고 넘어갈 필요가 있다. 파동함수의 언덕에 입자 한 무더기를 뿌렸다고 가정해보자. 파동의 표면에 닿는 순간 입자들은 발견될 확률이 높은 곳, 즉 파동함수를 제곱한 값이 큰 곳을 찾아 빠르게 재배열된다. 이것은 보른 규칙과 일치하는 결과이다.

파일럿파 이론은 양자역학이 예측하는 모든 것을 똑같이 예측하면서 더 많은 정보를 담고 있다. 기존의 양자역학은 앙상블이 하나의 개체에 영향을 미치는 것을 미스터리로 간주하지만, 파일럿파 이론에서는 그것이 '파동이 입자에 미치는 영향'으로 깔끔하게 설

---

* 사실 이것은 지나치게 단순한 설명이다. 파일럿파 이론에서 입자는 '위상phase'이라 불리는 파동함수의 한 부분을 따라간다.

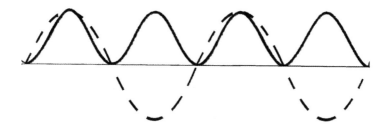

그림 8 파동함수의 제곱 수평 방향을 따라 오른쪽으로 진행하는 파동(점선)은 +와 −를 오락가락하지만, +에 머무는 시간과 −에 머무는 시간은 동일하다. 이 파동을 제곱하면 항상 양의 값(+)을 갖게 된다(실선).

명된다. 파동과 입자는 실질적인 양이며, 모든 원자에 존재하는 실체이다. 양자역학에 난무하는 모든 미스터리는 실제로 진행되는 과정의 절반이 누락되었기 때문에 나타난 결과이다.

보어와 하이젠베르크의 주장과 달리 파일럿파 이론에서 전자는 항상 명확한 위치와 명확한 궤적을 갖고 있으며, 적절한 법칙을 적용하면 이 값을 정확하게 예측할 수 있다. 그러므로 조작주의를 도입할 필요가 없고, 보어의 모호한 상보성 원리를 들먹이며 시간을 낭비할 필요도 없다. 파동과 입자는 서로 모순된 개념이 아니라 물리적 실체이며, 서로 협동하여 원자의 거동을 설명해준다. 이 얼마나 간단명료한가!

1930년대에 똑똑하고 야심찬 젊은 학생들이 드브로이를 좇아 파리로 모여들어 파일럿파 이론을 구축하고, 이들이 교수가 되어 현실주의에 기초한 양자역학 교과서를 집필한다. 번거롭고 모호한 보어의 철학과 그의 양자이론은 교과서의 각주에 짤막하게 소개된 것이 전부이다. 파일럿파 이론이 정설로 굳어진 이상, 보어의 난해한 철학에 연연할 필요가 전혀 없기 때문이다. … 물리학의 역사는 이런 식으로 진행될 수도 있었다. 그러나 현실은 정반대였다. 복잡하기 그지없는 상보성 철학이 대세로 굳어지고, 드브로이의 파일럿파 이론이 교과서의 각주로 밀려났다. 대체 왜 이렇게 되었을까? 지금부터 그 이유를 찬찬히 생각해보자.

파일럿파 이론은 양자역학과 비슷한 부분도 있지만, 몇 가지 점에서 큰 차이를 보인다. 제1규칙은 양자역학과 파일럿파 이론에 공통으로 적용되지만, 파일럿파 이론에는 제2규칙이 없고 입자를 유도하는 법칙이 그 자리를 대신한다. 게다가 이 법칙은 고전역학처럼 결정론적이다.

그러므로 파일럿파 이론에서 양자상태는 절대로 붕괴되지 않는다. 이로부터 다소 이상한 결과가 유도되는데, 자세한 내용은 다음 장에서 다루기로 한다.

제5차 솔베이학회에 모인 물리학자들은 한동안 토론 시간을 가진 후 논문 발표에 들어갔고, 드브로이도 파일럿파 이론을 발표했다. 이때 발표된 논문과 학자들 사이에 공식적으로 오갔던 토론 내용은 훗날 책으로 출판되었는데, 드브로이의 논문은 잠시 동안 토론 대상이 되었을 뿐 학자들에게 그다지 깊은 인상을 준 것 같진 않다. 당시 그 자리에서 드브로이의 이론을 이해하고 조언을 한 사람은 아인슈타인뿐이었다.

솔베이학회의 논문집에는 나와 있지 않지만, 아인슈타인도 파일럿파 이론을 연구한 적이 있다. 그는 1927년 5월에 프러시아 과학원Prussian Academy of Sciences을 방문하여 복잡한 버전의 파일럿파 이론을 소개했다. 그 후 아인슈타인은 하이젠베르크를 비롯한 몇 명의 물리학자들과 편지로 의견을 주고받은 후 내용을 정리하여 학술지 편집위원회에 제출했으나, 논문이 출간되기 직전에 몇 가지 문제점을 발견하고 출판 포기를 선언했다.* 이때 발견된 문제들 중 일부가 양자역학의 예측을 파일럿파 이론으로 재현하는 데 심각한 걸림돌로 작용했기 때문이다. 아인슈타인은 과연 이 문제를 해결했을까? 정확한 사연은 알 수 없지만 논문 출판을 포기한 후로 죽는 날까지 파일럿파 이론을 두 번 다시 언급하지 않은 것을 보면, 결국 해결하지 못했던 것 같다.

원래 아인슈타인은 솔베이학회에서 연구논문을 발표할 예정이었다. 여러 가지 정황으로 미루어볼 때, 아마도 파일럿파에 관한 논문이었을 것이다. 그러나 그는 학회가 개최되기 며칠 전에 학회 주최자에게 다음과 같은 편지를 보냈다. "저는 브뤼셀에서 무언가 가치 있는 공헌을 하고 싶었습니다만, 아무래도 포기해야 할 것 같습니다. … 그동안 혼신의 노력을 기울였지만 뜻대로 되지 않았습니다. 죄송합니다."[1]

그래도 아인슈타인은 학회에 참석하여 새로운 양자이론을 놓고 역사에 남을 논쟁을 벌이게 된다. 물리학에 관심 있는 사람이라면 한 번쯤 들어봤을 '아인슈타인과 보어의 논쟁'이 바로 이 학회에서

---

* 안토니 발렌티니Antony Valentini는 내 결혼식 날 참석하여 축사를 한 후 이 논문의 사본을 나에게 전해주었다. 그러나 나는 하객들을 챙기느라 분주히 움직이다가 그 귀한 논문을 분실하고 말았다.

벌어진 것이다. 두 사람의 논쟁은 비공식적인 자리에서 진행되었기 때문에 기록으로 남진 않았지만, 훗날 물리학 역사상 최고의 걸작으로 꼽히는 보어의 논문을 통해 세상에 알려지게 된다.

솔베이학회의 오전 발표가 끝나고 휴식을 취하는 동안 아인슈타인은 보어에게 양자역학의 논리는 앞뒤가 맞지 않는다며 양자역학이 완전한 체계를 갖추려면 논리의 저변에 깔려 있는 숨은 변수를 찾아야 한다고 주장했는데, 보어의 논문에는 아인슈타인의 코멘트와 드브로이의 파일럿파 사이의 관계가 명시되어 있지 않다. 아무튼 아인슈타인에게 불의의 일격을 당한 보어는 그날 밤을 꼬박 새워가며 반론을 준비했고, 마침내 모든 사람들이 보는 앞에서 양자역학과 상보성이론을 방어하는 데 성공했다.

학회 참석자들이 드브로이의 논문에 대해 토론을 벌일 때, 아인슈타인의 반응은 매우 긍정적이었다. 그는 코펜하겐학파의 양자역학에 대하여 공식적으로 반대 의사를 표명한 후 다음과 같이 말했다. "내가 보기에 양자역학이 슈뢰딩거의 파동만으로 모든 것을 서술하는 한, 반대 의견을 잠재우기는 어려울 것이다. 입자는 진행하는 동안 파동처럼 퍼지지 않고, 모든 질량이 하나의 점에 집중되어 있어야 한다. 이런 점에서 볼 때 드브로이는 올바른 방향으로 가고 있는 것 같다."[2]

드브로이의 이론은 1927년에 발표되었으나, 그 후로 양자물리학자들은 그의 논문을 단 한 번도 언급하지 않았다. 물질파가설의 창시자인 드브로이가 물리학 역사상 가장 중요한 학회에서 파일럿파 이론을 정식으로 제안했음에도 불구하고, 그 자리에 있던 대부분의 사람들은 마치 드브로이가 그런 논문을 발표한 적이 아예 없는 것처럼 철저하게 무시했다. 그 후로 수십 년 동안 전 세계에서 출간된 양자역학 교과서에는 오직 코펜하겐학파의 주장만 수록되었을 뿐, 파일럿파 이론은 눈을 씻고 찾아봐도 없다. 아마도 양자역학 신봉자들이 중요한 질문의 답을 보어와 하이젠베르크가 이미 다 제시했다고 생각했거나, 코펜하겐학파와 관점이 다른 이론을 의도적으로 무시했기 때문일 것이다.

반현실주의적 양자역학이 승리를 거둘 수 있었던 이유 중 하나는 헝가리 출신의 미국 수학자 존 폰 노이만이 '양자역학의 대안 이론 중 수학적으로 타당한 이론은 존재하지 않는다'는 주장을 펼쳤기 때문이다. 이 내용은 제5차 솔베이학회가 끝나고 몇 년 후에 출간된 수리양자역학 책에 수록되었다. 노이만은 증명을 마무리하면서 '그러므로 드브로이의 파일럿파 이론도 틀렸음이 분명하다'는 추론성 주장을 펼쳤는데, 그의 증명은 결국 틀린 것으로 판명되었다.

과학의 역사를 돌아보면 잘못된 증명이 큰 영향을 미친 사례가 종종 있다. 당시 노이만은 세계적으로 유명한 수학자였으므로, 그의 증명을 접한 사람들은 양자역학이 가장 완벽한 이론이라는 주장에 토를 달기가 어려웠을 것이다. 특히 드브로이는 노이만과 파울리 등 쟁쟁한 학자들의 혹독한 비판에 시달리다가 결국 파일럿파 이론을 포기하고 말았다.

노이만의 정리가 처음 발표되었을 때 오류를 발견한 사람이 아무도 없었다는 것은 사실이 아니다. 노이만의 책으로 양자역학을 공부한 사람 중에 그레테 헤르만Grete Hermann이라는 독일 여성 수학자가 있었다. 그녀는 보존법칙과 대칭의 관계를 규명한 독일의 여성 물리학자 에미 뇌터Emmy Noether*의 제자로, 박사과정을 마친 후 컴퓨터 알고리즘 분야에서 탁월한 업적을 남겼다. 평소 물리학에도 관심이 많았던 그녀는 당시 독일에서 인기가 많았던 신칸트학파철학neo-Kantian philosophy의 관점에서 양자역학의 의미를 깊이 파고들었다.

그레테 헤르만은 노이만의 책을 읽다가 '숨은 변수는 존재할 수 없다'는 정리를 증명하는 부분에서 치명적인 오류를 발견했다. 증명의 서두에 제시한 가정 중 하나가 양자역학의 기본 구조와 완전히 동일했던 것이다. 그러므로 노이만은 '양자역학과 동일한 이론은 양자역학과 동일하다'는 지극히 당연한 사실을 증명한 것에 불과했다.

그러나 안타깝게도 노이만의 오류를 지적한 헤르만의 논문은 학계의 관심을 끌지 못했다.[3] 별로 유명하지 않은 학술지에 게재한 탓도 있지만, 당시 학계의 분위기로 미루어볼 때 여성이기 때문에 외면당했다는 생각을 떨치기 어렵다. 또한 그녀의 논문이 양자역학의 당위성을 심각하게 훼손했다는 것도 부정적인 요인으로 작용했을 것이다.

헤르만의 논문이 발표되고 무려 20년이 지난 후에 노이만의 정리는 명백하게 존재하는 파일럿파 이론과 상치되므로 틀린 증명이라는 사실이 밝혀졌다. 이것을 증명한 사람은 미국의 물리학자 데이비드 봄인데, 자세한 이야기는 다음 장에서 다루기로 한다. 그리

---

* 에미 뇌터는 20세기 최고의 수학자 중 한 사람으로, 대칭과 관련된 정리를 증명하여 현대물리학의 초석을 다졌다. 자세한 내용은 뒤에서 다룰 예정이다.

고 다시 10년이 지난 후 존 벨은 노이만의 정리에서 잘못된 가정을 구체적으로 지적했다.

누구든지 폰 노이만의 증명을 이해한 사람은 읽던 책을 집어 던지고 싶을 것이다! 그의 증명에는 아무것도 증명되어 있지 않다. 그저 단순히 틀린 증명, 바보 같은 증명일 뿐이다. … 그의 가정을 물리학적 언어로 해석하면 완전히 넌센스가 된다. 장담하건대, 노이만은 단순히 틀린 정도가 아니라 정말 바보 같은 짓을 했다![4]

코넬대학교Cornell Univ.의 물리학자 데이비드 머민David Mermin은 노이만의 정리가 틀렸음을 보여주는 다양한 증명을 되돌아보면서 장탄식을 자아냈다. "숨은 변수에 관심을 가졌던 수많은 대학원생들이 노이만의 증명을 접하고 꿈을 접은 것은 정말 안타까운 일이 아닐 수 없다. 누구나 인정하는 최고의 수학자가 '숨은 변수 이론은 불가능하다'고 증명했다는데, 감히 어느 누가 막다른 길을 향해 돌진하겠는가? 노이만의 증명을 끝까지 따라가본 학생이 과연 한 명이라도 있을지 심히 의심스럽다."[5]

요즘은 양자역학에 접근하는 다양한 관점들이 공정하게 경쟁을 벌이고 있지만, 양자역학이 탄생한 후 처음 몇 세대의 물리학자들에겐 다른 선택의 여지가 없었다. 아인슈타인과 드브로이, 그리고 슈뢰딩거가 현실적인 관점을 강력하게 주장했음에도 불구하고, 1925년부터 거의 반세기 동안은 보어의 반현실주의 철학이 양자역학의 모든 것을 지배했다.

이 기간 동안 누군가가 현실주의적 양자역학을 거론하면 돌아오는 대답은 하나뿐이었다. "그런 것은 불가능하다고 이미 노이만이 증명했다. 무슨 말이 더 필요한가?" 노이만의 증명이 무의미하다는 것을 밝힌 그레테 헤르만의 논문이 학계에 알려졌다면 상황은 크게 달라졌을 것이다. 그러나… 현실은 그렇지 않았다.

8장

데이비드 봄
– 되살아난 현실주의

> 1952년에 데이비드 봄David Bohm은 양자역학의 가장 큰 문제를 해결했으나
> 안타깝게도 학계의 인정을 받지 못했다. … 그는 이전까지만 해도
> 불가능하다고 여겨졌던 과제를 완수했다. 미시세계의 '타당한 현실'에 입각하여
> 양자역학의 법칙을 설명한 것이다.
>
> 로더리치 투물카Roderich Tumulka

1930년에 드브로이는 파일럿파 이론을 완전히 포기했고, 그 후로
학교 교육과 물리학계에는 반현실주의에 입각한 코펜하겐해석이
유일한 진리로 자리 잡았다. 아인슈타인과 슈뢰딩거는 코펜하겐학
파에 대항하여 현실주의적 양자역학을 계속 밀어붙였지만 대세는
이미 기울어져 있었다.

1950년대 초에도 상황은 크게 달라지지 않았다. 이 무렵 미국
프린스턴대학교Princeton Univ. 물리학과 조교수였던 데이비드 봄은
30대 중반의 젊은 나이에 양자역학 교과서를 집필하기 시작했다.
플라즈마 물리학plasma physics이 전문 분야였던 그는 특이한 성격만
큼이나 파란만장한 삶을 산 사람으로 유명하다. 데이비드 봄은 버
클리대학교 대학원생 시절에 로버트 오펜하이머Robert Oppenheimer의
제자였는데, 그 주변을 맴돌던 사람들이 대부분 그랬듯이 봄도 공
산주의자였고 제2차 세계대전이 발발하기 전에는 공산당 당원이었

다. 그래서인지 오펜하이머가 맨해튼 프로젝트Manhattan Project(2차대전 중 미국이 추진했던 원자폭탄 개발 계획 – 옮긴이)를 진두지휘하면서 데이비드 봄을 연구원으로 추천했을 때 미국 정부는 일언지하에 거절했다.

봄이 소련의 스파이였다는 증거는 없지만, 미 하원의 반미활동조사위원회에 소환되었을 때 시종일관 묵비권을 행사하여 의혹을 증폭시켰다. 심지어 의회 모독죄로 체포되었다가 증거불충분으로 풀려난 적도 있다. 프린스턴대학교의 이사회는 봄의 교수직 연장을 약속했다가 이 모든 정황에 부담을 느끼고 결국 재계약을 철회했다 (간단히 말해서, 해고되었다는 뜻이다 – 옮긴이).

당시 프린스턴 고등과학연구원Princeton Institute for Advanced Study에 몸담고 있던 아인슈타인은 봄을 영입할 것을 강력하게 권유했으나 이사회의 반대에 부딪혀 수포로 돌아갔다. 미국에서 졸지에 실업자가 된 봄은 교과서 집필에 전념했고, '이념에 희생된 물리학자'라는 타이틀 덕분에 그의 책은 출간 직후부터 선풍적인 인기를 끌었다.

봄이 책을 집필하기로 마음먹은 것은 교과서가 부족해서가 아니었다. 양자역학의 산파 중 한 사람인 폴 디랙이 1930년에 최초의 양자역학 교과서를 집필한 후로 이미 다양한 책들이 출간되어 있었다. 그러나 데이비드 봄의 교과서는 그중에서도 단연 최고로 꼽힌다. 그의 해석은 향후 몇 년 동안 도마 위에 오르곤 했지만, 코펜하겐학파와는 항상 좋은 관계를 유지했다. 봄의 책에는 "양자역학과 숨은 변수의 상충관계에 관한 증명"이라는 챕터도 있고, "더욱 깊은 수준에서 결정론적인 법칙이 불가능한 이유"라는 챕터도 있다.

아인슈타인은 데이비드 봄을 연구소로 초대하여 코펜하겐해석을 훌륭하게 방어한 그의 논리에 찬사를 보낸 후, 조심스러운 말투로 자신의 현실주의적 관점을 설명했다.

봄은 아인슈타인을 만난 후부터 현실주의적이면서 결정론적인 이론을 집중적으로 탐구하기 시작했다. 아인슈타인의 목적이 봄의 생각을 바꾸는 것이었다면, 어느 정도 성공을 거둔 셈이다. 봄이 현실주의 이론에 관심을 가진 데에는 마르크스의 유물론도 한몫했을 것이다. 어쨌거나 봄은 얼마 지나지 않아 사람들의 뇌리에서 잊혀진 드브로이의 파일럿파 이론을 재구축함으로써 현실주의적 양자역학을 완성했다.

드브로이와 봄의 이론에는 약간의 차이가 있다. 앞서 말한 대로 드브로이의 이론에서 유도방정식은 입자가 파동함수의 '가장 가파른 길'을 따라가도록 유도하고, 이로부터 입자의 속도와 진행방향이 결정된다.

봄의 이론에서 입자를 유도하는 법칙은 뉴턴의 운동법칙과 비슷하다. 즉, 유도방정식은 외부의 힘에 대한 입자의 반응을 결정한다. 뉴턴의 법칙과 다른 점은 입자를 파동함수의 가장 높은 곳으로 유도하는 힘이 항상 작용한다는 것이다. 그리고 봄은 '입자의 초기 속도는 드브로이의 유도방정식으로부터 주어진다'는 또 하나의 가정을 내세웠다.

그러나 드브로이와 봄의 이론은 파동과 입자가 실존하는 물리적 객체임을 인정했다는 점에서 근본적으로 동일한 이론이라 할 수 있다. 또한 두 이론에서 파동은 입자의 길을 유도하며, 이론적으로 계산된 입자의 궤적도 동일하다. 그러므로 두 이론의 핵심은 다음과 같이 요약할 수 있다. '입자의 초기 앙상블이 막스 보른의 규칙에

따라 배열되어 있으면, 파동함수가 변하고 입자의 위치가 달라져도 보른 규칙은 계속 적용된다.'

얼마 후 봄은 자신이 개발한 새로운 이론을 두 편의 논문으로 정리하여 가장 권위 있는 학술지인 〈피지컬 리뷰Physical Review〉에 발표했다.[1] 또한 봄은 논문 복사본을 드브로이에게도 보냈는데, 이미 파일럿파 이론을 포기한 드브로이는 봄의 논리가(자신의 예전 이론처럼) 틀렸음을 주장하는 짤막한 글을 발표했다.

봄이 작성한 논문 필사본에는 흥미로운 글이 실려 있다. "이 논문이 완성된 후 나는 드브로이가 1926년에 발표한 '양자역학의 새로운 해석'에 관심을 갖게 되었다. 그러나 드브로이는 얼마 후 자신의 이론을 철회했다."

이 글로 미루어 볼 때, 봄은 자신의 이론을 개발하던 무렵에 드브로이의 파일럿파 이론을 모르고 있었음이 분명하다. 드브로이는 이미 1929년에 노벨상을 받았고 물질파를 예견한 세계적 물리학자였는데, 봄이 그의 이론을 몰랐다는 것이 다소 충격적이다.

봄은 두 번째 논문에서 노이만의 정리가 자신의 이론에 적용되지 않는 이유를 설명했다.

파일럿파 이론을 주제로 한 봄의 첫 번째 논문은 1952년 1월에 출판되었는데, 당시 그는 브라질 상파울루São Paulo에 있는 한 대학의 교수로 채용된 상태였기 때문에 자신의 혁신적인 논문에 대한 학계의 반응을 실시간으로 확인할 수 없었다.

데이비드 봄은 특히 아인슈타인의 반응을 잔뜩 기대하고 있었다. 드브로이가 파일럿파 이론을 처음 발표했을 때 가장 긍정적인 반응을 보인 사람이 아인슈타인이었기 때문이다(긍정적 반응을 보인 유일한 사람이기도 했다). 그러나 봄의 논문은 그로부터 25년이 지난 후에 출판되었고, 그 사이에 아인슈타인은 생각을 바꾸었다.

아인슈타인이 막스 보른에게 보낸 편지에는 봄의 이론에 대한 그의 생각이 적나라하게 드러나 있다. "데이비드 봄이라는 친구는 25년 전에 드브로이가 그랬던 것처럼 양자역학을 결정론적 논리로 해석할 수 있다고 믿는 것 같더군. 혹시 자네는 알고 있었나? 그의 의도는 가상하지만, 내가 보기엔 너무 쉽게 가려는 것 같아."[2]

아인슈타인의 혹평은 계속된다. "그런 건 이론이라기보다 아이들을 위한 과학 동화에 가깝지. 드브로이는 그렇다 치고, 데이비드 봄까지 거기에 현혹되었다니 안타깝기 그지없구먼."[3]

아인슈타인은 막스 보른의 업적을 기념하는 논문을 집필하면서 데이비드 봄의 이론에 이의를 제기했다. "봄의 이론에 의하면 정상상태에 있는 원자 내부의 전자는 아무런 움직임 없이 한자리에 조용히 있어야 한다. 그런데 속도가 0이라는 것은 이미 검증된 이론에 부합하지 않는다. 거시적 물리계의 경우, 물체의 운동은 고전역학에서 예견된 운동과 거의 정확하게 일치해야 한다."[4] 그러나 이것은 틀린 지적이다. 원자에 고전역학을 적용하면 전자는 정지상태에 있지 않고 원자핵 주변을 공전해야 하기 때문이다.

원자는 거시계가 아니므로 아인슈타인의 반론은 적절치 않다. 그러나 아인슈타인은 파일럿파 이론의 입자가 뉴턴역학의 입자와 다르다는 점을 분명하게 지적했다. 앞에서도 말했지만, 드브로이는 입자가 관성의 법칙이나 운동량 보존 법칙과 같은 고전역학의 원리를 따르지 않는다는 것을 처음부터 알고 있었다. 예를 들어 광자가 장애물을 만났을 때 회절되는 현상은 고전역학으로 설명할 수 없다. 드브로이와 봄의 유도방정식은 회절과 굴절을 재현하는 데 성공했지만, 물리학의 기본원리를 위배하는 대가를 치렀다. 원자 내부에서 핵으로 빨려 들어가지 않고 궤도운동을 하지 않으면서 제자리에 가만히 있는 전자는 고전물리학의 원리에 위배된다. 아인슈타인은 이 대가가 너무 크다고 생각한 것이다.

아인슈타인은 파일럿파 이론을 별로 좋아하지 않았지만, 데이비드 봄이 타지에서 고생한다는 소식을 듣고 그에게 "정신적, 물질적으로 외부와 단절된 생활이 얼마나 힘든지는 나도 많이 겪어봐서 잘 알고 있다"라며 동정 어린 편지를 보냈다.[5]

그러나 봄의 이론에 대한 다수의 반응은 그의 식욕을 되찾는 데 별로 도움이 되지 않았다.

하이젠베르크는 봄의 이론으로 계산된 입자의 궤적이 "이질적이고 관념적인 상부구조"를 낳았다고 평가했다(봄의 이론이 양자역학의 기본 구조를 바꿀 수는 없다는 뜻이다 - 옮긴이). 양자역학의 대안으로 제시된 이론은 둘 중 하나의 길을 가게 된다. 즉, 기존의 양자역학과 다른 결과를 내놓았다가 틀린 것으로 판명되거나, 기존의 양자역학과 동일한 결과를 낳아서 있으나 마나 한 이론으로 평가절하된다. 하이젠베르크는 다음과 같이 주장했다. "양자역학에 대한 봄의 해석은 실험으로 검증될 수 없다. … 실증주의적 관점에서 볼 때(사실은 물리학적 관점이라는 말이 더 어울린다), 누군가가 코펜하겐해석을 다른 언어로 재서술했다면 관심을 가질 만하겠지만, 코펜하겐해석에 대한 반론에 일일이 대응할 필요는 없다."[6]

파울리도 이와 비슷한 비평을 쏟아내다가 봄의 이론을 자세히 분석한 후 다음과 같은 편지를 보냈다. "당신이 얻은 결과가 일상적인 파동역학과 일치한다면, 그리고 당신이 말하는 숨은 변수를 관측할 방법이 존재하지 않는다면, 당신의 이론은 논리적으로 타당하다고 생각합니다."[7]

많은 물리학자들은 파일럿파 이론에서 예측한 결과가 양자역학과 일치하지 않는다고 생각했지만, 이 사실이 확인될 때까지는 꽤 오랜 시간이 걸렸다. 자세한 이야기는 나중에 따로 다룰 예정이다.

모든 사람이 봄에게 관대한 것은 아니었다. 로버트 오펜하이머는 봄의 논문이 "반항기 가득한 청소년의 일탈"이라며 거들떠보지도 않았다.[8] 마르크스주의자가 남을 비난할 때 흔히 하는 말이다. 그는 봄의 논문에 막말을 퍼붓다가 다음과 같이 마무리했다. "봄의 가설이 틀렸음을 입증할 수 없다면, 차선책은 깡그리 무시하는 것이다."[9]

게임이론에서 균형에 관한 정리(내쉬정리)로 유명한 수학자 존 내쉬John Nash(영화 〈뷰티풀 마인드〉의 실제 주인공. 1994년에 노벨 경제학상을 수상했다 – 옮긴이)는 평소 프린스턴 물리학자들의 독선적인 태도에 불만을 품어오다가 어느 날 오펜하이머에게 다음과 같은 편지를 보냈다. "그쪽 동네 사람들은 누군가가 숨은 변수에 대해 질문을 하거나 그것을 믿는 듯한 태도를 보이면 무조건 멍청하거나 무식한 사람 취급을 하더군요. 솔직히 말해서, 저는 관측 불가능한 현실에 대해 기존의 이론과 다르면서 좀 더 만족스러운 밑그림을 찾고 싶습니다."[10]

획기적인 이론을 구축하고서도 학창시절 지도교수이자 평생 스승으로 모셔왔던 오펜하이머에게 그토록 푸대접을 받았으니, 봄의 심정이 어땠을지 짐작이 가고도 남는다. 그는 프린스턴의 물리학자들에게 두 번이나 따돌림을 당했고(재계약 실패, 논문에 대한 혹평), 코펜하겐의 철학에 반기를 들었다는 이유로 미국 물리학회에서도 외면당했으며, 당시 미국을 휩쓸던 매카시즘McCarthysm(정치적 관점이 다른 개인이나 집단을 공산주의자로 매도하는 급진적 성향. 미국 상원의원 조지프 매카시Joseph McCarthy로부터 시작되었음 - 옮긴이)의 마녀사냥을 대놓고 비난하는 바람에 사회적으로도 입지가 매우 좁아졌다. 이렇게 나락으로 떨어진 상황에서 자신의 이론을 끝까지 밀고 나가려면 대단한 용기가 필요한데, 데이비드 봄이 바로 그런 사람이었다.

봄의 친구들과 그의 전기 작가의 증언에 의하면 미국에서 매카시즘이 극에 달했을 때 오펜하이머가 적색분자로 낙인찍힐 것을 두려워하여 봄과 의도적으로 거리를 두었다고 한다. 그러나 봄이 정치적 위기에 몰리지 않고 프린스턴에 머물렀다 해도, 그의 새로운 이론은 여전히 푸대접을 받았을 것이다. 코펜하겐학파의 물리학자들은 양자역학에 관한 한 자신의 이론이 최고의 진리이며, 대안은 결코 있을 수 없다고 하늘같이 믿었기 때문이다.

어쨌거나 코펜하겐의 반응은 예상대로 냉담했다. 그 무렵에 코펜하겐을 방문했던 오스트리아의 과학철학자 파울 파이어아벤트Paul Feyerabend의 증언에 의하면 보어는 봄의 논문을 읽고 대경실색했다고 한다. 그러나 보어는 봄에게 자신의 의견을 직접 피력하지 않았으며, 자신의 논문이나 저서에 봄의 이론을 거론한 적도 없다. 그 대신 보어의 제자인 레옹 로장펠드Léon Rosenfeld가 봄에게 편지를 보냈는데, 여기에는 당시 코펜하겐의 분위기가 다음과 같이 서술되어 있다.

저는 상보성 원리를 놓고 귀하와 논쟁을 벌일 생각이 전혀 없습니다. 상보성 원리에는 논쟁의 여지가 티끌만큼도 없기 때문입니다. … 마치 마술 주문을 외우듯이 상보성 원리의 문제점을 소환하려는 당신의 시도는 진실과 다소 거리가 있어 보입니다. 당신 주변에 있는 파리 출신 사람들은 미숙한 사고력으로 위험한 시도를 하는 것 같은데, 저는 그런 추세에 반대하는 입장입니다.

귀하께서는 상보성 원리에 접근하기가 어렵다고 하셨는데, 제가 보기에 이것은 많은 사람들이 어린 시절부터 이상적인 철학과 종교를 주입식으로 교육받아오면서 형이상학적 관점이 몸에 배었기 때문입니다. 이 상황을 타개하려면 문제를 피하지 말고 형이상학에 연연하지도 않으면서, 모든 것을 변증법적 관점에서 접근해야 한다고 생각합니다.[11]

데이비드 봄은 상파울루의 아파트에서 혼자 이 편지를 읽으며 자신이 캔자스Kansas와 펜실베이니아Pennsylvania에서 너무 멀리 떠나왔다고 느꼈을 것이다.

이런 실망감에도 불구하고 그는 원래 전공 분야였던 플라즈마 물리학을 연구하면서, 한때 드브로이의 제자였던 장 피에르 비지에Jean-Pierre Vigier와 함께 새로운 양자역학을 구축하는 등 브라질에서 꽤 생산적인 시간을 보냈다. 그러나 브라질에서 끝내 행복을 찾지 못한 봄은 1955년에 이스라엘의 테크니온Technion 공과대학으로 자리를 옮겼다가 몇 년 후 영국 브리스틀대학교Univ. of Bristol로 이직했고, 얼마 후 런던대학교의 버벡칼리지Birbeck College에 자리를 잡아 여생을 그곳에서 보냈다.

데이비드 봄의 공산주의 사상은 런던에서 지내는 동안 많이 완화되었다. 소비에트연방을 신뢰했던 다른 사람들처럼, 그도 스탈린 시대에 강제노동수용소에서 수많은 사람이 죽어나갔다는 사실을 뒤늦게 알고 커다란 충격에 빠졌다. 완전한 인간을 추구했던 봄은 그 후 신비주의에 심취하여 러시아의 신비주의자 게오르그 구르지예프George Gurdjieff와 인도의 영적 스승 지두 크리슈나무르티Jiddu Krishnamurti의 영향을 많이 받았다.

물론 물리학 연구도 게을리하지 않았다. 그는 양자역학을 넘어 더욱 깊은 수준에서 자연을 서술하는 이론을 찾기 위해 끊임없이 노력했고, 물리학을 초월한 독창적이고 철학적인 논리체계를 개발했다. 이 무렵에 그가 집필한 책은 예술가와 철학자, 그리고 구도자들에게 널리 읽혔으며, 크리슈나무르티와 나눈 대화는 '삶의 지침을 밝히는 두 현자의 대화'로 유럽 전역에 알려지게 된다.

데이비드 봄이 말기에 남긴 업적은 파일럿파 이론과 별 관계가 없다. 그러나 이 복잡다단하고 파란만장했던 현자의 삶을 대충 얼버무리고 넘어가는 것은 저자로서 무책임하고 비겁한 처사라고 생각되어, 좀 더 자세히 짚고 넘어가고자 한다. 봄은 젊은 시절에 평등한 사회를 꿈꾸다가 마르크스주의에 빠져들었고, 이 환상이 깨진 후에는 신비주의로 관심을 돌렸다.* 나는 기존의 삶과 사회를 초월

---

* 이 자리를 빌려 우리 가족의 내력을 고백하고자 한다. 나의 할아버지는 젊은 시절의 꿈을 접은 후 마르크스주의에 빠져서 평생을 공산당원으로 살았고, 아버지는 신비주의에 심취하여 여러 해 동안 구르지예프의 사상을 연구했다. 나는 어린 시절부터 할아

하려는 그의 노력에 연민의 정을 느낀다. 오펜하이머에서 크리슈나무르티까지, 다양한 사람들을 접하면서 인간적인 약점을 꾸준히 보완해왔기에 그토록 자신감 넘치는 인물이 될 수 있었을 것이다.

데이비드 봄의 순진한 생각과 섣부른 판단을 비난하는 사람도 있지만, 양자역학을 초월하여 새로운 이론을 구축하려는 그의 부단한 노력은 성실함과 진지함의 표본이었다. 그는 수수께끼로 점철된 이론물리학과 종교적 신념에서 영감을 얻어 '기존의 논리를 초월한 새로운 과학'을 추구했다. 이 분야는 봄 외에 관심을 가진 사람이 미국의 물리학자 데이비드 핀켈스타인David Finkelstein을 비롯해 몇 명에 불과할 정도로 학자들의 관심에서 벗어난 분야이다. 많은 사람들은 초기 양자역학에 기여한 것이 봄이 평생동안 이룬 업적의 전부이며, 그의 초월과학은 결국 실패로 끝났다고 생각할 것이다. 그러나 그는 서로 상반된 것처럼 보이는 '과학적 이해'와 '영적靈的 깨달음'에 기초하여 극소수의 사람만이 시도할 수 있는 미지의 영역으로 과감하게 발을 들여놓았다.

앞에서 언급했던 봄의 이론을 정리해보자. 파일럿파 이론은 제

버지와 아버지가 저지른 실수를 곱씹으면서 구도자의 모임이나 초월주의 사상에 빠지지 않겠다고 굳게 다짐해왔다. 구르지예프와 크리슈나무르티의 혁명적 사고는 부정적 함과 자기연민의 이상한 조합으로 탄생하여 좌파 사상을 이끌었고, 순진한 사람들은 이들의 언변에 쉽게 현혹되었다. 데이비드 봄도 그 시대의 사람이었으니, 그들의 어설픈 사고방식을 싸잡아 비난하는 것은 별로 어려운 일이 아니다. 그러나 구르지예프와 크리슈나무르티가 동양의 영적 수련법을 서양에 전파하여 많은 영향을 미친 것도 부인할 수 없는 사실이다.

2규칙(파동함수의 붕괴) 없이 양자역학으로부터 얻은 모든 결과를 똑같이 재현할 수 있다. 파동함수는 항상 제1규칙(슈뢰딩거의 파동방정식)을 따라 변하며, 점프나 붕괴는 일어나지 않는다. 기존의 양자역학과 다른 점은 실존하는 파동함수가 자신만의 법칙에 따라 실존하는 입자의 길을 유도한다는 것이다. 이 두 가지 법칙을 이용하면 양자영역에서 일어나는 모든 현상을 현실적 관점에서 서술할 수 있다.

또한 파일럿파 이론은 기존의 양자역학으로 설명할 수 없는 것을 설명해준다. 미시세계에서 일어나는 모든 사건의 내막을 각 단계별로 설명할 수 있다는 뜻이다. 파일럿파 이론은 전자가 움직이는 이유와 구체적인 궤적을 설명해주고, 불확정성과 확률의 출처를 알려준다. 양자역학에 확률이 도입된 이유는 입자의 출발 위치를 모르기 때문이다. 그리고 파일럿파 이론에서는 실험(관측)을 다른 물리적 과정과 구별하지 않기 때문에, 관측 문제도 발생하지 않는다.

봄은 새로운 이론과 관련하여 1952년에 발표한 두 번째 논문에서 관측 문제를 집중적으로 다루었다. 원자의 특성을 관측하기 위해 감지기를 세팅한 경우, 감지기는 입자의 위치와 파동함수의 값을 기록함으로써 원자와 얽힌 상태가 된다. 그러므로 감지기는 관측자의 입장에서 보거나 관측 대상의 입장에서 봐도 존재론적으로 아무런 문제가 없다.

현실적인 관점에서 볼 때, 파일럿파 이론은 코펜하겐해석보다 훨씬 우월하다. 파일럿파 이론이 존재한다는 것 자체가 보어와 하이젠베르크의 주장(양자역학은 현실을 서술할 수 없다는 주장)이 틀렸다는 증거이다. 물리학계는 1927년에 솔베이학회에서 드브로이가 파일럿파 이론을 처음 제안했을 때나 1952년에 봄이 동일한 이론을 다시 제안했을 때, 새로운 양자역학을 적극적으로 수용할 수도 있지 않았을까? 물론 그럴 수도 있었다. 데이비드 봄도 두 번째 논문을 발표한 후 그런 기대를 했을 것이다. 그러나 실망스럽게도 그에게 돌아온 것은 비난과 무관심뿐이었다.

역사가들 중에는 유럽 물리학계가 1920년대에 반현실주의적 양자역학을 수용한 것을 '비합리성을 수용하는 더욱 큰 문화적 변화'의 한 부분으로 해석하는 사람도 있다. 주로 참호전으로 치러졌던 제1차 세계대전(1914~1918)에서 수많은 병사들이 참호에 갇혀 떼죽음을 당하는 모습에 충격을 받아, 합리성을 신뢰하지 않는 풍조가 유럽 전역에 만연했다는 것이다. 그러나 이런 논리로는 1950년대에 데이비드 봄의 파일럿파 이론이 거부당한 이유를 설명할 수 없다. 당시 미국은 제2차 세계대전에서 승리를 거둔 후 낙관적이고 실용적인 사고가 널리 퍼져 있었기 때문이다.

닐스 보어를 필두로 한 코펜하겐학파의 막강한 위세에 봄의 이론이 묻혀버렸다고 생각할 수도 있다. 당시 양자역학에 매료된 유럽과 미국의 물리학자들은 양자혁명의 대부인 보어를 중심으로 거대한 네트워크를 형성하여 전 세계 물리학계를 지배했지만, 드브로이는 평생 동안 제자를 단 몇 명밖에 배출하지 않았다. 게다가 (내가 아는 한) 그들은 모두 프랑스인이었으며, 프랑스 물리학계에서도 외인부대 취급을 받는 처지였다.

봄이 브라질에 머무는 동안 브라질 물리학계는 장족의 발전을 했지만, 그의 영향권은 브라질을 벗어나지 못했다. 그 후 이스라엘과 런던을 거치면서 뛰어난 제자 몇 명을 만났는데, 그중 한 사람인 야키르 아로노프Yakir Aharonov는 자신만의 아이디어와 프로그램을 개발하여 봄과 다른 분야에서 뛰어난 이론물리학자가 되었다. 그 외의 제자들도 양자이론의 전문가가 되었지만, 개성이 모두 달라서 '봄 학파'로 불릴 만한 그룹을 형성하지 못했다. 그리고 봄이 런던으로 돌아와 자리를 잡았을 때, 그의 관심은 이미 물리학에서 신비주의로 넘어가 있었다.

그럼에도 불구하고 파일럿파 이론은 소수의 과학자들에 의해 명맥이 유지되었으며, 1990년대에는 양자역학의 수수께끼에 도전장을 내민 수학자와 물리학자, 그리고 철학자들이 '봄 역학Bohmian mechanics'이라 부를 만한 이론체계를 구축하여 과학계에 한자리를 차지하게 된다.

봄의 연구를 이어받은 물리학자들 덕분에, 파일럿파 이론의 중요한 질문에 해답이 제시되었다. 가장 중요한 질문은 파일럿파 이론에 확률이 개입된 이유이다. 앞서 말한 대로 파일럿파 이론은 결정론적이다. 즉, 임의의 시간에 파동함수가 주어지면 제1규칙을 적용하여 미래의 파동함수를 정확하게 예측할 수 있고, 입자의 초기 위치가 주어지면 향후 입자의 위치도 정확하게 결정된다. 그러므로 모든 입자는 명확한 궤적을 갖고 있다.

그렇다면 확률은 어느 과정에서 개입된 것일까? 뉴턴의 고전역학에서 확률이 개입되는 경우와 비슷하다. 고전역학에서 입자의 처음 위치를 대충 알고 있으면 나중 위치를 확률적으로 예측할 수밖에 없다. 이와 마찬가지로 파일럿파 이론에 확률이 개입된 이유는 입자의 처음 위치를 정확하게 알 수 없기 때문이다.

파일럿파 이론의 확률을 이해하기 위해, 파동함수는 같으면서 초기 위치가 다른 여러 개의 입자를 상상해보자. 처음에 이 입자들은 확률분포함수에 따라 배열되는데, 이는 곧 입자들의 초기 위치가 제각각인 것이 특별한 경우가 아니라 일반적인 상황임을 의미한다.

입자의 초기 위치를 적절히 배분하면 확률분포함수를 우리가 원하는 형태로 만들 수 있다. 여기에 파동의 미래를 결정하는 제1규칙과 입자의 길을 안내하는 유도법칙을 적용하면 주어진 물리계는 시간을 따라 이동하고, 확률분포함수도 입자의 움직임을 반영하면서 시간을 따라 변해간다.

앞서 말한 대로, 양자역학에서 입자가 발견될 확률은 보른 규칙에 따라 파동함수의 제곱에 비례한다. 이것이 바로 양자역학의 제2규칙이다. 그런데 파일럿파 이론에 의하면 입자는 물리적 실체여서 초기 확률분포함수를 마음대로 선택할 수 있으므로, 보른 규칙에 맞춰서 선택해도 상관없다. 즉, 파동함수를 제곱한 값이 큰 곳에 더 많은 입자가 모이도록 입자를 분포시키는 것이다.

이 선택은 시간이 흘러도 그대로 유지된다. 입자들이 이리저리 움직이고 파동함수는 흐르는 시간을 따라 변하지만, 파동함수의 제곱이 입자가 발견될 확률에 비례한다는 사실은 변하지 않는다.

그러나 드브로이의 공식에는 그 이상의 정보가 담겨 있다. 예를 들어 입자가 발견될 확률이 파동함수의 제곱에 비례하지 않는 분포에서 시작했다고 가정해보자. 그러면 입자의 확률분포는 시간이 흐름에 따라 파동함수의 제곱과 일치하는 쪽으로 변해나갈 것이다. 이것은 안토니 발렌티니Antony valentini의 논문에서 증명되었으며,[12] 그 후 수치해석을 통해 사실로 확인되었다.[13]

이것은 열역학의 작동원리와 비슷하다. 여러 개의 입자로 이루어진 물리계가 주변환경과 평형을 이루면 엔트로피entropy는 최대가 된다. 엔트로피는 시간에 따라 증가하는 무질서의 척도이기 때문이다. 임의의 물리계가 평형상태보다 질서도가 높은 상태에서 변하기 시작했다면, 시간이 흐를수록 무질서도가 증가하여 평형상태에 도달할 확률이 가장 높다.

드브로이의 파일럿파 이론도 이와 비슷한 방식으로 전개된다. 입자가 발견될 확률분포가 파동함수의 제곱과 일치하면 입자계는 양자적 평형에 놓여 있고, 일치하지 않으면 양자적 평형에서 벗어났다고 말할 수 있다. 발렌티니의 정리에 의하면 양자적 평형에서 벗어난 양자계는 어느 정도 시간이 흐른 후 양자적 평형상태에 도달할 확률이 가장 높다.

주어진 입자계가 평형상태에 도달하면 파일럿파 이론은 기존의 양자역학과 일치한다. 그러므로 파일럿파 이론과 양자역학 중 어느 쪽이 옳은지 실험을 통해 확인하려면 물리계가 양자적 평형에서 벗어나도록 만들어야 한다.

양자적 평형에서 벗어난 계는 몇 가지 놀라운 특성을 갖고 있는데, 그중 하나는 정보를 빛보다 빠르게 전송할 수 있다는 것이다. 발렌티니의 또 다른 논문에 의하면, 양자적 평형에서 벗어난 계의 정보와 에너지는 특수상대성이론의 금지령을 극복하고 즉각적으로 전달될 수 있다.[14] 이것이 실험으로 확인된다면 두말할 것도 없이 과학 역사상 가장 중요한 발견으로 기록될 것이며, 공상과학 작가들의 오랜 꿈도 실현될 것이다. 그러나 안타깝게도 아직은 확인되지 않았다. 그동안 양자계를 평형에서 벗어나도록 만드는 실험이 몇 차례 시도되었지만 성공 사례는 보고된 적이 없다. 물론 파일럿파 이론이 틀렸다는 증거도 발견되지 않았다.

우주 초기에는 평형에서 벗어난 양자계가 존재했을지도 모른다. 발렌티니와 그의 동료들은 우주가 빅뱅Big Bang 직후 평형에서 벗어나 있다가 공간이 팽창하면서 평형상태를 찾아갔다고 가정했다. 우주배경복사cosmic background radiation를 분석하면 이 가정을 확인할 수 있는데, 결정적인 증거는 아직 발견되지 않았다.[15]

잠시 슈뢰딩거의 고양이로 돌아가보자. 파일럿파 이론은 이 역설적 상황을 어떻게 해결했을까?

양자역학이 우주 전역에 걸쳐 적용된다는 점에는 파일럿파 이론도 전적으로 동의한다. 단, 모든 시간과 장소에 적용되는 것은 파동함수의 진행과 관련된 제1규칙뿐이며, 관측에 의해 파동함수가 붕괴된다는 제2규칙은 적용되지 않는다. 이는 곧 관측행위를 여타의 물리적 과정과 구별하지 않는다는 뜻이다.

파일럿파 이론에 의하면 모든 만물(원자, 광자, 가이거계수기, 고양이, 사람 등)은 파동과 입자라는 두 개의 '실체'를 동시에 갖고 있다. 고양이나 가이거계수기처럼 수많은 원자로 이루어진 거시적 물체들은 파동성과 입자성이 엄청나게 복잡하다. 예를 들어 고양이의 특성을 양자역학적으로 서술하려면 고양이를 구성하는 모든 입자의 위치를 일일이 알아야 한다. 여러 입자의 상대적 위치정보를 배열configuration이라 하는데, 고양이를 구성하는 원자가 워낙 많기 때문에 고양이의 배열을 서술하려면 엄청난 양의 정보가 필요하다.

이 모든 정보는 숫자로 표현되어야 한다. 고양이 한 마리를 서술하려면 몇 개의 숫자가 필요할까? 우리가 속한 공간은 3차원이므로, 원자 하나당 3개의 숫자(x, y, z 좌표)가 할당되어야 한다. 그런데 고양이의 몸은 약 1025개의 원자로 이루어져 있으므로, 고양이의 배열을 서술하려면 3×1025개의 숫자가 필요하다.

파일럿파 이론의 핵심은 모든 원자들이 현존하는 실체이며, 공간에서 명확한 위치를 갖고 있다는 것이다. 원자를 점으로 간주하면 개개의 원자는 공간에서 하나의 점을 점유하고 있다. 그리고 모든 고양이는 자신만의 배열을 갖고 있다. 즉, 고양이를 구성하는 모든 원자들은 공간에서 자신만의 명확한 위치를 점유하고 있다.

이와 동시에 모든 원자는 3차원 공간에서 진행하는 파동을 갖고 있으며, 모든 고양이는 이 파동들이 섞여서 형성된 하나의 파동을 갖고 있다. 여기서 이상한 것은 파동의 위치이다. 원자 하나의 파동은 3차원 공간에 존재하지만, 고양이의 파동은 배열공간configuration space이라 불리는 고차원 공간에 존재한다([그림 9] 참조). 그리고 배열공간의 모든 점들은 특정한 고양이의 배열에 대응된다.

4차원 이상의 고차원공간은 그림으로 표현하기가 쉽지 않다. 언젠가 로저 펜로즈Roger Penrose의 강의를 듣다가 8차원 공간에서 2차원 표면이 6차원의 장애물을 피해 가는 과정을 단계별로 따라가며 경외감에 빠진 적이 있는데, 고차원 시각화에 관한 나의 경험은 여기가 한계이다. 수학자들도 크게 다르지 않다. 제아무리 뛰어난 수학자라 해도 고차원공간을 누구나 이해할 수 있도록 그리기란 결코 쉬운 일이 아니다. 그래서 우리는 종이나 칠판 위에 3차원 물체를 그릴 때 2차원 평면에 투영한 모습을 그린다. 나 역시 3×1025 차원에 달하는 고양이의 배열공간을 생각할 때 3차원에 투영한 모습

　　　　　　　　2부 다시 태어난 현실주의

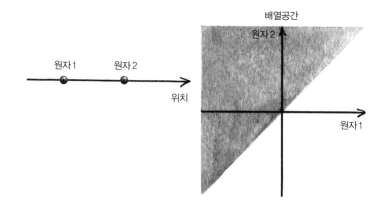

그림 9 **배열공간**configuration space: 1차원 선을 따라 늘어선 두 원자의 배열configuration은 두 개의 숫자로 표현되므로 이들의 배열공간은 2차원 평면이다. 단, 두 원자가 구별할 수 없을 정도로 똑같다면 원자 2가 항상 오른쪽에 있다고 간주할 수 있으므로, 이들의 배열공간은 2차원 평면의 왼쪽-위 절반(회색으로 칠한 부분)으로 한정된다.

을 떠올리곤 한다. 물론 이런 경우에는 단순한 그림에 현혹되어 잘못된 결론에 도달하지 않도록 세심한 주의를 기울여야 한다.

앞에서 언급했던 CONTRARY 상태를 예로 들어보자. 이런 상태에서는 두 입자에게 똑같은 질문을 동시에 던져서 얻은 답의 상관관계는 알 수 있지만, 각 입자가 어떤 답을 할지는 알 수 없다. 양자상태를 이렇게 만들려면 고양이를 구성하는 모든 원자에 대하여 3차원 이상의 파동을 할당해야 한다. 고양이가 가질 수 있는 모든 가능한 배열공간의 파동을 알아야 하는 것이다.

고양이의 모든 배열공간에 파동이 존재한다는 것을 사실로 받아들이면 양자역학의 수수께끼가 곧바로 해결된다.

슈뢰딩거의 고양이는 어떤 경우에도 한 마리뿐이며, 고양이의 배열은 살아있는 고양이의 배열과 죽은 고양이의 배열 중 하나이다. 즉, 산 고양이와 죽은 고양이가 동시에 존재하는 경우는 없다. 어떤 시간대를 선택해도 살아있는 고양이나 죽은 고양이, 둘 중 하나만 존재한다.

고양이의 파동함수는 두 파동의 합이 될 수도 있다. 파동을 더하는 것은 언제나 가능하기 때문이다. 이것이 바로 파동의 중첩이다. 전자 한 개의 파동이 전자의 길을 유도하듯이 고양이의 파동은 고양이의 배열을 유도한다. 그리고 강이 두 개의 지류를 동시에 흐르는 것처럼, 파동함수는 살아 있는 고양이의 배열과 죽은 고양이의 배열을 동시에 지나갈 수 있다.

파동함수는 개개의 배열이 발견될 확률과 관련되어 있다. 특정 배열에 대하여 파동함수의 값이 크면 그 배열이 발견될 확률이 높다는 뜻이다. 따라서 고양이를 상자 속에 가두고 방사성원소의 반감기만큼 시간이 지났다면, 살아있는 고양이의 배열이 발견될 확률과 죽은 고양이의 배열이 발견될 확률은 똑같이 1/2이다. 그러나 상자 안에 있는 고양이는 언제나 한 마리이며, 전자가 한 순간에 하나의 장소만 점유할 수 있는 것처럼 고양이는 살아있거나 죽었거나, 둘 중 한 상태에만 존재할 수 있다.

독자들은 파동함수가 가지를 쳐서 해당 입자나 배열이 존재하지 않는 곳으로 진행하는 것이 이상하다고 생각할지도 모른다. 사실 좀 이상하긴 하다. 그러나 입자는 한 번에 하나의 길만 갈 수 있기 때문에, 둘 중 하나의 결과가 초래되려면 파동함수는 두 길을 지나갈 수밖에 없다. 그리고 입자나 배열이 존재하지 않는 갈림길은 미래에 영향을 미친다. 두 개, 또는 그 이상의 갈림길이 미래에 반대로 흘러서 간섭을 일으켜 입자의 경로를 바꿀 수도 있다.

18년 전에 나는 중요한 갈림길에 직면한 적이 있다. 두 개의 가능한 미래가 눈앞에 보이는데, 내가 갖고 있는 정보에 의하면 둘 다 매력적이었다. 물론 절대로 후회하지 않을 정도로 완벽한 정보를 확보하기란 불가능하다(정보가 완벽하다면 갈림길이라고 부를 수도 없다-옮긴이). 어떤 국가, 어떤 도시에서 살 것인가? 누구와 결혼을 할 것인가? 나의 아이들은 어떤 사람으로 성장할 것이며, 어떤 언어를 구사할 것인가? 그리고 나는 그곳에서 얼마나 오래 살게 될 것인가? 나의 선택에 따라 이 모든 것이 결정될 판이었다.

나는 도저히 결정을 내릴 수가 없어서 양자실험실의 친구에게 도움을 청했다. 방사성원소를 이용하여 미래를 선택하기로 한 것이다. 원자가 반감기 안에 붕괴되면 새로운 나라로 가서 새로운 기회를 잡고, 붕괴되지 않으면 지금 있는 곳에 머물기로 했다. 결국 그 원자는 반감기 안에 붕괴되었고, 나는 토론토로 이주하여 가정을 꾸리고 새 친구와 이웃을 사귀었다. 만일 그때 원자가 조금만 늦게 붕괴되었다면 지금 나는 완전히 다른 삶을 살고 있을 것이다.

내가 남들보다 특별한 경험을 한 건 전혀 아니다. 우리 모두는 원자로 이루어져 있고, 이 원자들은 모든 가능성이 열려 있는 방대한 배열공간에서 파동함수의 안내를 받으며 현재의 상태에 도달했다.

파동함수는 지금 내가 있는 곳을 에워싸고 있다. 그러나 '내가 갈 수도 있었지만 결국 가지 않은' 다른 가지에도 파동함수는 존재한다. 이들 중 일부는 실험실에서 갈라져 나와 내가 겪지 않은 공허한 역사(실험실의 원자가 붕괴되지 않은 세상)를 만들었고, 이 지류를 따라 흘러온 나의 '공허한' 파동함수에서 나는 아직도 런던에 살고 있다.

파일럿파 이론이 옳다면, 나의 공허한 파동함수는 '갈 수도 있었지만 결국 가지 않은 길'을 따라가며 나의 원자를 유도할 준비를 하고 있다. 그러나 이 파동함수는 내가 없는 다른 곳에 존재한다.

그보다 몇 년 전에, 나의 파동함수는 또 다른 갈림길에 직면하여 둘 중 하나를 선택한 적이 있다. 만일 그때 다른 쪽을 선택했다면 나의 삶은 극단적인 변화를 맞이했을 것이다.

나는 비엔나에서 개최된 학회에 참석하기 위해 뉴욕에서 출발하는 스위스에어Swissair 비행기편을 예약했는데, 출발 전날 밤에 주최 측으로부터 나의 논문 발표 일정이 누락되었다는 연락을 받았다. 그래서 나는 즉흥적으로 여행사에 전화를 걸어 출발 날짜를 하루 뒤로 연기했다(왜 그랬는지는 기억이 가물가물하다). 다음날 저녁, 여행 가방에 짐을 싸고 있는데 라디오에서 끔찍한 뉴스가 들려왔다. 내가 원래 타려고 했던 스위스에어 비행기가 핼리팩스Halifax의 늪지대에 추락하여 탑승자 전원이 사망했다는 것이다. 파일럿파 이론이 옳다면 나의 몸을 이루고 있는 원자의 파동함수의 한 지류는 지금도 캐나다 노바스코샤주Novascotia의 세인트마가렛 만St. Magarets Bay에 남아 있을 것이다(이 사고로 229명이 사망했는데, 온전한 형태로 발견된 시신은 단 1구뿐이었다. 그러므로 저자의 말은 몸의 일부가 지금도 추락 지점에 남아 있을 거라는 뜻이다 – 옮긴이).

이 지류支流는 다른 수많은 지류와 마찬가지로 공허하다. 즉, 파동함수는 존재하지만 내 몸을 구성하는 입자들은 그 길을 따라가지 않았다. 그러나 파일럿파 이론이 옳다면 이들 역시 분명한 실체이다. 파동함수의 수많은 지류들 중 지금 내 몸의 원자를 유도하는 것은 단 하나뿐이고 나머지는 모두 공허하지만, 다양한 장소에서 물리적 실체로 존재하고 있다.

그렇다면 다른 지류에도 신경을 써야 할까? 나는 없고 파동함수만 있는데, 그것도 나의 일부일까? 미래의 어느 날 공허한 지류가 나의 지류와 간섭을 일으켜서 삶이 급변할 수도 있다.

그러나 이런 일이 일어날 가능성은 엄청나게 작다. 이것을 금지하는 물리법칙은 없지만, 실제로 발생할 확률은 거의 0에 가깝다. 지금 내 방을 채우고 있는 공기가 갑자기 창밖으로 모두 날아가서 내가 질식사할 수도 있다. 그러나 원자들은 무작위운동을 하면서 대부분의 시간을 보내고 있기 때문에, 실제로 이런 사건이 발생할 확률은 무시할 수 있을 정도로 작다.

그러므로 우리가 가지 않은 공허한 지류가 우리의 삶에 영향을 줄 가능성은 없다고 봐도 무방하다. 그러나 우리의 몸은 원자로 이루어져 있으므로, 현실세계에 구현된 파동함수와 공허한 파동함수가 간섭을 일으킬 가능성은 항상 존재한다.

파일럿파 이론이 옳다 해도 실용적, 도덕적인 면에서 공허한 지류(가지)는 무시해도 무방하다. 지금 존재하는 나는 수많은 지류 중에서 유일한 현실이며, 바로 이 '점유된' 지류에서 나만의 삶을 살아간다. 그러므로 지금 펼쳐지고 있는 삶에 집중하는 것으로 충분하다. 눈앞에 닥친 문제를 해결하기도 벅찬데, 현실로 구현되지 않은 지류까지 책임질 필요는 없지 않은가?

9장

양자상태의 물리적 붕괴

거시적 물체는 특정한 위치를 점유하고 있기 때문에 간섭을 일으키지 않는다. 이것은 실험으로 확인된 사실이며, 우리의 상식과도 일치한다. 관측 장비와 관측 대상이 접촉했을 때 발생하는 일을 설명하기 위해 도입된 것이 바로 양자역학의 제2규칙, 즉 '파동함수의 붕괴'이다. 관측 장비의 상태가 중첩되는 것을 방지하기 위해, 제2규칙은 "입자의 위치를 관측하는 즉시 입자의 파동함수는 관측 결과에 해당하는 상태로 붕괴된다"라고 규정하고 있다.

관측을 실행하기 전에 원자의 파동함수는 지구 전역에 골고루 퍼져 있을 수도 있다. 그러나 누군가가 원자의 위치를 관측하여 그것이 '뉴욕시 어딘가에 있다'는 사실을 알아내는 순간, 원자의 파동함수는 자치구 5개에 해당하는 범위 안으로 붕괴된다(뉴욕시는 5개의 자치구로 이루어져 있다-옮긴이).

표준 영자역학에서 파동함수는 오직 관측을 통해서만 붕괴된다.

그런데 거시적 물체와 미시적 물체를 구별하는 경계가 모호하기 때문에, 관측을 논하다 보면 현실적인 문제에 직면하게 된다.

현실적 관점에서 볼 때 관측 도구란 원자의 작은 변화를 크게 증폭하여 거시적 변화로 기록하는 거시적 장치이다. 그러나 모든 관측 도구는 원자로 이루어져 있기 때문에 개개의 원자가 따르는 법칙을 똑같이 따라야 한다. 원자가 중첩될 수 있다면, 수많은 원자로 이루어진 관측 도구도 중첩상태에 놓일 수 있다. 앞장에서 확인한 바와 같이, 파일럿파 이론은 현실주의적 관점을 선택하는 대가로 이 세상이 '공허한' 파동함수의 지류로 가득 차 있다는 것을 받아들여야 했다. 이 파동함수들은 자신이 유도하던 물체(입자)와의 연결이 오래전에 끊긴 상태이다.

그러나 붕괴라는 것이 혹시 상호작용에 거시적 물체가 개입될 때마다 일어나는 실제 물리적 과정은 아닐까? 이런 붕괴는 거시적 물체의 용도와 상관없이 질량이나 원자의 개수에 따라 발생 여부가 결정될 것이고, 모든 거시적 물체의 파동함수는 이미 오래전에 붕괴되어 중첩상태를 벗어났을 것이다. 물론 수많은 원자로 이루어진 측정 장비도 마찬가지다. 이로부터 우리는 현실적 버전의 양자역학 체계를 세울 수 있다.

기본 아이디어는 제1규칙과 제2규칙을 하나로 묶어서, 파동함수의 시간에 따른 변화를 결정하는 하나의 규칙을 세우는 것이다. 적용대상이 미시계인 경우에는 제1규칙만으로 좋은 근사近似가 될 수 있다. 원자의 파동함수는 붕괴되는 일이 거의 없기 때문이다. 그러나 거시적 물리계는 파동함수가 자주 붕괴되기 때문에 항상 명확한 위치를 점유하고 있는 것처럼 보인다.

1960년대에 등장한 이 이론은 **물리적 붕괴모형**physical collapse model이라는 이름으로 알려져 있다.

물리적 붕괴모형의 첫 번째 버전은 1966년에 데이비드 봄의 제자인 제프리 버브Jeffrey Bub가 제안했고, 또 다른 두 명의 제자가 합류하여 이론을 더욱 발전시켰다.[1] 그리고 같은 해에 카롤리하지F. Károlyházy는 시공간의 기하학적 구조에서 일어나는 요동이 파동함수를 붕괴시킨다는 가설을 발표했으나, 비슷한 시기에 발표된 존 벨John Bell의 이론이나 파일럿파 이론과 마찬가지로 학계의 반응은 시큰둥했다. 이 분야에서 가장 완벽한 이론을 구축한 사람은 미국의 이론물리학자 필립 펄Philip Pearle이다. 학부밖에 없는 소규모 대학에 오래 재직했던 그는 10년이 넘는 세월 동안 물리적 파동함수의 붕괴를 연구한 끝에 1976년에 자신의 첫 번째 이론을 발표했다.[2]

펄이 제안한 붕괴모형에서 파동함수가 붕괴되는 시간과 위치는 주사위 굴리기와 비슷한 방식으로 결정된다. 원자의 파동함수는 주사위를 굴리기를 거의 하지 않기 때문에 붕괴가 드물게 일어나는 반면, 여러 개의 원자로 이루어진 거시계에서는 붕괴가 훨씬 빈번하게 일어난다. 펄은 이것을 **연속-자발적 국소화**continuous spontaneous localization, CSL라 불렀다.

그 후로 몇 년 동안 필립 펄은 현실주의적 양자역학을 연구하는 거의 유일한 물리학자로 남아 있다가, 1986년에 이탈리아의 트리에스테Trieste에 있는 국제이론물리학센터International Center for Theoretical Physics, ICTP의 기라르디Ghirardi와 리미니Rimini, 그리고 웨버Weber가 펄의 이론을 개선한 GRW이론을 발표했다.[3] 그 외에 역학적 붕괴모형을 개발한 사람으로는 러요스 디오시Lajos Diósi와 레인 휴스턴Lane

2부 다시 태어난 현실주의

Hughston, 그리고 니콜라스 기신Nicolas Gisin 등을 꼽을 수 있다.

이 이론들은 세부사항이 조금씩 다르지만, 제1규칙과 제2규칙을 하나로 통합했다는 공통점을 갖고 있다. 원자로 이루어진 계의 파동함수는 제1규칙에 따라 서서히 변하면서 대부분의 시간을 보낸다. 그러나 가끔은 제2규칙에 따라 하나의 명확한 상태로 돌변하는 경우도 있다.

자발적 붕괴모형의 한 가지 단점은 원자계의 미묘한 중첩으로 만들어진 간섭패턴을 유지하기 위해 붕괴속도를 세밀하게 조절해야 한다는 점이다. 이런 식으로 미시계의 결맞은 중첩coherent superposition 상태를 유지해야 양자역학의 성공을 보장할 수 있다. 그러나 큰 물체는 여러 개의 원자로 이루어져 있기 때문에 파동함수가 훨씬 자주 붕괴된다. 하나의 원자에서 드물게 발생하는 사건도 여러 개가 모여 있으면 자주 발생하기 마련이다. 그러나 원자 하나(파동함수)가 붕괴되면 같은 몸을 구성하고 있는 다른 원자도 함께 붕괴되어야 하고, 거시적 물체를 서술하는 파동함수는 훨씬 자주 붕괴되어 항상 명확한 위치를 점유하게 된다. 현실적 양자역학은 이와 같은 논리로 관측 문제를 해결했다.

이 이론들은 파일럿파 이론과 달리 입자를 도입할 필요가 없다. 현실세계에 존재하는 것은 오직 파동뿐이다. 그러나 자발적인 붕괴가 일어나면 파동함수가 아주 좁은 영역에 집중되기 때문에 파동과 입자를 구별하기 어렵다.

입자가 없으니 파동-입자 이중성 때문에 고민할 필요도 없다. 그저 파동이 두 개의 상이한 과정을 따라 변하는 이유를 이해하기만 하면 된다.

이 붕괴이론은 전적으로 현실주의적이다. 파동함수가 곧 물리계이기 때문에, 굳이 해석하려고 애쓸 필요가 없다. 파동함수를 '물리적으로 의미 있는' 영역 안으로 붕괴시키면 파일럿파 이론의 문제점이었던 지류(가지를 치고 갈라져 나온 파동함수)가 생기지 않고, 관측장비를 포함한 거시적 물체들은 항상 붕괴된 상태에 있으므로 관측문제도 발생하지 않는다. 기존의 양자역학에서는 관측 문제를 설명하기 위해 의식意識과 정보, 또는 관측 행위에 특별한 의미를 부여했지만, 자발적 붕괴이론은 관측 문제가 없으니 이렇게 번거롭고 작위적인 논리를 펼칠 필요도 없다. 그냥 '보이는 것이 곧 현실'이다.

이 이론을 명확하게 정의하려면 곤란한 질문을 잘 선택해서 붕괴된 파동함수가 어떤 답을 내놓는지 알아야 한다. 일상적인 답은 '공간에서의 위치'이다. 붕괴된 파동함수는 공간의 한 지점에서 피크를 이루어, 그 지점을 점유하고 있는 입자처럼 보인다.

여기서 유도된 결과 중 하나는 에너지가 더 이상 정확하게 보존되지 않는다는 것이다. 여러 원자의 파동함수가 붕괴되면 이들이 모여서 이룬 금속조각은 서서히 가열되어야 한다. 내가 보기에 이것은 자발적 붕괴모형의 가장 큰 단점이다. 다행히도 이 가열 현상의 발생 여부는 실험을 통해 확인할 수 있다.

새로운 이론은 논리상의 자유도가 대체로 높은 편이다. 자발적 붕괴이론도 예외가 아니어서, 원자의 질량이나 에너지에 따라 붕괴 빈도가 달라지도록 만들 수 있다. 이 이론이 살아남으려면 원자와 소립자의 파동함수는 드물게 붕괴되고, 큰 물체는 자주 붕괴되도록 (그래야 항상 명확한 위치를 점유할 수 있다) 만들 수 있어야 한다. 그리고 물질의 가열과 같은 원치 않는 결과는 감지되지 않도록 만들어야 한다. 그런데 놀랍게도 이 조건은 모두 충족될 수 있다.

위에 언급한 이론들 중 일부에서 자발적 붕괴는 무작위로 일어나고 붕괴될 확률만 예측할 수 있다. 처음에 시작했던 불확정성과 확률로 되돌아간 셈이다. 확률은 무지나 신념의 결과가 아니라 근본적인 법칙에 내재되어 있다. 붕괴가 무작위로 일어나면 양자역학의 불확정성을 설명할 수 있으며, 오직 관측행위만이 파동함수를 붕괴시킬 수 있다는 불편한 가정을 내세울 필요도 없다. 그러므로 확률은 현실주의적 관점에서 완벽하게 설명되며, 이것은 매우 큰 장점이라 할 수 있다(물론 결정론을 원하는 사람에게는 단점으로 보일 것이다). 이로부터 유도되는 또 하나의 결론은 기본법칙들이 비가역적 irreversible이라는 것이다. 따라서 시간이 오직 미래로만 흐른다는 것은 물리법칙의 가장 기본적인 단계에 새겨져 있다. 이것을 붕괴모형의 단점으로 간주하는 사람도 있지만, 나는 매우 긍정적인 결과라고 생각한다.

자발적 붕괴모형에서 마음에 걸리는 부분은 파동함수의 붕괴가 한순간에 일어난다는 것이다. 넓은 영역에 퍼져 있는 파동함수가 한순간에 붕괴되려면 '하나의 특정한 순간'이 넓은 영역에 걸쳐 정의되어야 한다. 그런데 상대성이론에 의하면 임의의 공간에 일괄적으로 적용되는 '동시'라는 개념은 존재하지 않는다. 이것만 놓고 보면 자발적 붕괴이론은 상대성이론에 위배되는 것 같다. 그러나 2006년에 로더리치 투물카Roderich Tumulka는 두 이론을 조화롭게 결합한 버전을 발표했다.[4]

붕괴이론의 가장 큰 장점은 실험으로 확인 가능한 새로운 현상을 예측한다는 점이다. 파동함수가 무작위로 붕괴되면 물리계에 몇 가지 잡음noise(작은 변화)이 생기는데, 일부 변수는 크게 달라져서 관측이 가능할 수도 있다. 그러나 최근 실행된 실험에서 그런 잡음은 한 번도 발견되지 않았다. 이로부터 우리가 내릴 수 있는 결론은 이론 자체가 틀렸거나, 아니면 변수가 취할 수 있는 값이 한정되어 있거나, 둘 중 하나이다. 이런 것이 바로 진짜 과학이다. 실험은 지금도 계속되고 있다. 실험을 통해 기존의 양자역학에 위배되면서 현실주의적 양자역학을 입증하는 증거가 발견된다면 더없이 짜릿할 것이다.

붕괴이론의 취약점 중 하나는 물리학의 다른 분야에서 제기된 중요한 질문에 대해 아무런 언급도 하지 않는다는 점이다. 양자역학을 굳이 수정하려는 이유가 관측 문제 이외에 양자중력 같은 중요한 문제를 해결하기 위한 것이었다면 학계의 관심을 끌기가 훨씬 쉬웠을 것이다. 바로 이 시점에서 로저 펜로즈를 주목할 필요가 있다.

펜로즈는 20세기 초의 대가들 못지않게 깊은 통찰력으로 중요한 업적을 이룩한 최고의 이론물리학자이다. 닐스 보어와 아인슈타인, 하이젠베르크는 이미 고인이 되었지만 펜로즈는 아직 우리 곁에 살아 있다.

펜로즈는 자신만의 나침반을 따라가며 양자역학의 기초와 양자중력 등 물리학의 가장 기본적인 분야에서 놀라운 업적을 이루었다. 그의 연구는 겉으로 쉽게 드러나지 않는 일관성에 기초하고 있기 때문에, 양자이론에 대한 그의 접근법을 이해하려면 그가 시공간과 양자에 매료된 젊은 수학자였던 1960대부터 살펴보는 것이 바람직하다.

대부분의 물리학자들은 펜로즈를 '아인슈타인 이후 일반상대성이론에 가장 많이 공헌한 사람'으로 알고 있지만, 사실 이것은 그다지 적절한 평가가 아니다. 그는 1960년대 초에 인과율에 기초하여 시공간의 기하학적 구조를 서술하는 새로운 수학을 개발했다. 두 사건의 공간적 거리나 시간적 거리(시간 차이)를 논하는 대신, 모든 사건을 원인과 결과로 분류하여 시공간의 특성을 설명하는 식이다. 펜로즈는 이 방법을 이용하여 일반상대성이론이 옳다면 블랙홀 중심부의 중력장은 무한대가 된다는 사실을 증명했다.[5] 이런 곳에서는 이론 자체가 먹통이 되어 더 이상 미래를 예측할 수 없으며, 시간조차도 흐르지 않는다. 물리학자들은 이것을 '특이점singularity'이라 부른다. 그 후 펜로즈는 스티븐 호킹Stephen Hawking과 공동연구를 수행하면서 자신이 개발한 수학을 우주 전체에 적용하여 '일반상대성이론이 옳다면 우주는 유한한 과거에 무한대의 밀도에서 팽창을 시작하여 현재에 이르렀'는 사실을 증명했다.[6]

이 정도면 일반상대성이론의 최고 전문가라 할 수 있다. 그러나 펜로즈의 업적은 상대성이론에 국한되어 있지 않다. 아인슈타인이 그랬던 것처럼 펜로즈는 우리가 알고 있는 세상의 일관성에 깊은 관심을 기울였으며, 데이비드 봄과 데이비드 핀켈스타인처럼 모든 열정을 쏟아부어 그만의 독특한 물리적 세계관을 구축했다. 그가 개발한 수학적 구조는 지금도 여러 수학자와 물리학자들의 연구 수단으로 활용되고 있다.

일반상대성이론 연구에 새로운 이정표를 세운 후 기본물리학으로 관심을 돌린 펜로즈는 양자적 얽힘quantum entanglement과 마흐의 원리Mach's principle(아인슈타인은 여기서 영감을 받아 일반상대성이론을 구축했다) 사이에서 동질성을 발견하고 큰 충격을 받았다. 두 이론 모두 이 세상을 하나로 묶는 범우주적 조화를 암시하고 있었던 것이다.

펜로즈가 처음 던진 질문은 이렇다. '양자적 얽힘에서 시간과 공간을 정의하는 관계를 이끌어낼 수 있는가?' 여기서 영감을 얻은 그는 양자적 얽힘과 물리적 기하학이 모두 반영된 다이어그램을 떠올린 후, 몇 가지 규칙을 추가하여 간단한 게임을 만들었다. 이것이 바로 불연속적이고 유한한 양자기하학quantum geometry의 첫 번째 버전인 스핀네트워크spin network이다.

대부분의 이론물리학자들은 자신의 아이디어를 검증할 때 이미 존재하는 이론에서 특정 계산을 수행한다. 그러나 펜로즈는 기존의 이론에 의존하는 것보다 '게임 만들기'를 선호했다. 규칙은 매우 단순하지만, 게임을 하다 보면 심오한 질문의 답에 접근하게 된다. 그러나 펜로즈는 스핀네트워크에 관한 그의 아이디어를 논문으로 발표하지 않았다(학술지는 고사하고, 문서로 남긴 적도 없다). 그가 손으로 쓴 연구 노트의 복사본이 가까운 동료와 제자들 사이에서 돌았을 뿐이다. 그들의 증언에 의하면 핵심 증명이 도중에 끊어져 있었음에도 불구하고 더없이 흥미진진한 내용이었다고 한다.[*]

그 후 수십 년 동안 스핀네트워크는 일종의 철학적 트릭으로, 물리학자들이 학회 식사시간에 대화를 나누다가 냅킨에 끄적이는 수준에 머물러 있었지만, 사실 이것은 **고리양자중력**loop quantum gravity

---

[*] 이 연구 노트는 펜로즈의 제자인 존 무수리John Moussouris의 박사학위논문을 통해 완성되었으나, 역시 학술지에 게재되지 않고 손에서 손으로 전수되었다.

이라는 새로운 이론의 핵심요소였다. 이 이론에서 스핀네트워크는 양자이론과 일반상대성이론이 공존할 수 있는 한 가지 방법을 제시해준다.

펜로즈는 스핀네트워크를 확장하여 전자와 광자, 그리고 뉴트리노neutrino(중성미자) 전달과정의 저변에 깔려 있는 기하학을 우아한 체계로 표현한 트위스터이론twister theory을 개발했다. 이 이론에는 뉴트리노 물리학의 아름다운 비대칭이 **패리티**parity라는 개념으로 구현되어 있다. 주어진 물리계를 거울 반전시킨 계(좌-우가 완전히 뒤바뀐 물리계)가 자연에 존재할 때, 그 물리계는 '패리티대칭parity symmetry을 갖고 있다'고 말한다(또는 '패리티대칭적parity symmetric'이라고도 한다). 예를 들어 사람의 두 손은 서로 거울 반전된 관계에 있으므로 패리티대칭을 갖고 있다. 그러나 사람의 몸 전체는 심장을 비롯한 내부 장기들이 비대칭적으로 분포되어 있기 때문에 패리티대칭이 존재하지 않으며, 그 결과 우리는 두 개의 손 중 하나를 선호하는 경향이 있다. 자연에는 뉴트리노를 거울 반전시킨 파트너가 존재하지 않는다. 그래서 뉴트리노는 패리티대칭을 갖고 있지 않다. 펜로즈의 트위스터이론은 거울 반전에 대하여 비대칭적인 수학적 구조를 사용하기 때문에 뉴트리노의 특징이 잘 표현되어 있다.

펜로즈와 그의 제자들은 옥스퍼드대학교에 고립된 채 몇 년 동안 트위스터이론을 개발했다. 그 후 미국의 물리학자 에드워드 위튼 Edward Witten이 1970년대 말부터 펜로즈의 이론에 관심을 갖기 시작하여 1980년대 말에 젊은 동료들 몇 명과 함께 트위스터에 기초한 위상양자장이론topological quantum field theory, TQFT을 개발했다(위튼은 이 공로를 인정받아 1990년에 '수학계의 노벨상'으로 알려진 필즈상Fields Medal

을 받았다. 물리학자가 필즈상을 받는 것은 매우 이례적인 일이다. 위상양자장
이론은 지금도 계속 연구되고 있다 - 옮긴이).

펜로즈가 20대부터 지금까지 남긴 업적을 쭉 훑어보면 핵심을
관통하는 명확한 주제가 있다. 그는 새로운 물리학에 대해 광범위
한 비전을 갖고 있었기에, 양자역학을 재구축하는 쪽에 관심을 갖
게 된 것은 지극히 당연한 수순이었다. 사실 그가 개발한 트위스터
이론은 양자역학과 일반상대성이론을 하나로 통일한 '양자중력이
론quantum gravity'의 출발점일 뿐이었다.

양자중력이론을 연구하는 물리학자는 많이 있지만, 펜로즈
의 접근법은 시작부터 확연하게 다르다. 일반적인 방법은 **양자
화**quantization라는 과정을 거쳐 주어진 물리계를 양자버전으로 서술
하는 것인데, 일단은 뉴턴역학의 언어로 계를 서술한 후 양자화를
통해 양자언어로 바꾸는 식이다. 여기서 양자화란 일종의 알고리즘
으로, 자세한 내용은 우리의 관심사가 아니므로 생략한다. 독자들
은 '통상적인 양자화 과정을 거치면 전통적인 표준양자역학이 얻어
진다'는 사실만 기억하면 된다.

이 방법을 적용하면 원자와 소립자, 그리고 복사 등 다양한 대상
에 대한 양자이론을 구축할 수 있다. 물론 중력에도 적용 가능하다.
고리양자중력이론은 일반상대성이론을 양자화하여 얻은 이론이다
(일반상대성이론은 뉴턴의 고전중력이론을 수정한 최첨단 중력이론이다 - 옮
긴이).

그러나 펜로즈는 다른 길을 택했다. 양자이론과 일반상대성이론
은 몇 가지 지점에서 심각한 충돌을 일으키는데, 가장 중요한 것은
시간을 서술하는 방식이 매우 다르다는 점이다. 양자역학에는 범

우주적으로 통용되는 하나의 시간만이 존재하는 반면, 일반상대성이론에서는 여러 개의 시간이 존재한다(여기서 시간이란 두 사건 사이의 '시간 간격'을 의미한다). 아인슈타인은 상대성이론의 도입부에서 '두 개의 시계를 맞추는 방법'에 대해 논의한 바 있다. 임의의 순간에 두 시계의 초침을 정확하게 맞춰놓아도 시간이 흐르면 각기 다른 시간을 가리키는데, 이때 두 시계의 시간이 벌어지는 속도는 중력장 안에서 겪은 상대적 운동과 두 시계의 상대적 위치에 따라 다르게 나타난다.

두 이론이 충돌하는 또 하나의 지점은 중첩원리이다. 앞서 말한 대로 양자계가 취할 수 있는 두 개의 상태를 더하면 새로운 상태가 만들어진다. 물론 이런 식으로는 단 하나의 상태밖에 만들 수 없다. 그러나 두 상태에 각기 다른 가중치를 부여해서 더하면 무수히 많은 상태를 만들 수 있다. 예를 들어 고양이를 좋아하는 상태를 CAT이라 하고 개를 좋아하는 상태를 DOG이라 했을 때, 두 상태를 중첩하여

$$\text{상태} = CAT + DOG$$

를 만들 수 있고, 고양이에게 3이라는 가중치를 부여하여

$$\text{상태} = 3CAT + DOG$$

를 만들 수도 있다. 물론

$$상태 = CAT + 3DOG$$

도 가능하다.

각 상태(CAT 또는 DOG)의 앞에 곱해진 숫자를 진폭amplitude이라 하며, 진폭의 제곱은 확률과 관련되어 있다. 그러므로 CAT+DOG 상태에서는 고양이 애호가를 만날 확률과 개 애호가를 만날 확률이 동일하지만, 3CAT+DOG 상태에서는 고양이 애호가를 만날 확률이 개 애호가를 만날 확률보다 9배나 높다.

일반상대성이론에는 중첩원리가 존재하지 않는다. 이론의 핵심인 장방정식의 해 두 개를 더했다고 해서 새로운 해가 되지 않기 때문이다. 수학용어를 써서 말하자면 양자역학은 선형적linear이고, 일반상대성이론은 비선형적nonlinear이다.

지금까지 말한 두 가지 차이점은 서로 연관되어 있다. 양자역학에서 중첩원리가 허용되는 이유는 상태변화를 서술할 때 사용하는 범용시간이 하나뿐이기 때문이다. 그러나 상대성이론에 의하면 멀리 떨어진 두 시계를 맞출 방법이 없으므로, 두 개의 시공간을 결합하여 하나의 시공간으로 만드는 간단한 방법은 존재하지 않는다.

펜로즈는 일반상대성이론에서 말하는 시간의 다양성과 중첩 불가능성을 기본 진리로 받아들였다. 그리고 양자적 현상을 일반상대성이론의 언어로 서술하면 중첩원리가 더 이상 적용되지 않을 것이라고 생각했다. 단순하고 선형적인 중첩원리는 절대 진리가 아니라 '근사적인 사실'이어서, 중력을 무시할 수 있는 경우에만 성립한다고 생각한 것이다.

그러니까 펜로즈의 목적은 중력의 양자화가 아니라 '양자의 상대론화'였던 셈이다. 그는 중첩원리를 배제하고 양자상태를 비선형적으로 만들어서 다중시간의 개념을 양자이론에 도입했다.

펜로즈는 자타가 공인하는 현실주의자이지만, 그가 생각하는 현실주의적 양자역학은 드브로이와 데이비드 봄의 파일럿파 이론과 사뭇 다르다. 그는 파동과 입자를 동시에 존재하는 실체로 인정하지 않았고 숨은 변수를 호출하지도 않았으며, 현실은 오직 파동함수로 이루어져 있다고 믿었다. 이것은 관측을 통해 파동함수가 붕괴되는 것이 실제 물리적 과정이라는 필립 펄의 이론과 일맥상통한다. 파동함수가 갑자기 변하는 이유는 관측자가 입자의 위치를 알았기 때문이 아니라, 실제로 일어나는 물리적 과정이다.

펜로즈는 필립 펄과 GRW의 이론을 한 단계 더 발전시켜서 '파동함수의 붕괴는 간간이 일어나는 물리적 과정으로,[7] 제1규칙에 따라 서서히 진행되던 변화를 갑자기 중단시킨다'고 주장했다. 또한 그는 러요스 디오시Lajos Diósi와 카롤리하지F. Károlyházy의 이론을 수용하여 파동함수의 붕괴가 중력과 관련된 현상일 수도 있다고 생각했다.[8] 파동함수가 붕괴되면 중첩은 사라지고, 파동함수의 붕괴비율은 계의 크기와 질량에 따라 다르게 나타난다. 앞서 말한 대로 이 붕괴비율은 '원자는 거의 붕괴되지 않고 거시계는 자주 붕괴되어 중첩이 일어나지 않도록' 만들 수 있다.

디오시와 카롤리하지, 그리고 펜로즈의 이론에서 가장 흥미로운 부분은 중력과 관련하여 파동함수가 붕괴되는 기준을 제시했다는 점이다. 대충 말하자면 두 개의 위치(A, B)가 중첩된 원자의 파동함수가 하나의 위치(예를 들어 A)로 붕괴되려면, 바로 그 위치(A)가 중력효과를 통해 관측 가능해야 한다.

이것은 일반상대성이론의 다중시간과 관련되어 있다. 예를 들어 원자의 파동함수가 거실에 있는 상태와 부엌에 있는 상태의 중첩이라고 가정해보자. 원자가 둘 중 어느 곳에 있건 간에, 원자의 질량은 중력장을 형성하여 시간의 흐름에 영향을 미친다. 그런데 중력이 강한 곳에서는 시간이 느리게 흐른다. 이것은 일반상대성이론에서 예측된 결과이며, 다양한 실험을 통해 확인된 사실이다. 예를 들어 태양 표면에 있는 원자는 지구에 있는 동일한 원자보다 느리게 진동한다. 고층건물의 옥상과 지하실에 똑같은 원자시계를 갖다 놓고 시간을 측정해보면 지하실의 시계가 느리게 간다는 것을 확인할 수 있다. 그러므로 위의 사례에서 원자가 있는 곳(거실 또는 부엌)의 시계는 원자가 없는 곳의 시계보다 느리게 간다. 그렇다면 거실과 부엌이 중첩되어 있는 원자는 어떻게 되는가? 이 경우에 중력장은 두 곳의 시계가 각각 느리게 가는 두 상태의 중첩으로 표현되어야 한다.

그러나 이런 상태는 존재하지 않는다. 두 시공간의 기하학적 구조를 더해서 새로운 시공간을 만들 수는 없기 때문이다. 그러므로 원자의 파동함수는 붕괴되어야 한다.

펜로즈는 어떤 경우에 파동함수가 붕괴되는지를 예측했고, 이것은 지금 실험을 통해 확인 중이다. 최근 들어 두 실험 팀[9]은 펜로즈의 가정과 달리 두 개의 서로 다른 중력장이 중첩될 수 있다고 주장했다. 이것이 사실이라면 매우 흥미로운 일이지만, 펜로즈는 자신의 경험적 모형heuristic model(기본 논리나 정보가 불충분하여 시행착오를 거쳐 만들어진 모형 - 옮긴이)이 유도될 수 있는 양자중력이론을 구체적으로 제안하지 않았기 때문에 의구심이 드는 것도 사실이다.

펜로즈의 이론이 완벽하다고 할 수는 없지만, 최소한 이론이 작

　　　　　　　　　　　　　　　　　　　　　　2부 다시 태어난 현실주의

동하는 방법만은 명확하게 제시되어 있다. 그는 양자상태의 변화를 서술하는 제1규칙과 파동함수의 붕괴를 서술하는 제2규칙을 결합하여 하나의 규칙을 만들었다.

펜로즈의 이론은 양자역학이 아니라, '슈뢰딩거-뉴턴의 법칙'이라는 새로운 법칙에 기초하여 양자역학을 현실주의적 체계에 포함시킨 새로운 이론이다. 이 이론에는 제1규칙과 제2규칙이 하나의 역학법칙으로 통일되어 있다.

원자와 복사에 초점을 맞추면 펜로즈의 역학법칙은 표준양자역학과 비슷해지고, 중첩원리도 근사적으로 만족된다. 파동함수가 파동처럼 거동하여 제1규칙이 만족되므로, 원자의 경우에는 파동함수의 거동을 서술하는 슈뢰딩거의 방정식이 그대로 적용된다.

그러나 펜로즈의 이론을 거시계에 적용하면 파동함수가 붕괴되어 하나의 배열에 집중되고, 이런 파동함수는 입자처럼 행동한다. 즉, 거시적 스케일에서 입자에 대한 뉴턴의 운동법칙이 복원되는 것이다.

그러므로 펜로즈의 이론은 미시계에서 양자역학을 재현하고 거시계에서 뉴턴의 운동법칙을 재현하는 매우 바람직한 이론이라고 할 수 있다.

물리적 붕괴이론은 지금도 계속 개발되고 있다. 최근 들어 필립 펄은 특수상대성이론에 부합되는 붕괴모형에 중요한 진전을 이룩했고,[10] 루돌포 감비니Rudolfo Gambini와 호르헤 풀린Jorge Pullin은 '양자상태가 결맞음상태coherence state에서 벗어나 붕괴되는 것은 중력이 작용했기 때문'이라는 가설을 제안했다. 이들은 자신의 이론을 양자역학의 '몬테비데오 해석Montevideo interpretation'이라 부른다.[11]

그리고 스티브 애들러Steve Adler는 자신이 개발한 숨은 변수 모형 hidden variable model에서 자발적 붕괴의 역할을 새롭게 발견했다.[12]

파일럿파 이론과 붕괴모형은 현실적인 양자역학을 찾는 사람들에게 선택지를 넓혀주었다. 두 이론은 외견상 큰 차이가 있지만 비슷한 점도 많다.

한 가지 선택지는 파동과 입자를 모두 자연에 존재하는 실체로 간주하는 것이다. 이것은 파일럿파 이론의 핵심인데, 관측 문제를 해결하는 대신 대가를 이중으로 치러야 한다. 파동이 입자를 유도한다고 주장하면서 입자가 파동에 미치는 영향에 대해서는 아무런 설명도 없다는 것이 한 가지 부담이고, 파동함수가 수많은 가지를 치면서 공허한 파동을 양산하는 것도 또 다른 부담이다.

반면에 붕괴모형은 이런 부담에서 자유롭다. 실존하는 것은 파동밖에 없기 때문에, 존재론적 측면에서 파동과 입자가 모두 실체라고 주장하는 파일럿파 이론보다 부담이 적고, 파동-입자의 일방적인 상호작용 때문에 곤란해질 일도 없다. 물론 붕괴이론은 관측 문제도 해결해주지만 여기에도 대가가 따른다. 이론을 안전하게 유지하려면 새로 도입한 변수들을 특정 값으로 맞춰야 하는데, 이것은 다분히 인위적인 조작이어서 설득력이 떨어진다.

파일럿파 이론과 붕괴모형에서 우리가 얻은 교훈은 두 가지로 요약된다. (1) 파동함수는 현실세계에 존재하는 물리적 실체이며, (2) 상대성이론과 조화를 이루려면 보완해야 할 점이 아직 많이 남아 있다는 것이다. 미래의 물리학으로 다가가려면 이 두 가지 교훈을 마음 깊이 새겨둬야 한다.

10장

마술 같은 현실주의

> 별과 은하를 비롯하여 우주 전역에서
> 양자전이quantum transition가 일어날 때마다,
> 지구는 똑같은 복사본으로 갈라지고 있다.[1]
>
> 브라이스 디위트Bryce DeWitt

지금까지 우리는 현실주의에 기초한 몇 가지 버전의 양자이론을 살펴보았다. 다들 그 나름대로 설득력이 있지만, 수정·보완해야 할 부분이 많은 것도 사실이다. 자발적 붕괴모형에서 파동함수의 갑작스러운 붕괴는 역학적 구조의 한 부분이다. 즉, 파동함수는 관측행위와 상관없이 붕괴되며, 계에 관하여 우리가 갖고 있는 지식과도 무관하다. 이 이론들은 전통적인 양자역학과 대체로 일치하지 않지만, 지금까지 얻은 실험 결과와 일치하는 부분도 있다.

파일럿파 이론은 현실주의 물리학의 또 다른 버전이다. 여기서 파동함수는 제1규칙을 따라 진행하고, 제2규칙은 효력을 상실한다. 또한 입자는 파동함수의 안내를 받으며 길을 찾아간다. 따라서 파일럿파 이론도 기존의 양자역학과 많이 다르다. 입자가 양자적 평형상태를 점유하고 있을 때 파일럿파 이론과 양자역학은 동일한 예측을 내놓지만, 양자적 평형에서 벗어나면 두 이론은 더 이상 일치

하지 않는다.

자연이 기존의 양자역학을 제쳐놓고 현실주의 이론 중 하나를 선호한다는 것이 실험을 통해 검증된다면 더없이 좋을 것이다. 그러나 앞으로 수십 년, 또는 수백 년이 지나도록 양자역학의 단점이 단 하나도 발견되지 않을 수도 있다. 특히 중첩상태에 놓일 수 있는 물체의 크기나 복잡성에 아무런 한계도 발견되지 않는다면, 기존의 양자역학은 최선의 이론이라는 지위를 굳건하게 유지할 것이다. 이런 경우에도 현실주의자를 위한 선택의 여지가 남아 있을까?

현실주의자가 양자역학에 거부감을 느끼는 이유는 관측 행위에 특별한 의미를 부여하는 제2규칙 때문이다. 파동함수가 제2규칙에 따라 갑자기 붕괴된다는 것은 양자상태가 국소성이나 에너지에 연연하지 않고 오직 '관측자가 알고 있는 정보'에 따라 달라진다는 뜻이다. 이런 이론은 현실주의적 관점에 부합되지 않는다.

현실주의적 관점이 반영된 이론이라면 제2규칙을 어떻게든 폐기하고, 제1규칙 하나만으로 모든 것을 설명해야 한다. 이를 위해서는 굳건한 양자역학을 수정해야 하지만, 파일럿파 이론도 똑같은 문제를 안고 있었으므로 시도해볼 만한 가치가 있다. 이런 이론은 결정론적인 제1규칙에 의존하기 때문에 관측 행위에 특별한 의미를 부여하지 않고 불확정성이나 확률과도 무관하다. 과연 우리는 이런 식으로 현실주의에 부합하는 이론을 구축할 수 있을까?

한 가지 방법은 제2규칙을 가정하지 않은 이론으로부터 제2규칙을 이끌어내는 것이다. 파동함수는 원자가 사람만 한 크기의 관측 장비와 상호작용을 하는 특수한 경우에만 붕괴된다. 그러므로 현실주의에 입각한 이론을 구축하려면 불확정성이나 확률과 무관한 이론으로 서술되는 세상에서 불확정성과 확률이 어떤 역할을 하는지 알아야 한다.

'제1규칙에만 의존하면서 현실주의적 세계관에 부합되는' 양자역학은 꽤 오랜 역사를 갖고 있다. 첫 번째 버전은 1957년에 존 휠러의 제자였던 휴 에버렛 3세의 박사학위논문에서 탄생했으니, 이쪽 분야의 이론을 '에버렛 양자역학Everettian quantum mechanics'이라 불러도 무방할 것이다. 그러나 학계에서 에버렛의 이론은 양자역학의 '다중세계해석Many Worlds Interpretation'으로 통하고 있다. 일부 사람들이 그의 이론을 '우리가 속한 우주는 무수히 많은 평행우주들 중 하나에 불과하다'는 뜻으로 해석했기 때문이다(이 해석에는 다소 논란의 여지가 남아 있다).

에버렛은 1957년에 학위논문을 제출했고, 그것은 같은 해에 〈리뷰스 오브 모던 피직스Reviews of Modern Physics〉라는 학술지에 게재되었다.[2] 물리학 박사학위논문치고는 매우 짧은 분량이었지만, 얼마 후 물리학계에 지대한 영향을 미치게 된다.

그 무렵에 많은 학생들이 그랬던 것처럼, 에버렛도 박사학위를 받은 후 방위산업계에 진출했다. 따라서 그가 물리학에 기여한 것은 이 논문이 전부이며, 처음 몇 년 동안은 별다른 관심을 끌지 못했다. 그러나 드브로이 이후에 출판된 박사학위논문 중 에버렛의 논문처럼 뜨거운 논쟁을 불러일으킨(또는 혁명적인 변화를 불러온) 사례는 찾아보기 힘들다.

에버렛이 제안한 아이디어 중 하나는 분명한 사실이면서 매우 유용하다. 제2규칙이 없으면 파동함수가 붕괴되지 않으므로, 관측을 했을 때 일어나는 현상을 제1규칙만으로 설명해야 한다. 4장 끝 부분에서 슈뢰딩거의 고양이를 다룰 때 언급한 바와 같이, 관측을 포함한 상호작용은 상호연관된 상태를 낳는다. 앞에서 우리가 다뤘던 사례는 다음과 같다.

중간 상태 = (처음 상태) **or** (나중 상태)
= (EXCITED **and** NO **and** ALIVE) **or** (GROUND **and** YES **and** DEAD)

여기서 or는 가능한 상태의 중첩을 의미하며, 이 상태에서 원자와 가이거계수기, 그리고 고양이는 서로 연관되어 있다. 중첩된 상태에서 고양이의 생사 여부처럼 관측 가능한 양은 명확한 값을 갖지 않는다. 그러나 에버렛은 중첩된 상태에 '계를 관측한 후 계의 상태에 대한 두 개의 조건부 서술contingent statement'이 내포되어 있음을 간파했다. 그중 하나는

원자가 들뜬 상태EXCITED에 있으면 가이거계수기는 입자를 감지하지 않고NO 고양이는 살아있다ALIVE.

이고, 다른 하나는

원자가 바닥상태GROUND에 있으면 가이거계수기는 입자를 감지하고YES 고양이는 죽었다DEAD.

이다.

이 두 개의 진술은 원자와 가이거계수기, 그리고 고양이가 광자의 계수기 도달 여부를 통해 서로 연결되어 있음을 말해준다.*

중첩된 상태는 어떤 결과가 나올지 미리 알려주지 않지만, 원자와 가이거계수기, 그리고 고양이의 상관관계가 관측 결과에 내포되어 있음을 말해주고 있다.

이 정도면 에버렛의 논문은 딱히 반박할 여지가 없다. 일반적으로 두 양자계가 상호작용을 교환하면 두 상태 사이의 상호관계가 형성되고, 이 관계는 일련의 조건부서술로 표현할 수 있다. 이것은 상호작용에 제1규칙을 적용하여 얻은 결과이다.

그러나 우리가 주목할 것은 중첩된 상태가 관측 결과를 알려주지 않는다는 점이다. 조건부서술은 계와 관련된 정확한 정보를 제공하지만, 완벽한 정보를 줄 수는 없다. 현실주의자들은 조건부서술만 주는 이론에 만족하지 않을 것이다.

에버렛은 제1규칙 하나만으로 작동하는 이론을 만들기 위해, 현실에 대한 개념을 바꿀 것을 제안했다. 검출기(가이거계수기)의 중첩된 상태가 두 가지 가능한 현실을 '모두' 서술한다고 제안한 것이다. 이런 식으로 현실을 확장하면 두 개의 조건부서술은 모두 현실로 이루어진다. 에버렛은 **두 상태의 중첩이 현실에 대한 완벽한 서**

---

* 중간 상태의 구성요소를 말해주는 두 개의 진술은 문자 그대로 '조건부서술'일 뿐, 원자가 붕괴되어 광자를 방출했다는 뜻은 아니다. 관측이 실행되지 않은 한, 매 순간마다 원자는 붕괴되었을 수도 있고, 붕괴되지 않았을 수도 있다. 그래서 "광자의 계수기 도달 여부"라는 표현을 쓴 것이다.

술이라고 주장했다. 만일 이것이 사실이라면 아래의 서술도 참true
이다.

원자는 들뜬 상태에 있고, 검출기의 눈금은 NO이고, 고양이는 살아있다. 그리고and 원자는 바닥상태에 있고, 검출기의 눈금은 YES이고, 고양이는 죽었다.

이것은 명백하게 틀린 서술처럼 보인다. 우리가 사는 세상에서 고양이는 단 하나의 결과만 경험할 수 있다. 3장에서 중첩을 'or(또는)'로 표현한 것은 바로 이런 이유 때문이다. 고양이는 살아서 어리둥절하거나 죽어서 아무것도 느끼지 못하거나 둘 중 하나여야 한다. 적어도 우리가 아는 세상은 이런 식으로 운영되고 있다.

그러나 에버렛은 우리가 경험하는 세상이 현실의 극히 일부분일 수도 있다고 생각했다. 모든 양자실험에서 나올 수 있는 모든 가능한 결과들이 '확장된 세계'에 각기 다른 버전으로 존재한다는 것이다.

다시 말해서, 우리가 일상적으로 경험하는 'or'가 양자역학에서는 'and'로 변한다는 뜻이다. 우리는 상자 속의 고양이가 '살아있거나or 죽었다'고 말한다. 산 고양이와 죽은 고양이는 동시에 존재할 수 없기 때문이다. 그러나 에버렛의 이론에서는 살아있는 고양이와and 죽은 고양이가 동시에 존재할 수 있다.

기본 아이디어는 관측이 실행될 때마다 나올 수 있는 경우의 수만큼 우주가 여러 개(평행우주)로 갈라진다는 것이다. 개개의 우주에는 가능한 결과가 하나씩 할당되어 있다. 우리도 선택을 내릴 때마다 여러 개의 복사본으로 갈라진다. 예를 들어 내가 12개의 결과가 나올 수 있는 실험을 수행했다면, 결과를 관측하는 순간 나는 12개의 복사본으로 갈라지고, 개개의 나는 각기 다른 결과를 보게 된다. 물론 내가 어떤 세상에 속한다 해도 모순은 발생하지 않는다. 12명의 내가 속한 12개의 세상은 중첩상태에 대한 12개의 조건부서술 중 하나로 서술되기 때문이다.

에버렛의 양자역학은 파일럿파 이론과 달리 입자가 존재하지 않기 때문에, 갈라진 우주들 사이에는 아무런 차이가 없다.* 모든 가능한 결과가 똑같이 현실로 존재한다니, 다른 우주에 있는 나는 어떤 마음으로 어떻게 살고 있을지 궁금하기 짝이 없다. 에버렛이 옳다면 나는 지금 토론토에 있고 런던에도 있으며, 그동안 내가 갈림길에서 선택을 내릴 때마다 선택되지 않은 모든 갈림길에 존재하고 있다. 물론 여기에는 세인트마가렛 만(스위스에어 항공기가 추락한 곳)의 해저도 포함된다.

이렇게 갈라진 분기分岐(갈라져 나온 가지)를 종종 '세계worlds'라고 부르기 때문에, 에버렛의 이론을 '양자역학의 다중세계해석'이라 부르게 된 것이다.

이 이론이 제대로 작동하려면 각 세계에 속한 관측자들은 서로 정보를 교환할 수 없어야 한다. 즉, 갈라져 나온 각각의 세계들은

---

* 에버렛의 양자역학은 '입자가 없는 파일럿파 이론'으로 간주할 수 있다. 두 이론 모두 제1규칙이 범우주적으로 적용되고 제2규칙은 존재하지 않기 때문에, 파동함수가 끊임없이 갈라지면서 수많은 현실을 창조한다. 단, 파일럿파 이론에는 입자가 존재하기 때문에 갈라진 파동함수 중 오직 하나만이 현실로 구현된다.

다른 세계들로부터 완전히 고립되어 있다.

지금까지 언급한 이론은 다중세계해석의 초기버전으로, 논리구조가 다소 엉성하여 몇 가지 문제점을 안고 있다.

첫 번째 문제는 관측을 실행할 때에만 우주가 갈라진다는 점이다. 즉, 에버렛의 다중세계해석은 기존의 양자역학과 마찬가지로 관측이라는 행위에 특별한 의미를 부여하고 있다. 그러나 현실주의적 관점에서 볼 때, 관측은 여타의 상호작용과 다른 점이 하나도 없다. 양자적 관측행위란 원자와 원자(또는 원자로 이루어진 물체) 사이에 교환되는 상호작용의 한 형태일 뿐이다.

제1규칙은 관측행위를 특별하게 취급하지 않는다. 당신이 현실주의자라면* '관측과정에서 일어난 일은 다른 경우에도 일어나야 한다'고 주장할 것이다. 파동함수가 갈라지는 것은 상호작용 때문이며, 이 상호작용에 의해 물리계 사이의 상호관계가 형성된다. 그리고 앞서 말한 대로 상호관계는 상호작용의 각기 다른 결과에 대응되는 조건부서술로 표현할 수 있다.

관측행위에 특별한 의미가 부여되지 않으려면, 우주는 둘 이상의 결과가 나올 수 있는 상호작용이 일어날 때마다 갈라져야 한다. 그런데 이런 상황은 항상 벌어지고 있다. 달랑 원자 두 개가 충돌

---

* 에버렛의 이론을 순수하게 조건부서술법의 관점에서 쓴 책도 있다. 이 책에 없는 새로운 주장을 펼치진 않았지만, 에버렛의 논문 원본에 부담을 느낀다면 대신 읽어볼 만하다. (Lee Smolin, "On Quantum Gravity and Many Worlds Interpretation of Quantum Mechanics," in *Quantum Theory of Gravity: Essays in Honor of the Birthday of Bryce S. DeWitt*, eds. Steven Christensen and Bryce S. DeWitt [Bristol, UK: Adam Higler, 1984])

하기만 해도 다양한 결과가 나올 수 있다. 지금 내 방에서도 매 초마다 수없이 많은 원자들이 충돌하면서 엄청난 갈림길을 양산하는 중이다.

게다가 우주를 분기시키는 상호작용은 지구뿐만 아니라 우주 전역에서 일어날 수 있다. 이 문장을 읽는 짧은 시간 동안에도, 당신은 무수히 많은 당신의 복사본을 만들어냈다.†

현실주의라는 명목으로 밀어붙이기에는 다소 무리가 있는 이론이다. 그래서 에버렛의 이론이 학계에 수용될 때까지는 꽤 오랜 시간이 걸렸다.

두 번째 문제는 제2규칙을 분기로 대치하면 모든 과정이 비가역적irreversible(시간을 거꾸로 거슬러 진행될 수 없음)이어야 한다는 것이다. 실험자는 실험의 종류와 상관없이 항상 단 하나의 결과밖에 얻을 수 없기 때문이다. 실제로 양자역학의 제2규칙은 비가역적이다. 그러나 에버렛이 제1규칙의 결과로 도입한 분기는 가역적이다.

세 번째 문제는 제2규칙을 포기했기 때문에 생긴 문제로서, 확률(또는 확률의 부재)과 관련되어 있다.

동일한 실험을 반복 실행하면 다양한 결과들이 나올 확률을 알 수 있다. 이 결과를 이론의 예측과 비교하는 것은 양자역학의 중요한 검증과정 중 하나이다. 그러나 여기서 한 가지 주목해야 할 사항이 있다. 제1규칙은 확률에 대하여 아무런 언급도 하지 않는다

---

† 분기分岐가 일어나려면 결어긋남decoherence이라는 거시적 과정이 동반되어야 한다. 이 내용은 다음 장에서 다룰 예정이다. 결어긋남은 분기만큼 자주 일어나는 현상이 아니기 때문에, '무수히 많은' 갈림길 중 상당수를 제거해준다.

는 것이다. 양자역학에 등장하는 모든 확률논리는 제2규칙의 결과이며, 이로부터 개개의 결과가 나올 확률을 계산할 수 있다. 이것이 바로 '입자가 발견될 확률은 파동함수의 제곱에 비례한다'는 보른 규칙Born rule으로, 양자역학에서 확률을 논하는 유일한 부분이자 제2규칙의 일부이다. 이 규칙을 제외시키면 양자역학은 '확률 없는 이론'이 된다.

에버렛의 양자역학에서는 모든 가능한 결과가 현실로 구현된다. 이것은 확률이 아니라 확실성에 기초한 이론이다.

다중세계해석에 의하면 실험에서 나올 수 있는 모든 가능한 결과는 갈라져 나온 세계 중 어딘가에서 분명히 일어난다. 어떤 특정한 분기가 다른 분기보다 발생확률이 높을 이유도 없다. 제1규칙이 말해주는 것은 모든 분기가 분명히 존재한다는 것뿐이다. 그러므로 에버렛의 이론에서는 양자역학의 중요한 부분(개개의 결과들이 나올 확률)이 누락되어 있다.

물론 에버렛은 바보가 아니었다. 그는 이 문제를 누구보다 잘 알고 있었으며, 최종적으로 제출한 학위논문에서는 제1규칙만으로 파동함수의 제곱과 확률의 관계(제2규칙)를 유도하는 방법을 제안했다.

처음에는 꽤 많은 사람들이 에버렛의 이론에 관심을 보였다. 나도 그의 논문을 처음 읽었을 때 머리를 한 방 얻어맞은 기분이었다. 그러나 얼마 후 그의 유도과정에서 문제점이 발견되었다. 오류로 판명된 대부분의 증명이 그렇듯이, 에버렛은 자신이 증명해야 할 내용을 가정하는 오류를 범했던 것이다. 그는 파동함수가

2부 다시 태어난 현실주의

작은* 쪽으로 분기될 확률이 상대적으로 작다고 가정했는데,† 이는 파동함수의 제곱이 확률과 관련되어 있음을 가정한 것이나 마찬가지였다.

에버렛은 자신의 증명을 통해 중요한 사실을 확립했다. 이론에 확률이라는 양을 도입하려면, 보른 규칙을 따른다고 가정해야 한다는 것이다. 그러나 이것만으로는 확률 도입의 필연성이나 파동함수의 크기와 확률 사이의 관계를 증명할 수 없다.

다중세계해석의 또 다른 문제는 양자상태의 분기가 모호하다는 점이다. 앞서 말한 대로 각 분기는 명확한 값을 가진 양으로 정의된다. 한 분기에서는 원자가 들뜬 상태에 남아 있어서 고양이가 살아 있고, 다른 분기에서는 원자가 바닥상태로 붕괴되어 고양이는 죽었다. 그런데 왜 하필 이런 양에 의거하여 분기가 일어나는가? 다른 양으로 분기가 일어날 수는 없는가? 물론 바닥상태와 들뜬 상태는 에너지가 다르지만, 분기를 나타낼 수 있는 양은 에너지뿐만이 아니다. 바닥상태에서는 전자가 원자의 왼쪽으로 쏠려 있고 들뜬 상태에서는 전자가 오른쪽으로 쏠려 있을 수도 있다.

이 상태를 각각 '왼쪽'과 '오른쪽'이라 하자. 파동함수가 원자의 상태에 따라 갈라진다면, 전자의 위치에 따라 갈라질 수도 있지 않은가? 전자의 위치는 원자의 상태와 관련되어 있으므로 위의 두 상태는 살아 있는 고양이와 죽은 고양이의 중첩을 낳고, 고양이는 명

---

* 파동함수의 진폭amplitude이 작다는 뜻이다.

† 좀 더 정확하게 말해서, 보른 규칙을 따르지 않는 분기(파동함수)의 **크기**는 통계적으로 0에 접근하지만, 측정을 무한히 반복했을 때 이런 분기의 **개수**는 0이 아니다.

확한 실험 결과가 나오는 세상에 더 이상 존재하지 않는다. 그러나 제1규칙은 고양이가 경험하는 세상과 아무런 관련도 없다. 이것을 '선호분할문제preferred split problem'라 하자.

언뜻 생각하면 이 문제에는 명확한 답이 존재하는 것 같다. 각 분기들이 고양이와 같은 거시적 관측자가 경험하는 명확한 결과를 서술하도록 파동함수가 분할된다고 생각하면 될 것 같다.

그러나 이런 식의 논리는 거시적 관측자에게 특별한 역할을 부여하기 때문에 제2규칙을 재도입한 것과 다른 점이 없고, 거시적 관측자가 명확한 결과를 마주하는 이유도 알 수 없다. 관측자에게 특별한 역할을 부여하는 것은 현실주의적 해석을 포기하는 것과 마찬가지다. 현실주의에 기초한 이론이라면 관측자가 없을 때에도 명백한 현실이 존재해야 하기 때문이다.

11장

비판적 현실주의

에버렛이 제안하고 휠러와 디위트가 열렬하게 지지했던 다중세계 해석은 양자역학의 현실주의 버전으로 얼마나 성공을 거두었을까? 이 이론을 연구했던 물리학자들 사이에서는 실패라는 의견이 지배적이다. 기존의 제2규칙과 마찬가지로 관측행위에 특별한 의미를 부여함으로써 현실주의적 관점을 포기한 데다, 앞 장에서 제기했던 일련의 문제를 해결하지 못했기 때문이다. 가장 심각한 것은 10장의 말미에 언급했던 선호분할문제와 '실험으로 관측 가능한 확률과 불확정성이 이론에 포함되어 있는가?'라는 문제였다.

과연 우리는 오직 제1규칙에 의거하여 파동함수가 변하는 현실주의적 양자역학을 구축할 수 있을까?

최근 들어 선호분할문제와 확률의 기원에 대하여 다소 급진적인 해결책이 제시되었다. 선호분할문제는 결어긋남 decoherence 이라는 개념을 통해 해결되었는데, 자세한 내용은 잠시 후에 다루기로 한다. 확률의 기원에 관한 문제는 옥스퍼드대학교의 철학자 데이비드 도이치David Deutsch와 그의 동료들에 의해 광범위하게 연구되었다.[1]

세계 최고 수준을 자랑하는 옥스퍼드의 물리철학자들 중에서 에버렛의 아이디어를 집중적으로 연구한 학자로는 힐러리 그리브스Hilary Greaves와 웨인 미어볼드Wayne Myrvold, 사이먼 손더스Simon Saunders, 그리고 데이비드 월리스David Wallace 등을 꼽을 수 있다.* 도이치는 이들과 함께 '양자역학의 옥스퍼드 해석Oxford interpretation of quantum mechanics'을 발표했는데,[2] 논리 자체는 매우 독창적이고 정교하지만 일부 철학자와 물리학자들의 반대에 부딪히기도 했다. 그러나 여기 투입된 고차원적 사고思考를 고려할 때, 나는 옥스퍼드 해석이 19세기에 유행했던 비판적 현실주의critical realism의 한 단면이라고 생각한다.

제1규칙에 기초한 현실주의적 양자역학은 지금도 꾸준히 연구되고 있지만, 문제가 워낙 복잡하고 미묘하여 아직 일반적인 합의에 이르지 못했다. 더욱 난처한 것은 5~6가지 버전이 난립하는 와중에 지지자들 사이에서도 의견이 분분하다는 점이다. 이런 상황에서는 대표 이론 하나를 선택하여 기본 아이디어와 문제점을 논하는 것이 최선일 것이다. 내가 고심 끝에 선택한 것은 위에서 언급한 '옥스퍼드 해석'이다.

결어긋남의 기본 아이디어는 관측 장비나 관측자와 같은 거시적

---

* 월리스와 미어볼드는 그 후에 옥스퍼드를 떠났고, 그리브스와 손더스는 2018년 현재 옥스퍼드에 재직 중이다.

물리계가 주변환경으로부터 결코 고립될 수 없다는 사실에서 출발한다. 실제로 이들은 주변 물리계와 끊임없이 상호작용을 교환하고 있다. 주변환경은 모든 방향으로 쉴 새 없이 움직이는 방대한 양의 원자로 이루어져 있으며, 이들은 주어진 물리계에 커다란 무작위성을 부여한다. 그리고 이 무작위적 요소는 감지기를 구성하는 원자의 운동에 무시할 수 없는 영향을 미친다(관측 대상인 물리계와 그것을 관측하는 감지기는 별도로 취급되어야 한다 – 옮긴이). 그 결과 감지기는 섬세한 양자적 특성을 잃어버리고 고전물리학에 따라 거동하는 것처럼 보인다.

관찰자는 감지기로부터 무엇을 알 수 있을까? 관찰자 역시 수많은 원자로 이루어진 거시적 물리계로서 주변환경과 끊임없이 상호작용을 교환하고 있다. 관찰자와 감지기를 구성하는 개개의 원자들을 하나하나 들여다보면 무작위운동으로 점철된 혼돈이 관측될 뿐이다. 원자의 결맞음 운동coherent motion을 관측하려면 비교적 규모가 큰 감지기의 거시적 거동에 초점을 맞춰야 하고, 이를 위해서는 수많은 원자의 운동에 평균을 취해야 한다. 그 결과 감지기에는 거시적 양이 픽셀의 색상이나 다이얼의 눈금을 통해 표현된다. 우리가 예측할 수 있는 거동은 이것뿐이다.

거시적 물리량의 거동을 보면 뉴턴의 물리학이 맞는 것처럼 보인다. 하나의 픽셀도 수없이 많은 원자로 이루어져 있으므로, 실험 결과를 기록한 영상은 비가역적인 거시적 거동에 속한다. 관측이 실행되었다는 것은 '무언가 비가역적인 과정이 일어났다'는 뜻이다.

결어긋남이란 수많은 원자들이 만들어낸 무작위 혼돈에 평균을 취함으로써 나타나는 '비가역적 변화'를 의미한다. 축구공과 선개

교swing bridge(교각을 중심으로 회전하는 교량 – 옮긴이), 우주선, 행성 등 뉴턴의 운동법칙을 만족하는 거시적 물체들이 명확한 값을 갖는 것은 바로 이 결어긋남 때문이다.

결어긋남은 주로 파동성을 상실하고 입자의 집합처럼 거동하는 거시적 물체에 적용되는 개념이다. 양자역학에 의하면 고양이와 축구공, 행성을 포함한 모든 만물은 파동성과 입자성을 모두 갖고 있지만, 거시적 물체는 혼돈에 가까운 주변환경과 상호작용을 교환하면서 파동성이 무작위화된다. 그런데 이 상호작용은 실험으로 관측할 수 없기 때문에 파동성이 사라지고 입자(또는 입자의 집합)처럼 보이는 것이다.

주어진 물리계가 결어긋남 상태로 되는 방법이 두 가지 이상인 경우도 있다. 대표적 사례가 바로 슈뢰딩거의 고양이 역설이다. 상자 속의 고양이는 살아 있는 결어긋남 상태에 놓일 수도 있고, 죽은 결어긋남 상태에 놓일 수도 있다. 둘 사이의 차이점은 '원자의 상태'라는 양자변수이다. 원자가 붕괴되면 고양이는 죽음으로써 결어긋남 상태가 되고, 원자가 붕괴되지 않으면 살아 있는 결어긋남 상태가 된다. 따라서 이 경우에 감지기는 원자의 상태만을 기록하는 일종의 증폭기인 셈이다.

이 논리는 앞서 말한 것과 동일한 질문을 야기한다. 원자가 바닥 상태와 들뜬 상태의 중첩에 놓여있을 때, 고양이는 어떤 상태에 있는가? 답도 똑같다. 양자상태를 미시적 관점에서 볼 때 '들뜬 원자와 살아있는 고양이'와 '붕괴된 원자와 죽은 고양이'가 중첩되어 있다.

그러나 결어긋남이 부각되는 거시적 스케일에서 들여다보면 무작위성에 의해 중첩이 '거의 비가역적인 변화'로 바뀌고, 두 가지 결과(살아있는 고양이와 죽은 고양이)가 모두 나타난다! 결어긋남이론에 의하면 이것이 바로 세계가 둘로 갈라지는 비결이다.

옥스퍼드의 철학자들은 파동함수의 분기分岐가 결어긋남을 통해 정의된다고 주장했다.* 이 분기는 다이얼의 위치와 같은 거시적 특성이 분기된 세계마다 각기 다른 값을 갖게끔 일어난다.

이 주장의 핵심은 하나의 물리계 안에서 결어긋남 상태에 있는 하위시스템subsystem만이 관측자와 연관되어 있다는 것이다. 우리의 관심은 '관측자의 눈에 보이는 것'이므로, 여기에 초점을 맞추고 나머지는 버려야 한다. 이렇게 하면 결어긋난 분기에서 특정 결과가 관측될 확률만을 골라 비교할 수 있다.

이로부터 도입된 관측자라는 개념은 이론 자체의 현실주의적 특성을 약화시킬 수도 있지만, 논리를 따라가다 보면 이론의 역학체계 안에서 관측자의 역할을 발견할 수 있다. 나는 이것이 처음부터 관측자에게 특별한 역할을 부여한 이론보다 훨씬 논리적이라고 생각한다. 확률이라는 것이 이 세계의 고유한 특성이 아니라 관측자의 신념에 불과하다고 생각한다면, 위의 설명은 현실주의에 부합된다. 왜냐하면 여기에는 관측자와 그 외의 하위시스템을 구별하는 객관적 서술이 존재하기 때문이다. 즉, 관측자는 결어긋난 하위시스템이다.

---

* 다중세계해석에서 결어긋남이 분기分岐를 정의한다는 아이디어는 옥스퍼드의 철학자들보다 앞서서 하인즈 디터 제Heinz-Dieter Zeh와 보이치에흐 주렉Wojciech Zurek, 머리 겔만Murry Gell-Mann, 그리고 제임스 하틀James Hartle이 제안한 바 있다.

결어긋남은 특정한 관측 가능 물리량에 한하여 일어나기 때문에, 선호분할문제도 자연스럽게 해결된다. 대부분의 경우 관측 가능한 양은 거시적 물체의 위치이다.

진도를 더 나가기 전에 한 가지 짚고 넘어갈 것이 있다. 현실주의자에게는 별로 달갑지 않은 소식이겠지만, 결어긋남 가설은 한 가지 심각한 문제를 안고 있다. 이 문제를 지적한 사람은 오래 전에 나의 스승이었던 애브너 시모니Abner Shimony로, 대략적인 내용은 다음과 같다. 양자역학의 제1규칙은 시간에 대하여 가역적이므로, 이 규칙에 따라 변한 상태는 원래의 상태로 되돌아갈 수 있다. 실제도 대부분의 상태는 오랜 시간이 지나면 처음 상태로 되돌아간다. 그러나 제2규칙은 비가역적이며, 특정 결과가 나올 확률에 관한 논리는 비가역적이고 되돌릴 수 없는 관측에 한하여 적용된다. 그래서 시모니는 제1규칙만으로는 결코 제2규칙을 유도할 수 없다고 단언했다.

위에서 말한 대로 결어긋남이란 중첩을 정의하는 데 필요한 결맞음 상태가 관측 도구라는 환경 속에서 무작위로 손실되는 비가역적 과정이다. 그런데 가역적인 제1규칙만으로 모든 변화를 설명하는 이론에서 어떻게 제2규칙이 도입될 수 있다는 말인가?

결어긋남을 근사적 개념으로 간주하면 이 문제를 해결할 수 있다. 즉, 완벽한 결어긋남은 상상 속에서만 가능할 뿐, 현실세계에는 존재하지 않는다. 오랜 시간이 흐르면 중첩을 정의하는 데 필요한 정보가 주변환경으로부터 물리계 안으로 유입되기 때문에 결어긋남이 사라진다.

이것은 **푸앵카레의 양자복귀정리**quantum Poincaré recurrence theorem라

는 일반적 정리의 결과이다.[3] 원자와 감지기로 이루어진 물리계가 어떤 특정한 조건을 만족하면 계의 양자상태는 특정 시간 안에 초기 상태로 되돌아간다. '푸앵카레 복귀시간'으로 알려진 이 시간은 일반적으로 매우 길지만 무한히 길지는 않다. 그리고 방금 말한 '특정한 조건'에는 에너지 스펙트럼이 불연속적이라는 조건이 포함되어 있는데, 지금까지 얻은 실험 결과를 고려할 때 그다지 무리한 조건은 아니다.*

결어긋남은 무작위로 움직이는 원자가 계의 엔트로피를 증가시켜 평형상태에 도달하는 것과 비슷한 통계적 과정이어서, 역방향으로 진행될 수 없을 것 같다. 그러나 제1규칙의 지배를 받는 모든 물리적 과정은 가역적이기 때문에, 결어긋남은 역방향으로 진행될 수도 있다. 일반적으로 고전물리학과 양자역학은 시간이 거꾸로 흘러도 여전히 성립한다. 엔트로피가 항상 증가한다는 열역학 제2법칙은 푸앵카레 복귀시간보다 짧은 시간에서만 성립하며, 시간이 충분히 길어지면 엔트로피의 증가와 감소는 거의 비슷한 빈도로 나타난다.

이와 비슷하게, 확률은 아주 낮지만 짧은 시간 동안 결어긋남이 거꾸로 진행되어 재결맞음recoherence 상태가 될 수도 있다.

---

* 15장에서 언급될 홀로그램원리holographic principle에 의하면 유한한 크기의 상자 안에 들어가는 모든 물리계는 상태의 수도 유한하다. 지금 우리가 논하고 있는 계(관측 장비와 상호작용하는 원자계)가 바로 이런 경우에 해당한다. 우리의 우주가 영원히 팽창한다면 상태공간state space의 차원도 계속 커지고, 푸앵카레의 복귀정리는 의미를 상실하게 된다. 이로부터 여러 가지 문제가 제기되는데, 지금 당장은 양자역학이 이치에 맞으려면 우주 전체에 적용되어야 한다는 점만 기억하기 바란다.

우리의 관심을 재결맞음으로 되돌아갈 수 없을 정도로 짧은 시간에 한정한다면, 그리고 원자와 거시적 물체의 상호작용을 대략적으로 서술하는 데에 만족한다면, 결어긋남을 이용하여 관측이 실행되는 동안 일어나는 사건을 근사적으로 서술할 수 있다. 실제로 결어긋남은 양자계를 분석하는 데 매우 유용한 개념이다. 예를 들어 양자컴퓨터 개발자들은 결어긋남 방지법을 연구하면서 대부분의 시간을 보내고 있다. 물론 시간이 오래 지나면 재결맞음 상태로 되돌아가기 때문에, 이런 식의 설명은 원리적으로 완전하지 않다.

그러나 계가 재결맞음 상태로 되돌아가면 결어긋남에 기초한 관측은 무효가 되고, (결어긋남이 제1규칙에 기초한 이론으로 서술되는 한) 제2규칙으로 서술된 관측은 결어긋남의 결과가 될 수 없다.

결과적으로, 결어긋남은 오직 제1규칙에 기초한 설명이기 때문에, 이것만으로는 에버렛의 양자이론에 확률이 등장하는 이유를 설명할 수 없다.

앞의 논의에서 분명하게 알 수 있듯이, 다중세계해석의 진위여부는 '확률은 어디에서 오는가?'라는 질문의 답에 달려 있다. 또한 옥스퍼드식 접근법을 이해하려면 확률의 의미부터 정확하게 이해해야 한다. 물론 이것은 결코 만만한 과제가 아니다. "동전을 던졌을 때 앞면이 나올 확률은 50%이다"라는 말을 듣고 그 뜻을 이해하지 못하여 머리카락을 쥐어뜯는 사람은 없다. 내일 비가 올 확률이 10%인 경우와 90%인 경우의 차이점은 누구나 알고 있다. 그러나 확률 자체의 의미를 따지다 보면 자신도 모르는 사이에 미궁 속으로 빠져들어간다.

그 이유 중 하나는 확률이라는 단어에 적어도 세 가지 의미가 담겨 있기 때문이다.

가장 간단한 확률 개념은 '임의의 사건이 발생할 가능성'을 의미하는 경우이다. "동전을 던졌을 때 앞면이 나올 확률은 50%이다"라는 말은 동전 자체에 대한 서술이 아니라, 동전을 던졌을 때 초래되는 결과에 대한 우리의 믿음을 서술하고 있다. 이런 확률을 베이즈 확률Bayesian probability이라 한다.

내일 비가 올 베이즈 확률이 0%라는 것은 '내일 절대로 비가 오지 않을 것으로 믿는다'는 뜻이며, 이 확률이 100%라는 것은 '내일 틀림없이 비가 올 것으로 믿는다'는 뜻이다. 그 외에 20%, 50%, 70% 등은 비가 온다는 예측에 대한 우리(또는 기상예보관)의 신뢰도를 숫자로 표현한 것이다. 특히 어떤 사건이 일어날 확률이 50%라는 것은 그 사건의 발생 여부에 대하여 아는 바가 전혀 없다는 뜻이기도 하다.

베이즈 확률은 다분히 주관적인 개념이어서, 사람들의 행동으로부터 수치를 가늠할 수 있다. 예를 들어 비가 올 확률이 높을수록 당신은 우산을 들고 외출할 확률이 높고, 거리에는 우산을 지참한 사람의 수가 많아진다.

일상생활에서 접하는 확률은 대부분이 이런 종류이다. 주식시장이나 주택시장의 판도에 대한 예측도 베이즈 확률로 표현된다. 미래에 어떤 사건이 발생할 확률을 예측한다는 것은 베이즈 확률을 이용하여 자신의 주관적인 믿음을 표현한다는 뜻이다.

확률의 두 번째 개념은 반복적으로 일어나는 사건에 대한 기록과 관련되어 있다. 동전을 여러 번 던져서 어떤 면이 나왔는지 일일이 기록해놓았다면, '앞면이 나온 횟수를 총 시행횟수로 나눈 값'을 앞면이 나올 확률로 정의할 수 있다. 이렇게 구한 확률을 빈도확률frequency probability이라 한다.

야구선수의 타율을 비롯하여 모든 스포츠 관련 통계는 빈도확률에 속한다. 특정 타자의 타율은 과거에 그가 안타를 친 횟수를 총 타석수로 나눈 값으로, 이번 타석에서 안타를 칠 확률로 해석할 수 있다.

가끔은 일기예보도 이런 식으로 진행된다. 미국 기상청 웹사이트에 "오늘 오후 강우확률=70%"라는 기사가 올라왔다면, 이는 날씨가 오늘 오전과 비슷했던 과거 데이터 100일 중 오후에 비가 온 날이 대략 70일쯤 된다는 뜻이다.

물론 이 확률은 정확하지 않다. 문제는 기상관측데이터가 저장된 날이 무한히 많지 않은 한, 빈도수가 수시로 달라진다는 것이다. 그러나 데이터가 많을수록 일기예보의 신뢰도는 높아진다.

동전을 100번 던졌을 때 앞면이 나온 비율은 '상대적 빈도relative frequency'의 한 사례이다. 이 값은 시행횟수가 많을수록 50%(0.5)에 가까워지는데, 48%나 53%라고 해도 이상할 것은 없다.

시행횟수가 유한할 때, 앞면이 나올 확률이 정확하게 50%인 경우는 거의 없다. 여기서 중요한 것은 시행횟수가 많을수록 각 결과가 나올 확률이 특정 값에 수렴한다는 사실이다. 확률의 상대적 빈도는 바로 이 값을 통해 정의된다.

문제는 무한 번 실행이 현실적으로 불가능하다는 것이다. 시행횟수가 유한하면 동전의 앞면이 나온 경우가 전체의 1/2에서 벗어날 가능성이 매우 높다. 이런 상황에서 확률적 예측이 틀렸음을 입증하려면 어떤 정보가 더 필요할까? 간단한 질문이지만 답을 찾기가 결코 쉽지 않다. 우리가 아는 것이라곤 확률적 예측이 틀릴 수도 있다는 사실뿐이다. 그러나 이것도 의미가 있으려면 "확률이 틀렸다"라는 말의 의미를 분명하게 정의해야 한다.

동전을 100만 번 던졌는데, 그중 앞면이 나온 경우가 90만 번이었다고 하자. 정상적인 동전으로 이런 결과가 나올 수 있을까? 물론 가능하다. 가능성은 매우 희박하지만, 운이 엄청나게 좋으면(또는 엄청나게 나쁘면) 이렇게 될 수도 있다. 그러나 누군가가 동전에 장난을 쳐서 앞면이 자주 나오도록 만들어놓았고 당신이 이 사실을 알고 있다면, 앞면이 90만 번 나온 것이 '발생확률이 매우 높은 사건'이라고 생각할 것이다.

우리는 자신의 주관적 생각에 따라 확률을 선택한다. 그러나 우리가 선택한 주관적 베이즈 확률과 기록에 남아있는 객관적 빈도 사이에 모종의 관계가 성립할 수도 있다(실제로 주식시장이나 도박장에서 수많은 사람들이 이 관계를 찾아 헤매고 있다). 더 이상의 정보를 수집할 수 없다면, 우리가 내릴 수 있는 최선의 선택은 과거의 기록(통계)에 의존하는 것이다. 물론 여기서 말하는 '최선의 선택'이란 자신의 이익에 가장 크게 기여하는 선택을 의미한다. 경제용어로 말하면 '가장 합리적인 선택'쯤 될 것이다.

또는 다음과 같이 말할 수도 있다.

정보가 제한된 경우에는 과거의 기록에 의거하여 베팅을 결정하는 것이 가장 합리적인 선택이다.

이것은 데이비드 루이스David Lewis가 말한 '주요원리principal principle'의 한 버전으로, '미래는 과거와 비슷하다'라는 가정에 뿌리를 두고 있다. 즉, 정보가 불충분하면 과거와 비슷한 미래에 돈을 거는 것이 합리적이라는 이야기다. 물론 이 원리를 따랐다가 낭패를 볼 수도 있지만, 관련 정보가 부족한 경우에는 가장 안전한 선택이다.*

어떤 실험에서 특정 결과가 얻어질 확률이 50%로 나왔다면, 실험자는 당연히 물리법칙을 이용하여 실험 결과를 설명하려 할 것이다.

동전 던지기 실험을 이런 식으로 설명하면 앞면과 뒷면이 나올 확률이 똑같은 이유를 이해할 수 있다. 물론 여기에는 동전의 앞뒷면이 완전한 대칭형이고 동전을 던지는 힘이 매번 균일하다는 가정과, 동전이 바닥에 부딪혔을 때 나타나는 물리적 현상 등이 포함되어야 한다. 또한 실험자의 믿음을 뒷받침하는 다른 실험 결과를 참고할 수도 있다.

실험자는 이 설명에 기초하여 동전을 한 번 던졌을 때 앞면이 나올 확률과 뒷면이 나올 확률은 동일하다고 예측할 것이다. 사실 이것은 예측이라기보다 믿음에 가까우므로 주관적인 베이즈 확률에 해당한다. 그러나 지금 문제는 여러 번 실행한 결과가 아니라, 단 한 번의 실행결과를 예측하고 있다는 점이다. 동전을 한 번만 던지는 경우에는 상대적 빈도가 개입될 여지가 없다. 그러므로 "허공

---

* 그러나 이 논리에는 '객관적인 가능성'과 '주관적인 확률'의 연결고리가 누락되어 있기 때문에, 확률에 대한 최종 설명이 될 수 없다.

으로 던져진 하나의 동전은 앞면이 나올 확률이 50%인 물리적 **성향**性向, propensity을 갖고 있다"라고 말하는 것이 합리적이다.

이 성향은 물리법칙을 통해 동전에게 부여된 고유 특성으로, 확률로 표현할 수 있지만 주관적인 믿음은 아니다(그러나 주관적 믿음을 뒷받침한다). 동전의 물리적 성향은 이 세계에서 우리가 믿는 속성 중 하나이며, 매번 동전을 던질 때마다 적용되기 때문에 빈도수와도 무관하다. 그러므로 물리적 성향은 믿음이나 빈도와 다른 '세 번째 확률'이라 할 수 있다.

앞서 말했던 두 종류의 확률과 달리 성향은 자연에 대한 이론과 가설로부터 얻어진 결과지만 다소 특이한 방식으로 두 확률과 연결되어 있다. 우리는 성향을 믿을 수 있으며, 성향으로부터 상대적 빈도를 설명함으로써 믿음을 정당화할 수 있다.

전통적인 양자역학에서 확률은 제2규칙으로부터 도입된다. 보른 규칙에 의하면 특정 위치에서 입자가 발견될 확률은 그 지점에서 파동함수의 진폭을 제곱한 값에 비례한다. 이 확률은 주어진 양자상태의 고유한 특성이므로 **성향확률**propensity probability이라 할 수 있다. 양자역학은 확률과 불확정성은 양자상태의 고유한 특성이며, 더 이상의 설명은 불가능하다고 주장한다.

에버렛이 제2규칙을 배제하고 얻은 것은 확률이라는 개념이 전혀 없는 이론이었다. 앞서 말한 대로 그는 누락된 확률을 빈도확률로 대치하려고 시도했다가 결국 실패하고 말았다.

에버렛의 양자역학을 지지하던 사람들은 심각한 딜레마에 빠졌다. '관측자가 보기에 보른 규칙이 성립하는 분기'와 '보른 규칙에 위배되는 분기'가 모두 존재했기 때문이다. 일단 전자를 '우호적 분기benevolent branch'라 하고, 후자를 '적대적 분기malevolent branch'라 하자. 적대적 분기의 파동함수 값은 우호적 분기보다 작을 수도 있다. 에버렛의 지지자들은 적대적 분기가 일어날 확률이 작다는 것을 제1규칙으로부터 유도하기 위해 온갖 노력을 기울였지만 사실 이것은 처음부터 틀린 생각이었다. 여기에는 파동함수의 크기와 확률이 비례한다는 가정이 이미 깔려 있기 때문이다. 다시 말해서, 제2규칙을 뒷문으로 은밀하게 끌어들이려 했던 셈이다.

에버렛의 이론은 현실의 본질에 대한 하나의 가설로서, 모든 만물의 근원이 결정론적 법칙을 따라 변하는 파동함수라고 주장한다. 우주 바깥에서 모든 것을 관망하는 전지적 관점에서 볼 때 이 세상은 확률에 의존하지 않으므로 결정론적이며, 파동함수의 모든 분기들은 다양한 현실세계에 동등한 자격으로 존재한다.

에버렛의 이론에 의하면 우리는 모든 평행세계에 살고 있으며, 이 세계들은 결어긋난 분기에 의해 정의된다. 그리고 모든 분기들은 불확정성 없이 확실한 현실로 존재한다. 에버렛이 옳다면 제2규칙이라는 것이 아예 없으므로 객관적인 확률도 존재하지 않는다. 이것을 '에버렛의 가설'이라 하자.

그러나 우리는 신이 아니다. 에버렛의 가설에 이하면 우리는 파동함수로 서술되는 세계의 일부일 뿐이다. 그러므로 전능한 관점의 서술은 우리가 얻은 관측 결과와 무관하다.

그렇다면 당장 문제가 발생한다. 객관적 확률이 존재하지 않는 세계에서, 양자역학이 말하는 확률(실험 결과의 빈도수와 비교할 확률)을 어디서 찾는단 말인가? 제2규칙이 없는 한, 이런 확률은 세상의 일부가 될 수 없다. 빈도수는 명확한 결과임이 분명하지만 에버렛의 양자이론에서는 절대적 사실이 아니다. 반복실험을 통해 나올 수 있는 모든 빈도수는 분기들 중 어딘가에 분명히 존재하기 때문이다. 분기들 중에는 양자역학에서 예견된 빈도수(제2규칙)와 일치하는 것도 있고, 일치하지 않는 것도 있다. 에버렛의 양자이론에는 객관적 확률이 존재하지 않기 때문에 전자가 후자보다 확률이 높다고 말할 수 없다. 또한 현실세계에서는 두 빈도수가 모두 무한대이기 때문에, 전자의 경우가 후자의 경우보다 많다고 할 수도 없다.

에버렛의 양자역학에 의하면 무한히 많은 관측자들이 양자역학의 예측과 일치하지 않는 실험 결과를 얻게 된다! 이것은 운수 나쁘게 '적대적 분기'로 접어든 무수히 많은 관측자들의 피할 수 없는 운명이다. 물론 '우호적 분기'로 접어든 무수히 많은 관측자들은 양자역학과 일치하는 결과를 얻게 되겠지만, 우호적 분기는 언제든지 적대적 분기로 바뀔 수 있기 때문에 별로 위안이 되지 않는다.

양자역학이 예측한 객관적 확률은 '우리가 없어도 존재하는' 자연의 고유한 특성일까? 에버렛의 이론에 의하면 그렇지 않다. 그리고 확률을 도입하는 다른 방법이 개발되지 않는 한, 반복실험을 통해 빈도수를 헤아리는 것으로는 이론을 검증할 수 없다. 실험 결과가 이론과 다르다고 해도, 지금 우리는 적대적 분기에 놓여 있다고 생각하면 그만이기 때문이다. 그리고 이런 경우는 우호적 분기에서 양자역학의 예측과 일치하는 결과를 얻는 경우보다 확률이 작다고 단정할 수도 없다.

옥스퍼드대학교의 데이비드 도이치는 에버렛 이론의 진위여부를 떠나 '우주의 관찰자인 우리는 어느 쪽 분기에 돈을 거는 것이 유리

한가?'라는 흥미로운 질문을 제기했다. 에버렛의 이론이 옳다면 내기의 판단기준은 우리가 우호적 분기에 있는지, 아니면 적대적 분기에 있는지이다. 그 외의 다른 내기는 이 한 번의 내기에 달려 있다. 만일 우리가 우호적 분기에 놓여 있다면 보른 규칙에 의거하여 돈을 걸면 되고, 운이 없어서 적대적 분기에 놓여 있다면 어떤 일도 일어날 수 있기 때문에 내기 자체가 무의미해진다.

이것은 우주를 놓고 벌이는 게임이 아니다. 하나의 우주에는 우호적 분기에 놓인 사람들과 적대적 분기에 놓인 사람들이 공존하고 있기 때문이다. 그러므로 도이치가 제안한 내기는 우리가 우주의 어느 부분에 놓여 있는지를 놓고 벌이는 내기이다. 물론 이 질문에는 어느 누구도 명확한 답을 제시할 수 없다. 에버렛이 옳다면 우리들 중 일부는 우호적 분기에 놓여 있고, 다른 누군가는 적대적 분기에 놓여 있기 때문이다.

그럼에도 불구하고 도이치는 우리가 우호적 분기에 존재한다고 간주하는 것이 더 합리적이라고 주장했다. 이것은 확률이론의 한 분야인 **결정이론**decision theory에서 합리적 결정을 정의하는 공리公理, axiom로부터 내려진 결론이다.

전문가들 사이에서는 도이치의 주장을 놓고 찬반양론이 팽팽하게 대립한 상태이며, 개중에는 동일한 결론을 다른 논리로 이끌어 낸 사람도 있다. 나는 이 분야의 전문가가 아니어서 어느 쪽이 옳은지 판단할 입장은 아니다.

그러나 이런 종류의 논리로는 에버렛의 가설이 옳다는 것을 증명할 수 없다. 도이치와 그의 동료들은 에버렛의 가설이 옳다는 가정하에 모든 결론을 이끌어냈기 때문이다. 또한 이들은 결정이론의 공리도 기정사실로 받아들였다. 이것을 받아들이지 않으면 확률과 진폭의 관계를 증명할 수 없기 때문이다. 이들이 증명한 것은 '결정 이론의 공리가 옳다면 보른 규칙에 따라 돈을 거는 것이 에버렛의 가설에 부합된다'는 것이다.

에버렛의 가설이 옳다고 해도 에버렛의 세계 중 일부에서 살고 있는 관찰자들은 자신이 그런 세계에 살고 있다는 사실을 알 수 없고, 알아야 할 이유도 없다. 혹여 이 사실을 알고 있다 해도 '인간에게 발견되기를 기다리는 수많은 원리로 가득 찬 우주의 관찰자'가 될 수는 없다. 우리와 마찬가지로 그들에게도 에버렛의 이론은 양자우주를 서술하는 여러 가설 중 하나에 불과하기 때문이다.

이제 에버렛의 우주에 살고 있는 관찰자에 대해 생각해보자. 관찰자가 속한 분기의 종류에 따라 두 가지 경우가 가능하다. 우리가 운이 좋아서 우호적 분기에 살게 되었고, 보른 규칙에 따라 돈을 걸어서 톡톡히 재미를 보았다고 하자. 그런데 양자역학의 다른 체계와 다른 해석을 믿고 돈을 건 사람들도 보른 규칙에 따라 돈을 걸었을 것이므로 그들보다 좋을 것도, 나쁠 것도 없다. 다만 다른 사람들은 결정이론을 통해 자신의 결정을 정당화하는 과정을 생략했을 뿐이다. 반면에 파일럿파 이론과 붕괴모형은 실험의 세세한 부분에 대한 정보가 부족하여 객관적인 확률을 도입했기 때문에, 선택을 정당화하는 논리가 필요 없다.

도이치의 논리는 어느 것이 진실인지 모르는 상태에서 가장 확률이 높은 선택만을 알려주고 있기 때문에, 에버렛의 이론을 믿는 사람들이 보어나 드브로이, 또는 데이비드 봄의 해석을 믿는 사람보다 합리적이라고 말할 수 없다. 따라서 이 우주가 에버렛의 가설을 따른다 해도, 이것을 믿는 사람들은 자신의 믿음을 확인해줄 증거가 없기 때문에 다른 가설을 믿는 사람들과 동등한 대접을 받아야 한다.

적대적 분기에 접어든 우리는 어떻게 될까? 이곳에서는 실험 결과의 빈도수가 보른 규칙을 따르지 않기 때문에, 보른 규칙에 따라 돈을 걸었다면 낭패를 볼 수도 있다. 이 불운한 관찰자들의 눈에는 세상이 어떤 모습으로 비추어질까? 이들에게 양자역학(예를 들어 폰노이만의 책)은 하나의 가설에 불과하고, 에버렛의 이론도 경쟁 관계에 있는 또 하나의 가설로 여겨질 것이다.

적대적 분기에서는 보른 규칙이 관측 결과와 일치하지 않으므로, 이곳에 사는 관측자는 첫 번째 가설(양자역학)이 틀렸다고 생각할 것이다. 그러나 두 번째 가설(에버렛의 가설)은 틀렸다고 단정지을 수 없다. 이 가설에 의하면 적대적 분기에서는 보른 규칙이 성립하지 않을 수도 있기 때문이다. 반복실험에서 어떤 결과가 나오건, 적대적 분기에 놓인 관측자들 중 누군가는 보른 규칙이 틀렸음을 목격하게 된다. 따라서 에버렛의 가설은 보른 규칙에 입각한 확률적 예측을 토대로 반증될 수 없다. 에버렛의 우주와 일치하지 않는 반복실험 데이터가 존재하지 않기 때문이다.

그러므로 전통적 양자역학을 반증하는 다량의 실험데이터가 확보되었다 해도(이론에서 예측된 확률과 반복실험으로 얻은 데이터를 비교하면 된다), 이것만으로는 에버렛의 양자역학이 틀렸다고 말할 수 없다. 물론 반증이 불가능한 것은 아니지만(에버렛의 가설에는 확률과 무관한 예측도 있다), 에버렛의 양자역학은 전통적인 양자역학보다 입지가 단단하다.

반증이 어려운 이론일수록 불분명한 부분이 많다는 격언으로 미루어볼 때, 다른 대안을 찾는 것이 바람직한 것 같다.

도이치를 비롯한 옥스퍼드 철학자들의 가정을 받아들이면 적대적 분기의 관점을 무시해야 한다. 이런 분기는 실제로 존재할 확률이 매우 낮기 때문이다. 그리고 적대적 분기를 무시하면 이론을 검증할 방법이 있다.

옥스퍼드의 철학자들은 결정이론의 공리가 옳다고 가정하면 파동함수의 진폭과 확률의 상관관계를 추론할 수 있다고 강조했다. 그렇다면 적대적 분기로 접어들 확률이 매우 작으므로 무시해도 된다는 논리가 설득력을 얻게 된다.

또한 그들은 확률적 논리를 펼칠 때마다 이와 비슷한 일이 항상 벌어진다고 주장했다. 운이 아주 나쁘면(또는 아주 좋으면) 동전을 1,000번 던졌을 때 모두 앞면이 나올 수도 있다. 그러나 여기에는 중요한 차이점이 존재한다. 하나의 유한한 세계에서 유한한 삶을 살아가는 우리들은 그런 일이 절대로 일어나지 않는다고 확신할 수 있다. 그러나 이와 대조적으로 에버렛의 양자역학에서는 적대적 분기가 엄연히 존재할 뿐만 아니라, 분기의 빈도수도 우호적 분기와 비슷하다. 도이치는 에버렛의 세계에 사는 관찰자들에게 주관적인 베팅확률을 알려주었지만, 이론이 결정론적인 이유와 모든 분기들이 실제로 존재하는 이유에 대해서는 아무런 언급도 하지 않았다. 내가 보기에 결정이론과 객관적 확률 개념을 도입하여 에버렛의 가설을 구원하려는 도이치의 시도는* 그다지 큰 성공을 거두지 못한 것 같다. 주관적 확률에 의존한 논리만으로는 적대적 분기를 무시

해도 되는 이유를 설명할 수 없다. 에버렛이 옳다면 적대적 분기는 객관적 현실이기 때문이다.

이 상황을 타개하려면 무언가 새로운 요소가 추가되어야 한다. 사이먼 손더스Simon Saunders는 고르디우스의 매듭Gordian knot(아무도 풀 수 없는 단단한 매듭. 알렉산더 대왕이 칼로 잘라서 매듭을 풀었다는 일화로 유명함 – 옮긴이)을 자르는 듯한 극약처방을 내놓았다. 분기의 진폭이 (주관적 베팅확률이 아니라) 관측자가 걸어긋난 분기에 놓일 객관적 확률(보른 규칙과 일치하는 확률)과 직접 관련되어 있다고 제안한 것이다. 그의 주장에 의하면 분기의 진폭은 제1규칙에 의거하여 객관적 확률이 갖고 있는 다양한 특성을 모두 갖고 있다. 그렇다면 손더스는 제2규칙과 같은 추가가정을 도입하지 않고 양자상태의 변화를 관장하는 법칙만으로 결과를 발견한 셈이다. 그의 연구가 마무리된다면, 제1규칙으로부터 제2규칙과 보른 규칙을 유도한 성공 사례로 남게 될 것이다.

손더스의 이론은 적대적 분기에서 야기되는 문제를 해결해준다. 그의 가정이 옳다면 우리가 적대적 분기에 존재할 확률이 매우 낮기 때문이다. 그러나 손더스는 자신의 이론이 자연에 객관적 확률이 개입되는 과정뿐만 아니라, 객관적 확률에 따라 주관적 베팅을 하는 것이 합리적인 이유를 설명해준다고 주장하고 있다.

---

* 도이치 외에 힐러리 그리브스Hilary Greaves와 웨인 미어볼드Wayne Myrvold, 그리고 데이비드 월리스David Wallace도 같은 연구를 진행했다. 본문에서는 이들의 논리를 모두 소개하지 않았지만 전문가들 사이에서 아직 논란이 분분한 상태이다. 이 책에서는 도이치의 이론을 중점적으로 다루었으나, 전체적인 상황은 훨씬 복잡하다.

손더스의 가설에 대한 전망은 옥스퍼드 전문가들 사이에서도 의견이 분분하다. 개중에는 분기의 진폭이 객관적 확률과 비슷한 부분도 있지만, 모든 특성이 반영되어 있지는 않다고 주장하는 사람도 있다. 사정이 이러하니, 우리의 논의는 여기서 접는 게 좋을 것 같다. 에버렛의 다중세계가설이 등장한 지 60년이 넘었는데도, 그 진위 여부는 아직도 밝혀지지 않은 상태이다.

에버렛의 가설에 대한 연구가 한창 진행되고 있는 이 시점에서, 나의 소견을 조심스럽게 추가하고자 한다.

에버렛의 가설이 성공을 거둔다면, 많은 것이 설명됨과 동시에 많은 것이 미지로 남을 것이다. 우리가 전부라고 생각했던 이 세계가 수없이 많은 분기의 하나라는 점에서 많은 것이 설명되고, 우리가 그린 현실이라는 그림의 대부분이 누락되어 있기 때문에 미지도 그만큼 많아진다. 현실세계의 가장 큰 특징은 모든 관측이 명확한 결과를 낳는다는 점이다. 그리고 양자이론의 가장 두드러진 특징은 이 명확한 관측 결과의 빈도수를 제2규칙으로 정확하게 예측할 수 있다는 점이다. 나는 현실주의에 입각한 이론이 반복된 실험 결과의 평균을 냄으로써 이와 같은 확률이 상대적 빈도로 나타나는 과정을 속 시원하게 설명해주기를 간절히 바라고 있다.

현실주의자들이 원하는 세상은 눈에 보이는 대로 존재하는 세상, 그리고 관찰자가 없어도 여전히 존재하는 세상이다. 베팅할 곳을 가르쳐주는 주관적 확률은 관찰자가 없으면 존재하지 않기 때문에 현실적 세상의 한 부분이 될 수 없다. 우리는 분명히 존재하고 있으므로 '의사결정자는 현실적 존재인가?'라는 질문은 아무런 의미가 없으며, '합리적 결정의 구성요소를 과학적으로 설명할 수 있는가?'라는 질문도 무의미하다. 중요한 것은 '물리학은 우리의 존재 여부와 무관하게 빛과 원자의 거동을 서술할 수 있는가?'이다.

다중세계해석에 의미를 부여하기 위한 옥스퍼드식 접근법은 아직 이렇다 할 결론이 나지 않은 상태이다. 이런 분위기에서 에버렛의 가설은 비합리적이거나 비논리적으로 보일 수도 있다. 또는 그것이 제1규칙만으로 모든 것을 설명하는 현실적 양자역학의 유일한 후보일지도 모른다. 둘 중 어떤 결론이 내려지더라도, 새로운 이론이 필요하다는 주장은 더욱 큰 힘을 얻게 될 것이다.

실험을 통한 이론 검증이 실패로 돌아간다 해도, 우리는 어느 이론이 옳은지 어떻게든 판단을 내려야 한다. 그동안 수많은 철학자와 역사학자들이 강조한 바와 같이, 확실한 증거가 없는 상황에서 여러 후보 이론의 타당성을 저울질하다 보면 비과학적인 요소가 개입되기 쉽다. 특히 옥스퍼드 이론은 소수의 의견이기 때문에 그럴 가능성이 농후하다. 그러나 과학계는 특정 이론의 결정적 증거가 없다 해도, 뚜렷한 모순이 없는 한 폭넓은 접근을 권장하는 편이다. 오스트리아 태생의 철학자 파울 파이어아벤트는 그의 저서 《방법에의 도전 Against Method》에서 "과학은 다양한 관점과 연구들 간의 경쟁을 통해 발전한다. 특히 증거가 불충분하여 어느 것이 최선의 이론인지 판단할 수 없을 때에는 다양성과 경쟁이 더욱 중요한 요소로 부각된다"라고 했다.

실험과 무관한 논리로 특정 이론을 평가하는 것은 개인적 취향의 문제이다.* 나는 에버렛의 지지자들이 주장하는 내용을 깊이 생각해본 끝에, 에버렛의 가설이야말로 양자역학 역사상 가장 난해하고 흥미로운 문제라고 결론지었다. 그러나 내가 존경해 마지않는 친구들과 연구동료들은 나의 의견에 동의하지 않는다.

다중세계해석의 초기 버전은 10장의 끝 부분에서 정의한 선호분할문제preferred split problem와 '확률이 없는 결정론적 이론'이라는 문제 때문에 현실주의적 접근법으로는 실패작에 가깝다. 이 분야의 전문가들은 결어긋남과 주관적 확률에 기초하여 더욱 복잡한 버전의 이론을 개발해왔지만, 기술적 문제에 대해서는 의견 일치를 보지 못하고 있다. 이들이 성공한다면 '에버렛의 세계에 사는 관측자는 확률 게임을 할 때 결정이론의 공리에 입각하여 보른 규칙에 따라 베팅을 해야 한다'는 사실이 증명된다. 그러나 이것만으로는 우리가 에버렛의 우주에 살고 있다고 단언할 수 없다. 내가 아는 한, 에버렛의 세계가 다른 세계보다 그럴듯하다는 것을 입증하는 경험적 논리(경험이나 실험을 통해 증명 가능한 논리 – 옮긴이)는 아직 등장하지 않았다. 지금까지 얻은 모든 실험 결과는 현실주의에 입각한 다른 이론으로도 설명될 수 있다. 오직 에버렛의 가설만이 양자컴퓨터와 같은 현상을 설명할 수 있다고 주장하는 사람도 있지만, 파일럿파 이론을 비롯한 다른 현실주의적 양자역학을 적용해도 (맞는다는 보장은 없지만) 모순 없는 설명이 가능하다.

일부 물리학자들은 '현실주의적 양자역학으로는 세 가지 버전이 있는데, 그중 파일럿파 이론과 붕괴이론은 상대성이론과 양립하지

---

*　과학의 역할과 개인적 의견이 과학계에 미치는 영향은 나의 전작인 《물리학의 문제점The Trouble with Physics》17장에 정리되어 있다.

못하여 양자장이론을 구축할 수 없다'고 주장한다. 이는 곧 '에버렛의 가설이 적절하게 해석된다면 옳은 이론이 될 수밖에 없다'는 뜻이기도 하다. 그러나 나는 이 주장에 동의하지 않으며, 다른 현실주의적 양자역학이 필요하다는 뜻으로 이해하고 싶다(이 문제는 마지막 장에서 다룰 예정이다).

과학적인 이야기는 이 정도로 해두고, 지금부터 비경험적 요인으로 관심을 돌려보자. 헝가리 태생의 철학자 임레 라카토스Imre Lakatos는 개발속도가 빠르고 진보적이면서 주어진 난제를 타개할 가능성이 있는 연구에 집중적으로 투자할 것을 권고했다. 그가 말한 '진보적 연구'란 기본원리를 가정하고 현상을 설명하는 연구가 아니라, 미래의 혁신과 경이驚異를 받아들일 준비가 되어 있는 연구를 의미한다. 또한 진보적 연구는 양자역학에 대한 반현실주의적 접근보다 현실주의적 접근을 선호한다. 반현실주의자는 이미 알고 있는 사실을 새롭게 이해하려는 시도에 별 관심이 없기 때문이다. 반면에 현실주의를 추구하는 물리학자들은 양자역학이 불완전한 이론이라는 믿음하에 새로운 현상과 새로운 원리를 찾고 있다.

논쟁의 여지는 있지만, 나는 에버렛의 가설이 현실주의적 양자이론 중에서 가장 소극적인(즉, 가장 덜 진보적인) 이론이라고 생각한다. 그동안 많은 사람들이 에버렛의 가설을 수정 보완하여 기술적이면서도 기발한 이론을 다양한 버전으로 개발했지만, 대부분은 다른 이론과 상관없이 다중세계해석에만 존재하는 문제를 해결하기 위한 것이었다. 그래서 나는 에버렛이 창시한 현실주의적 접근법이 미래에 무언가를 발견한다 해도, 양자역학의 기본원리나 수학체계에 변화를 가져올 가능성은 거의 없다고 본다.

그러나 에버렛의 다중세계해석은 양자역학의 핵심 개념인 결어긋남과 양자컴퓨터 연구를 촉진했고, 데이비드 도이치의 연구에서 핵심적 역할을 했다. 또한 파일럿파 이론과 붕괴이론은 평형에서 벗어난 우주 초기 상태를 이해하는 데 중요한 실마리를 제공했다.

옥스퍼드식 접근법은 우리가 속한 세계에 대해 새로 알아낸 것도 없고 다른 양자이론의 범주 안에서 아무것도 추론하지 않았지만, 우리가 겪어본 적 없거나 절대로 겪을 수 없는 세계(특히 우리와 비슷한 복사본이 존재하는 세계)에 대하여 꽤 많은 것을 설명해주었다. 나의 복사본들이 나처럼 의식을 가진 채 살아 있다면 그들의 삶에 신경을 써야 할까? 그들 중 누군가가 이곳에 있는 나보다 불행한 삶을 살고 있다면, 그 책임이 나에게 있는 것일까?

다른 분기에 존재하는 복사본의 삶을 논하는 것은 별로 실용적인 생각이 아니다. 그러나 나 같은 학자들은 가설이나 가정이 제아무리 황당하다 해도 그 결과를 논리적으로 추적하도록 훈련받았다. 나와 똑같은 복사본이 다른 분기에 무수히 많이 존재하면서 그들 나름대로 의식을 가진 채 살아간다고 상상해보라. 기분이 썩 유쾌하진 않지만, 이것은 공상과학 소설이 아니라 엄연히 에버렛의 가설에서 유도된 결과이다. 다중우주해석은 신념이 아니라 과학이므로, 개인의 취향에 맞는 결과만 취사선택할 수는 없다. 받아들이려면 모든 결과를 받아들여야 하고, 그중 일부가 마음에 들지 않는다면 전체를 부정해야 한다.

에버렛의 가설은 윤리적 측면에서 두 가지 문제를 야기했다. 하나는 지금 이곳에서 살아가는 내가 아무리 노력해도 삶의 질을 개선할 수 없는 복사본이 다른 분기에 무수히 많이 존재한다는 것이고, 다른 하나는 자신이 불행한 분기에 살고 있다는 생각 자체가 공공의 이익을 저해한다는 것이다. 유능한 과학자들이 이런 생각에 빠져 있다면 과학은 발전하기 어렵다. 가능성과 현실의 경계가 모호해지면 이 세상을 더 좋은 곳으로 만들겠다는 의지도 약해지기 때문이다.

엔트로피가 항상 증가한다는 열역학 제2법칙(모든 생명체가 죽음을 맞이하는 것은 바로 이 법칙 때문이다)에도 같은 논리를 적용할 수 있을까? 다중우주는 가설이지만, 열역학 제2법칙은 명백한 진실이다. 복사본이라는 존재가 마음에 들지 않는다면 다른 양자이론을 믿을 수도 있지만, 열역학 제2법칙은 다른 대안이 없다. 무조건 믿어야 한다. 평형에서 한참 벗어난 물리계의 자체조직력(정보가 부족한 상태에서 스스로 답을 찾아가는 능력 – 옮긴이)을 무시하고 굳이 비관적인 결론을 이끌어내는 것은 별로 바람직한 자세가 아니다.

'적대적 분기에 살고 있는 관측자'라는 개념에는 반론의 여지가 있다. 보른 규칙이 적용되지 않는 세계에서는 생명체의 삶을 좌우하는 생화학이 제대로 작동하지 않을 것이기 때문이다. 좀 더 정확하게 말해서, 보른 규칙이 성립하지 않는 사건의 빈도수를 관측하면 우리가 적대적 분기에 살고 있는지 확인할 수 있다. 우리가 '살짝 적대적인 분기'에 살고 있다면, 소량의 방사선에 꾸준히 노출된 것처럼 건강이 서서히 악화될 것이다.

건강을 해치는 요인은 우호적 분기에도 존재한다. 당장 내일이라도 감마선이 나의 DNA를 공격하면, 그 결과에 따라 우리의 세계는 여러 개의 결어긋난 분기로 갈라질 것이다. 그중 일부에서 나의 복사본은 암에 걸리고, 다른 분기에서는 멀쩡하다. 암에 걸린 나와 암에 걸리지 않은 내가 모두 존재한다니, 둘 다 신경이 쓰일 수밖에 없다. 이 논리의 극단적인 버전은 다음과 같다. 나의 복사본 중 운이 엄청나게 좋아서 모든 총알을 피하고 모든 암을 이겨낸 '나'는 먼 미래에도 건강하게 살아 있을 것이다.

다중세계해석은 가능성과 현실의 차이를 모호하게 만듦으로써 기존의 도덕관념에 심각한 도전장을 내밀었다. 우리가 이 세상을 더 좋은 곳으로 만들기 위해 노력하는 이유는 '실제 미래'가 '다가올 수도 있는 미래'보다 더 좋을 수 있다고 믿기 때문이다. 기아와 질병, 폭정 등 우리가 제거하려고 애썼던 것들이 파동함수의 다른 부분에 존재한다면, 이 세상은 노력한 만큼 개선되지 않을 것이다. 지구가 여러 가지 버전으로 존재하고 우리에게 잘못을 수정할 기회가 두 번 이상 주어진다면, 핵전쟁이나 기후변화는 우선순위에서 한참 밀려날 것이다.

우리의 복사본이 다중세계에 여러 가지 모습으로 존재한다면 도덕적, 윤리적으로 심각한 문제가 발생한다. 두 갈래 길 앞에서 한참을 고민한 끝에 한쪽 길을 선택했는데, 다른 쪽 길을 선택한 내가 어딘가에 존재한다면 애초부터 고민을 할 필요가 없지 않은가? 내가 어떤 선택을 내리건 간에 모든 가능한 버전의 내가 존재한다면, 굳이 머리를 굴릴 필요가 없다. 개중에는 내가 스탈린이나 히틀러처럼 악인으로 살아가는 세상도 있고, 간디의 후계자가 되어 평화를 구현하는 세상도 있다. 그러므로 내가 갈림길을 만날 때마다 무조건 이기적인 선택을 한다 해도 비난받을 일이 아니다. 무수히 많은 분기 중에는 내가 이타적인 선택을 한 분기가 반드시 존재할 것이기 때문이다.

다중세계를 믿는 것만으로도 도덕적 책임감에서 자유로워질 수 있다니, 참으로 매력적인 발상이 아닐 수 없다. 그러나 이것은 오랜 세월 동안 전수되어온 인류 공통의 윤리관에 부합하지 않는다.

에버렛의 양자이론을 연구하는 사람들은 세상의 이치가 원래 그렇다고 주장한다. 누군가가 반론을 제기하면 "물리학자의 본분은 이 세상이 돌아가는 이치를 알아내는 것이지, 개인적인 호불호를 강요하는 것이 아니다"라는 답이 돌아올 것이다. 그러나 에버렛의 가설이 다른 가설보다 우월하다는 증거가 없는 한, 다른 접근법에 관심을 끊을 필요는 없다. 그래서 나는 다중세계와 복사본이라는 현학적 개념보다 새로운 입자와 새로운 현상, 그리고 새로운 물리학을 추구하는 우주론에 관심을 기울여왔다.

또한 나는 에버렛의 가설과 관련된 이론들이 사실로 판명될 가능성이 거의 없다고 생각하기 때문에, 몇 명의 뛰어난 철학자들이 황당하고 미묘한 가설을 연구한다고 해서 해가 될 일은 거의 없다고 본다(물론 이들의 연구가 시대정신에 영향을 준다면 문제가 될 수도 있다). 맞건 틀리건, 새로운 아이디어가 계속 제기되다 보면 언젠가는 제1규칙만으로 모든 것을 설명하는 현실주의적 이론이 등장할 것이다.

저명한 입자물리학자 스티븐 와인버그Steven Weinberg는 양자역학에서 확률의 기원을 설명하려는 시도가 실패로 돌아간 데 대하여 다음과 같은 코멘트를 남겼다.

현실주의적 접근법(다중세계해석)에는 복사본이라는 불편한 개념

외에 또 다른 걸림돌이 있다. 이 이론에서 다중우주의 파동함수
는 결정론적 법칙을 따라 변해간다. 물론 임의의 시간에 실행된
반복실험의 다양한 결과로부터 확률을 유추할 수도 있지만, 특정
결과가 나타날 확률은 결정론에 따라 진화하는 우주의 법칙을 따
른다. … 일부 현실주의적 접근법은 실험으로 확인된 보른 규칙
을 유도하는 데 거의 성공했지만, 이것으로 완전한 성공을 거두
었다고 볼 수는 없다.[4]

에버렛이 우리에게 주는 마지막 교훈이 있다. 에버렛의 지지자들
은 그의 양자역학만이 진정한 양자역학이고 그 외의 이론은 그것
을 지엽적으로 수정한 것에 불과하다고 주장하지만, 사실은 그렇지
않다. 대부분의 양자역학 교과서(데이비드 봄, 디랙, 고든 바임Gordon baym,
알버트 생커Albert Shanker, 레너드 쉬프Leonard Schiff 등)에는 제1규칙과 제2규
칙에 기초하여 논리가 전개되어 있으며, 현실주의적 해석은 눈을
씻고 찾아봐도 없다.

그러므로 어떤 버전이건 현실주의적 양자역학을 주장하려면 그
에 상응하는 대가를 치러야 한다. 문제는 '자연을 올바르고 완벽
하게 서술하는 이론을 얻기 위해 어느 정도의 대가를 치러야 하는
가?'이다.

3부

양자를 넘어서

Beyond the Quantum

12장

혁명의 대안

결국 우리는 올바른 존재론으로 귀결되는 무언가를 찾아야 한다.
이것은 진실을 밝히려는 우리의 소망이며,
진정한 물리학자의 마음속에 타오르는 열정이기도 하다.

루시엔 하디Lucien Hardy

양자역학의 기초는 지난 몇 년 사이에 빠르게 발전했다. 이론이 탄생한 지 무려 80년이 지난 후에야 기초분야 연구가 비로소 자리를 잡은 것이다. 물론 좋은 일이다. 그러나 중요한 업적을 남긴 사람은 주로 반현실주의 진영의 젊은 물리학자들이었다. 이들의 목표는 양자이론의 수정·보완이 아니라, 서술방식을 새로 개발하는 것이었다. 그 이유를 이해하기 위해 양자물리학의 기초이론이 걸어온 역사를 잠시 되돌아보자.

양자역학은 특수상대성이론과 달리 갑자기 등장한 이론이 아니다. 1900년에 막스 플랑크의 양자가설(빛의 에너지가 작은 덩어리 단위로 존재한다는 가설)에서 출발하여 파란만장한 중간과정을 거친 후, 1920년대 후반에 하이젠베르크의 불확정성 원리와 슈뢰딩거의 파동방정식을 기반으로 완전한 역학체계를 갖추었다. 그 후 양자역학의 창시자들 사이에 격렬한 논쟁이 벌어졌는데, 아인슈타인과 슈뢰딩거, 그리고 드브로이의 반대에도 불구하고 보어를 필두로 한 코펜하겐학파가 최종 승리를 거두게 된다.

1930년대 초부터 1990년대 중반까지, 대부분의 물리학자들은 양자역학의 의미와 관련된 문제들이 모두 해결되었다고 믿었다. 이 기나긴 암흑기에 봄, 벨, 에버렛을 비롯한 몇 명의 물리학자들이 새로운 주장을 펼치며 분위기를 환기시켰지만, 대다수의 물리학자들은 양자역학의 기본 개념에 대하여 별다른 의문을 품지 않았으며, 벨의 부등식이 실험으로 검증되기 시작한 1970년대 중반에는 위에 열거한 물리학자들의 논문을 인용하는 사례도 거의 없었다. 지금도 세계적으로 유명한 물리학자 중에 '모든 숨은 변수 이론은 벨에 의해 틀린 것으로 증명되었다'고 잘못 알고 있는 사람이 의외로 많다.* 그리고 얼마 전까지만 해도 각 대학의 물리학과에서 양자역학의 기본을 파고드는 사람은 교수직을 유지하기가 쉽지 않았다. 이 분야에 관심을 가졌던 물리학자들은 존 벨처럼 다른 연구로 종신 교수직을 확보하거나, 데이비드 봄처럼 학계의 변두리로 밀려났다. 그 외에 철학 또는 수학으로 전공을 바꾼 사람도 있고, 소규모 대학에 간신히 자리를 잡아 강의를 하다가 정년을 맞이한 사람도 많다.

양자이론의 기초를 연구하려는 사람들에게 앞길을 열어준 것은 20세기 말에 등장한 양자컴퓨터quantum computer였다. 이 개념을 처음으로 언급한 사람은 리처드 파인먼이다. 그는 1981년에 한 강연 석상에서 양자역학을 이용한 새로운 종류의 컴퓨터를 제안했는데,[1]

---

* 사실은 국소적 숨은 변수 이론local hidden variable theory만 폐기되었다.

처음에는 별다른 관심을 끌지 못하다가 옥스퍼드대학교의 양자중력 전문가인 데이비드 도이치가 1989년에 수학적 논리를 이용한 양자계산법을 발표한 후로 조금씩 알려지기 시작했다.[2] 이 논문에서 도이치는 튜링머신Turing machine(영국의 수학자 앨런 튜링Alan Turing이 고안한 가상의 계산 기계 - 옮긴이)과 비슷한 범용 양자컴퓨터를 도입했고, 몇 년 후 IBM 연구소의 컴퓨터과학자 피터 쇼어Peter Shore는 양자컴퓨터로 큰 수를 소인수분해하면 일반 컴퓨터보다 훨씬 빠르게 답을 얻을 수 있다는 것을 증명하여 세상을 떠들썩하게 만들었다. 큰 수를 빠르게 소인수분해하면 당시 사용되던 대부분의 암호를 짧은 시간 안에 풀 수 있었기 때문이다. 그 결과 양자컴퓨터를 연구하는 기관이 전 세계에 우후죽순처럼 생겨나기 시작했고, 젊고 똑똑한 과학자들이 이 분야에 대거 뛰어들었다. 아마도 이들 중 대부분은 양자컴퓨터를 개발하면서 양자이론의 기본문제도 함께 연구할 심산이었을 것이다. 그리하여 얼마 후 정보이론에 기초한 양자역학, 즉 양자정보이론quantum information theory이 새롭게 등장하여 컴퓨터과학의 기본 도구로 자리 잡게 된다. 컴퓨터과학과 양자물리학의 혼합종인 이 분야는 양자컴퓨터의 설계에 적합한 형태로 개발되었으며, 이로부터 양자물리학을 이해하는 데 매우 유용한 도구와 개념이 탄생했다. 양자정보이론은 순수한 조작적 접근법operational approach으로 실험 대상과 장비가 갖춰진 실험실에서 최상으로 작동하며, 실험실 밖에서는 자주 언급되지 않지만 가끔 언급될 때에는 당연히 양자컴퓨터와 연결된다.

양자이론의 기초와 양자정보이론은 실행 가능한 실험에 뿌리를 두고 있기 때문에 거의 모든 면에서 유용하다. 특히 양자컴퓨터는 다양한 후속 분야를 낳았는데, 양자이론의 기초에 대한 의문을 강하게 부각시킨 양자공간이동quantum teleportation이 그 대표적 사례이다. 이것은 원자의 양자상태를 관측하지 않고 먼 곳으로 전송하는 기술로서 SF영화처럼 극적이진 않지만 이미 응용단계까지 온 상태이다. 예를 들어 이 기술을 이용하면 해독이 거의 불가능한 새로운 암호를 만들 수 있다.

또한 물리학자들은 이 기술 덕분에 양자이론의 구조를 더욱 깊이 이해할 수 있게 되었다. 페리미터 이론물리학연구소Perimeter Institute for Theoretical Physics의 루시엔 하디는 간단하면서도 우아한 일련의 공리로부터 양자역학의 수학체계를 유도했는데, 그중에는 모든 이론에 적용되는 핵심 공리도 있고 양자역학의 모든 기이한 특성이 내포된 공리도 있다.

조작적 접근법이 유행하기 시작하면서 양자이론의 완전한 버전을 추구하는 구식 현실주의자들은 운신의 폭이 많이 좁아졌다. 이들 중 일부는 다중세계해석을 지지하지만 데이비드 봄의 해석을 지지하는 사람들도 꾸준히 명맥을 유지해왔다. 그동안 파동함수의 붕괴를 설명하는 이론이 몇 개 개발되었는데, 기존의 접근방식을 뛰어넘어 새로운 현실주의를 추구하는 학자는 극소수에 불과하다. 이 분야에 투신한 물리학자 중 상당수는 스티븐 애들러나 헤라르트 엇호프트Gerard 't Hooft처럼 원래 다른 분야에서 두각을 나타냈던 사람들이다. 현실주의적 양자이론은 양자정보이론의 조작적 언어로 표현하는 것이 거의 불가능하지만, 그래도 현실주의자들은 완벽한 양자역학을 구축하기 위해 지금도 혼신의 노력을 기울이고 있다.

이 장의 글머리에서 인용한 하디의 말처럼 많은 물리학자들은 조작주의보다 현실주의를 선호하며, 기존 접근법의 약점을 극복한 현실주의적 양자이론을 구축하는 데 지대한 관심을 갖고 있다. 그런데 최근 들어 조작적 접근법이 널리 퍼진 이유는 현실주의적 대안 중에 진실이라고 여겨지는 후보가 거의 없기 때문이다.

이 책의 나머지 부분에서는 현실주의적 양자역학의 미래상을 짐작해볼 것이다. 그러나 반현실주의적 접근법에 대한 이야기를 마무리하기 전에, 최근 동향에 근거하여 무언가 배울 것이 있는지 살펴보기로 하자.

양자역학과 뉴턴역학의 차이점을 서술하는 방법은 여러 가지가 있다. 특히 반현실주의적 관점을 받아들이면 선택의 폭이 매우 넓어진다. 당신은 '실험을 통해 관측된 것 외에는 과학의 대상이 될 수 없다'는 보어의 관점을 받아들일 수도 있고, '파동함수는 우리의 믿음이 반영된 기호에 불과하며, 예측이란 베팅의 완곡한 표현일 뿐'이라는 **양자적 베이즈 확률론**을 수용할 수도 있다. 또는 '준비'와 '측정' 사이에 샌드위치처럼 끼어서 중간 과정을 설명하는 조작적 관점을 받아들일 수도 있다.

이 모든 관점들은 관측 문제를 무시하거나 아예 존재하지 않는 것으로 간주한다. 관측 대상의 양자상태로는 관측자와 관측 도구의 특성을 서술할 수 없기 때문이다.

새로 등장한 이론 중 일부는 이 세계가 정보로 이루어져 있다는 가정에 기초하고 있다. 존 휠러는 이것을 "모든 것은 비트다It from bit"라는 간단한 말로 표현했고, 이는 얼마 후 "모든 것은 큐비트다It from qbit"라는 말로 업그레이드되었다. 큐비트란 양자정보의 최소 단위로서, 강아지와 고양이 중 하나를 양자택일하는 것처럼 양자

수준에서 일어나는 이진선택binary choice을 의미한다. 양자정보이론에 의하면 모든 물리량은 유한한 개수의 양자적 질문('예스' 또는 '노'로 대답 가능한 질문)으로 정의되며, 제1규칙으로 대변되는 시간에 따른 변화는 양자컴퓨터가 양자정보를 처리하는 일련의 과정으로 이해할 수 있다. 이는 곧 시간에 따른 변화가 한 번에 1개, 또는 2개의 큐비트에 적용되는 일련의 논리적 연산으로 표현될 수 있음을 의미한다.

존 휠러는 이것을 다음과 같이 설명했다.

"모든 것은 비트다It from bit"는 물리적 세계의 모든 객체들이 궁극적으로 비물질적 원천에서 비롯되었다는 아이디어를 상징적으로 표현한 말이다. 우리가 현실이라고 부르는 것은 예스-노 질문을 제기하고 관측 장비에 기록된 것을 최종적으로 분석하는 단계에서 드러난다. 간단히 말해서, 모든 물리적 객체는 근본적으로 정보이며, 이들이 모여서 참여우주participatory universe를 구성하고 있다.[3]

당신이 이런 이야기를 처음 듣는다면 자신의 귀(책으로 읽었다면 눈)를 의심할지도 모르겠다. "모든 것이 정보라니, 내가 뭘 잘못 알아들었나?" 아니다. 제대로 들었다. 심지어는 이런 말도 있다. "물리학은 관찰자의 참여를 유도하고, 관찰자의 참여는 정보를 낳고, 정보는 물리학을 낳는다."[4]

휠러가 말하는 참여우주란, 인간이 관측하거나 인식할 때 비로소 존재하는 우주를 의미한다. 당신은 이렇게 반문하고 싶을 것이다. "좋습니다. 하지만 우리가 무언가를 관측하거나 인식하려면, 그 전에 우리가 우주에 존재해야 하지 않습니까?" 휠러의 답은 이렇다. "그렇죠. 우주와 우리, 모두 존재해야 합니다. 그게 무슨 문제라도 된답니까?"

나올 수 있는 경우의 수가 유한한 물리계는 위와 같은 식으로 표현할 수 있다. 그리고 물리학은 이 과정을 통해 빛을 발한다. 예를 들어 양자역학에서 '얽힘'이라는 개념의 중요성은 필요할 때마다 표면으로 부각시킬 수 있다. 그러나 전자기장처럼 변수가 무수히 많은 물리계는 양자정보 프로그램에 포함시키기가 쉽지 않다. 그럼에도 불구하고 양자정보이론으로 양자역학의 기초를 설명하려는 시도는 고체물리학과 끈이론string theory, 그리고 양자블랙홀 등 다양한 분야에서 긍정적인 영향을 미쳐왔다.

그러나 물리학과 정보의 관계를 설명하는 몇 가지 이론들은 분명하게 구별되어야 한다. 개중에는 유용하면서 자명한 이론도 있고, 파격적인 주장을 펼치지만 좀 더 엄밀한 검증을 거쳐야 할 이론도 있다.

우선 정보를 정의하는 것으로 시작해보자. 정보이론의 창시자 클로드 섀넌Claude Shannon이 내린 정의가 유용할 것 같다. 그는 통신이라는 큰 그림에서 송-수신자 사이에 정보를 운반하는 채널에 기초하여 정보를 정의했는데, 여기에는 '모든 정보는 일련의 기호에 의미를 부여하는 언어를 공유한다'는 가정이 깔려 있다. 메시지에 들어있는 정보의 양은 메시지의 내용을 이해한 수신자가 답할 수 있는 예스/노 질문(답이 '예스' 아니면 '노'로 떨어지는 질문)의 수로 정의된다.

사실 물리계 중에는 '언어를 공유하는 송신자와 수신자 사이의 정보교환'으로 간주할 수 있는 계가 거의 없으며, 우주 자체도 정보 채널과는 거리가 멀다. 그럼에도 불구하고 섀넌의 정의가 중요하게 취급되는 이유는 메시지의 내용과 무관하게 정보의 양을 수치화했기 때문이다. 송신자와 수신자는 메시지에 의미를 부여하는 의미론semantics(기호와 의미의 상관관계. 여기서는 일종의 기호사전으로 이해하면 된다-옮긴이)을 공유하고 있지만, 메시지에 실린 정보의 양을 계량하는 지식까지 공유할 필요는 없다. 그러나 의미론을 공유하지 않으면 메시지 자체가 무의미해진다. 메시지에 담긴 정보의 양을 계량하려면 그 언어를 사용하는 공동체에서 각 문자와 단어, 또는 구句, phrase가 사용되는 빈도를 알아야 한다. 본문과 관련된 정보는 메시지 자체에 저장되어 있지 않다. 언어를 정의하지 않으면 섀넌의 정의는 무의미해진다. 다시 말해서, 메시지는 송신자와 수신자가 공유하는 언어로 이루어져야 한다는 뜻이다. 불규칙한 기호에는 아무런 정보도 담겨 있지 않다. 따라서 섀넌이 계량한 정보의 양이 송-수신자가 공유하는 언어의 특성에 따라 달라지는 한, 정보 자체는 순수한 물리량이 아니다.

언어철학의 난제 중 하나는 화자話者가 특정한 의도를 갖고 의미를 전달하는 방법을 이해하는 것이다. 이 문제가 어려운 이유는 의도와 의미가 이 세상과 무관해서가 아니라, 화자의 마음과 관련된 문제이기 때문이다. 섀넌의 정보는 의도와 의미의 세계에서 일어나는 일을 계량 가능한 수치로 나타낸 것으로, 의도와 의미가 자연계에 어떤 식으로 부합되는지 모른다 해도 어쨌거나 이 세상의 일부이므로 정의하는 데에는 아무런 문제가 없다.

한 가지 예를 들어보자. 어느 여름날, 한바탕 소나기가 내린 후 배수관의 틈새에서 물방울이 떨어지는 소리가 간간이 들려온다. 그 소리는 매우 불규칙하며 아무런 메시지도 담고 있지 않다. 이런 상황에서는 발신자가 존재하지 않고 나 역시 수신자가 아니므로, 섀넌의 정의에 의하면 아무런 정보도 교환되지 않는다. 그러나 누군가는 물방울 소리 사이의 간격을 모스부호로 활용하여 메시지를 전달할 수도 있다. 두 경우의 차이라곤 '의미를 전달하려는 의도의 유무'뿐이다. 즉, 중요한 것은 메시지를 전달하려는 '의도'이다. 위의 경우에 정보는 의미를 전달하려는 주체를 필요로 한다. 이 세상이 인간의 지식과 무관하게 존재한다고 믿는 현실주의자들은 이런 식의 논리를 원자에 적용하고 싶지 않을 것이다.*

조금 덜 정확하긴 하지만, 영국의 인류학자 그레고리 베이트슨Gregory Bateson은 정보를 "차이를 만드는 차이a difference that makes

---

* 전문가를 위한 첨언(비전문가들은 이 각주를 읽지 않아도 된다): 당신이 이 분야의 전문가라면 '정보의 양은 메시지에 담긴 엔트로피에 마이너스 부호를 붙인 값과 같다'는 점을 지적하면서 섀넌의 정보에 대한 나의 설명에 이의를 제기할 수도 있다. 엔트로피는 열역학 제2법칙을 따르는 객관적, 물리적인 양인데 섀넌의 정보는 엔트로피와 관련되어 있으므로, 이것 역시 객관적이고 물리적인 양이어야 한다고 생각할 것이다.
나의 대답은 다음 세 가지로 요약된다. 첫째, 열역학법칙에서 중요한 것은 엔트로피 자체가 아니라 '엔트로피의 변화량'이다. 둘째, 칼 포퍼Karl Popper가 몇 년 전에 지적한 바와 같이 섀넌의 정보와 관련된 엔트로피의 통계적 정의는 완벽하게 객관적인 양이 아니라, 계의 대략적 서술을 제공하는 '대충갈기coarse-gaining'의 선택에 따라 달라진다. 명확한 상태에 대한 명확한 서술의 엔트로피는 항상 0이다. 어떤 근사적 서술을 선택할 것인지 결정하는 것은 주관적 선택이며, 바로 여기서 엔트로피의 정의에 주관성이 개입된다. 이것은 한 양자시스템의 엔트로피가 두 개의 하위 시스템으로 갈라질 때 나타나는 현상이다. 셋째, 메시지에 부여된 엔트로피는 하나의 '정의'이며, 섀넌의 정보의 관점에서 바라본 엔트로피는 바로 이 정의에서 파생된 것이다.

a difference"로 정의했다. 이것은 종종 "차이를 만드는 특징a distinction which makes difference"으로 표현되기도 한다. 주어진 물리계의 미래가 관측 가능한 물리량이 가질 수 있는 다양한 값들에 의해 결정된다면 관측 가능한 양은 일종의 정보인 셈이다. 그러므로 베이트슨의 정의는 물리학에 적용될 수도 있다. 이 논리에 의하면 관측 가능한 모든 물리량에는 정보가 담겨 있으며, 베이트슨의 정의는 '두 개의 물리적 변수가 서로 연관될 때마다 정보가 존재한다'는 뜻으로 해석할 수 있다. 그러나 물리적 세계의 구성요소들이 서로 관련되어 있다는 것을 인정하지 않으면 베이트슨의 정의는 아무런 쓸모가 없다. 이 '정보'를 다른 용어로 부를 수도 있지만, 이미 익숙한 이름을 바꾸면 혁명은커녕 혼란만 야기될 것이다.

컴퓨터는 섀넌의 관점에 따라 정보를 처리하는 대표적 사례이다. 이것은 발신자로부터 입력신호를 받아 알고리즘algorithm을 적용하고 그 결과를 수신자가 읽을 수 있는 출력신호로 바꾸는 매우 특별한 장치로서, 계산을 정의하는 핵심요소는 바로 알고리즘이다. 대부분의 물리계는 컴퓨터가 아니어서, 초기 데이터가 나중 데이터로 변하는 과정을 알고리즘이나 논리적 연산으로 표현할 수 없는 경우도 있다. 일부 과학자들은 이 두 가지 정의를 혼동하여 자연을 컴퓨터로 간주하거나 이 세상의 다양한 상태들 사이의 관계를 일련의 계산으로 표현하려고 하는데, 나는 이런 파격적인 가정에 별로 신뢰가 가지 않는다.

물론 일부 물리계가 순수한 계산을 통해 근사적으로 서술된다는 것까지 부정할 생각은 없다. 이것은 누구나 알고 있는 자명한 사실이다. 일반상대성이론이나 양자역학의 주요 방정식을 알고리즘으로 코딩하여 디지털 컴퓨터에 입력하면 답을 얻을 수 있다. 실제로 물리학자들은 이런 방법을 자주 사용한다. 그러나 컴퓨터 알고리즘으로는 대략적인 답밖에 얻을 수 없다.

오케스트라의 아름다운 연주를 디지털 데이터로 저장하면 원음과 거의 비슷한 소리를 재생할 수 있지만, 주파수가 어느 한계를 넘으면 한계값으로 잘라내기 때문에 완벽한 재생은 아니다. 아직도 일부 애호가들이 실황 연주나 아날로그 레코드판을 찾는 것은 바로 이런 이유 때문이다. 물리학도 이와 비슷하다. 아인슈타인의 장방정식을 디지털화하면 손쉽게 답을 얻을 수 있지만, 디지털화된 방정식은 원래 기능을 100% 발휘하지는 못한다.

물리학을 정보처리 과정으로 이해하는 것이 일반적으로 불가능하다 해도, 양자상태는 물리계를 나타내는 것이 아니라 계에 대하여 우리가 갖고 있는 정보를 나타낸다고 말할 수 있다. 우리가 계에 대하여 새로운 정보를 취득하는 순간 파동함수가 갑자기 붕괴된다는 제2규칙을 생각하면 정말로 그런 것 같다. 그러나 파동함수가 계에 대하여 우리가 갖고 있는 정보를 나타낸다면, 양자역학이 예측하는 확률은 주관적 베팅확률로 간주되어야 한다. 이 관점은 제2규칙을 '향후 실행될 실험에서 주관적 확률의 변화를 예측하는 업데이트된 규칙'으로 간주함으로써 개발될 수 있다.[5] 이것을 베이즈 양자역학quantum Bayesianism이라 한다.

이보다 좀 더 우아한 접근법으로, '양자상태는 하나의 계가 다른 계에 대하여 갖고 있는 정보를 운반한다'고 주장하는 이론도 있다. 이것을 관계적 양자론relational quantum theory이라 한다. 조작주의

operationalism와 현실주의realism의 중간 지점에 있는 이 이론에 의하면 양자상태는 관측자와 관측 대상으로 나뉘는 우주와 관련되어 있고, 관측자가 관측 대상에 대하여 알아낼 수 있는 사실을 나타낸다. 관계적 양자론의 기본 개념은 양자중력이론에 뿌리를 두고 있으며, 1990년대 초에 루이스 크레인Louis Crane과 카를로 로벨리Carlo Rovelli, 그리고 내가(리 스몰린) 대화를 나누다가 탄생했다.

우리에게 영감을 불어넣은 원천은 크레인을 비롯한 몇 명의 수학자들이 우주론을 우아한 수학으로 서술한 '위상장이론位相場理論, topological field theories'이었다. 이 이론에 의하면 우주 전체를 서술하는 양자이론은 존재하지 않으며, 우주 전체를 서술하는 양자상태도 존재하지 않는다. 다만 우주를 두 개의 하위 시스템으로 나누는 모든 방법마다 하나의 양자상태가 할당될 뿐이다. 이것은 '한쪽에 있는 관측자가 다른 쪽의 양자계에 대해 알아낸 정보의 운반'으로 간주할 수 있다.

또한 이것은 '양자역학에 의하면 우리는 이 세계를 고전적인 부분과 양자적인 부분으로 분할해야 하며, 실제로 모든 분할은 이런 식으로 이루어진다'던 보어의 주장을 상기시킨다. 그리고 크레인과 일부 수학자들은 보어의 철학을 한 단계 더 발전시켜서 '모든 경계에는 한쪽에 한 개씩, 두 개의 양자상태가 존재한다'고 주장했다. 개개의 분할은 두 가지 방법으로 해석할 수 있기 때문이다. 예를 들어 앨리스가 한쪽 세계에 살고 다른 쪽에 밥Bob이 살고 있다면 앨리스는 자신을 '양자세계의 밥을 관측하는 고전적 관찰자'로 간주하겠지만, 밥의 관점은 그 반대이다.

크레인의 모형은 매우 단순하여 제기할 수 있는 질문이 단 하나뿐이다. "두 관점은 얼마나 비슷한가?" 밥에 대한 앨리스의 양자적 서술과 앨리스에 대한 밥의 서술이 일치할 확률은 얼마나 되는가? 수학자들은 두 사람(앨리스와 밥)의 대답이 일치하면서도 세상이 갈라지는 쪽으로 이론을 구축했다. 이 경우 한쪽의 관점이 다른 쪽의 관점과 일치할 확률은 우주가 연결되어 있는 방식, 즉 우주의 위상topology과 관련되어 있다. 그래서 수학자들은 이것을 위상장이론이라 부른다.

크레인의 우주모형은 곧바로 로벨리와 나의 관심을 끌었다. 거기 사용된 수학이 고리양자중력이론으로 확장될 수 있었기 때문이다. 이 모형은 결국 옳은 것으로 판명되었다. 그러나 크레인은 여기서 한 걸음 더 나아가 새로운 수학을 이용하면 양자역학을 우주 전체에 적용할 수 있다고 주장했고, 여기서 탄생한 것이 바로 관계적 양자론이다.

우리는 이 아이디어를 일반적인 양자이론에 적용했고 그 결과를 각자 논문으로 발표했는데,[6] 그중 로벨리의 논문이 가장 일반적이면서 가장 널리 알려져 있으므로 그의 아이디어를 소개하기로 한다.

보어는 양자물리학이 항상 두 종류의 세계를 다뤄야 한다고 주장했다. 관측자는 고전적 세계에 살고, 우리의 연구 대상인 원자는 양자세계에 존재한다. 그리고 두 세계는 각기 다른 법칙을 따르고 있다. 양자세계의 물체는 중첩상태로 존재할 수 있지만, 고전적 세계에서 관측 가능한 특성은 항상 정확한 값을 갖기 때문에 중첩상태에 놓일 수 없다. 보어는 이 두 가지 세계가 모두 필요하다고 주장했다.

원자를 관측하는 도구들은 원자와 우리 사이의 경계에 존재한다. 어떤 의미에서는 이 도구가 경계를 정의한다고 말할 수도 있다. 보어는 이 세계가 두 영역으로 나뉘어 있는 한 경계선의 위치를 임의로 정할 수 있으며, 목적에 따라 다르게 설정할 수 있다고 강조했다.

잠시 슈뢰딩거의 고양이 실험으로 되돌아가보자. 이 물리계에 경계선을 긋는 한 가지 방법은 원자와 광자를 양자계로 간주하고 가이거계수기와 고양이를 고전계로 간주하는 것이다. 그러면 원자는 중첩상태로 존재하고, 가이거계수기는 항상 명확한 하나의 상태를 점유하게 된다(광자를 감지하면 YES, 감지하지 않으면 NO이다). 그러나 감지기(가이거계수기)를 양자계에 포함시켜서 경계선을 다시 그릴 수도 있다. 이 경우 고양이는 죽었거나 살아 있거나 둘 중 하나지만, 가이거계수기는 원자와 양자적으로 얽힌 중첩상태에 놓일 수 있다. 또는 슈뢰딩거가 말한 대로 상자의 테두리를 따라 경계선을 그어서 원자와 감지기, 그리고 고양이까지 서로 얽힌 중첩상태로 간주할 수도 있다. 그러면 고전계에 남는 것은 상자의 뚜껑을 열고 내부를 관측하는 사람뿐이다. 이 역할은 우리의 친구 사라Sarah에게 맡기기로 하자. 사라는 거시적 세계에서 항상 명확한 상태를 점유하고 있으며, 두 세계의 경계를 기준으로 항상 고전적인 영역에 존재한다. 그녀가 상자의 뚜껑을 열면 살아 있는 고양이나 죽은 고양이, 둘 중 하나만을 보게 될 것이다.

헝가리 태생의 미국 이론물리학자 유진 위그너Eugene Wigner는 여기서 한 걸음 더 나아가 상자 속의 모든 내용물과 사라까지 포함하는 더 큰 양자계를 도입했다. 간단히 말해서, 사라와 상자를 더 큰 상자 속에 집어넣는 것이다.* 큰 상자의 바깥에 있는 나의 관점에서 볼 때, 사라는 '얽힌 중첩상태'의 일부이다. 중첩의 한 부분에서 고양이는 살아 있고, 사라는 살아 있는 고양이를 보면서 기뻐한다. 그러나 중첩의 또 다른 부분에서 고양이는 죽었고, 사라는 죽은 고양이를 보면서 슬퍼하고 있다.

이로써 우리는 주어진 시스템을 양자계와 고전계로 분할하는 다섯 가지 방법을 갖게 되었다. 여기서 '양자'란 중첩상태에 놓일 수 있다는 뜻이고, '고전'은 모든 물리량이 명확한 하나의 값을 갖는다는 뜻이다. 이 두 가지 서술은 서로 일치하지 않는 것처럼 보인다. 나의 관점에서 볼 때 사라는 중첩상태에 놓여 있지만, 사라는 자신이 항상 명확한 상태에 있다고 생각할 것이기 때문이다.

로벨리는 이 두 가지 서술이 모두 옳으며, 둘 다 이 세계에 대한 부분적 서술이라고 주장했다. 모든 서술은 진실의 일부로서, 경계선을 통해 정의된 부분적 세계를 올바르게 서술한다는 것이다. 과연 큰 상자 속의 사라는 중첩상태에 놓여 있을까? 아니면 살아 있는(또는 죽은) 고양이를 뚜렷하게 보고 있을까? 로벨리의 논리에 의하면 굳이 둘 중 하나를 선택할 필요가 없다. 물리적 사건과 과정에 대한 서술은 양자계와 고전계의 경계선을 그리는 방법에 따라 달라지며, 모든 경계선은 똑같이 타당하다. 그리고 모든 서술은 총체적 서술의 일부이다.

간단히 말해서, '고양이가 살아 있다'는 사라의 관점도 옳고, '산

---

* 이 논리를 '위그너의 친구Wignor's friend'라 한다.

고양이를 보는 사라와 죽은 고양이를 보는 사라가 중첩되어 있다'는 나의 관점도 옳다.

하나의 특정한 관점에서 입증될 수 없는 진실이 과연 존재할 것인가? 아마도 로벨리는 '없다'고 단언할 것이다. 위에서 언급한 '상자 속의 상자' 사례에서 사라와 내가 마주한 결과는 다를 수 있어도, 그녀가 작은 상자의 뚜껑을 열고 고양이를 관측했다는 사실에는 우리 둘 다 동의한다. 그러나 사라는 원자의 붕괴와 같은 양자적 사건에 영향을 받아 상자를 열기로 마음먹을 수도 있다. 이런 경우 나는 사라의 상태를 '(작은)상자를 연 상태'와 '상자를 열지 않은 상태'의 중첩으로 묘사하겠지만, 사라 자신은 둘 중 하나만을 경험할 것이다.

여기서 중요한 것은 고전계와 양자계를 어떤 식으로 나누건 간에, 모든 경계선은 세계를 두 개의 불완전한 부분으로 분할한다는 점이다. 우주 전체를 전지적 관점에서 한눈에 바라보려면 우주 밖으로 나가야 하는데, 우주의 바깥이 있는지 확실치 않고 있다 해도 그곳은 더 이상 우주가 아니므로 전지적 관점은 존재하지 않는다. 따라서 우주 전체의 양자상태를 논하는 것도 무의미하다.

관계적 양자론의 핵심은 '여러 개의 부분적인 관점이 모여서 하나의 우주가 정의된다'는 한 마디로 요약된다.

이 이론은 다양한 방향에서 바라볼 수 있다. 실용성을 추구하는 조작주의자들은 세계를 둘로 나누는 방식에 따라 양자계가 정의되는 것으로 간주한다. 어떤 경계를 선택하건, 고전계에 속한 관측자는 반대쪽에 있는 양자계에 대하여 갖고 있는 모든 정보를 서술할 수 있다. 조작주의의 관점에서 볼 때, 관측자가 양자계에 대해 갖고 있는 모든 정보는 양자상태에 포함되어 있다. 각 관측자는 양자상태를 이용하여 경계 너머에 있는 양자계의 정보를 서술하고, 경계선이 달라지면 양자계의 특성이 달라지기 때문에 양자상태도 다르게 서술된다.

조작주의적 관점에서 보면 관계적 양자론은 에버렛의 해석과 비슷하다. 두 이론 모두 두 개의 하부구조(고전계와 양자계) 사이의 상관관계를 이용하여 이 세계를 서술하고 있기 때문이다(이 상관관계는 두 세계가 상호작용을 하면서 확립된다).

로벨리의 관계적 양자론은 조금 다르다. 그는 자신의 관점이 현실주의적이라고 주장하지만, 앞서 언급했던 소박한 현실주의naive realism와는 다소 차이가 있다. 그가 생각하는 현실은 경계선의 한쪽에 있는 세계가 다른 쪽 세계에 대한 정보를 취득하는 일련의 사건으로 구성되어 있다. 그러므로 인과관계에 관한 한, 로벨리는 현실주의자이다. 이런 현실은 경계의 선택에 따라 달라진다. 한 관측자에게 명백하게 일어난 사건은 다른 관측자에게 중첩의 일부일 수도 있기 때문이다. 따라서 로벨리의 현실주의는 소박한 현실주의와 다르다(소박한 현실주의에서 현실은 모든 관찰자들이 실제로 일어났다고 동의하는 사건으로 이루어져 있다).

로벨리는 소박한 현실주의적 관점으로는 양자세계를 설명할 수 없다면서 다소 급진적인 현실주의를 제안했다. 그의 관점에 의하면 현실적인 것은 '관찰자를 정의하는 양분된 세계'로부터 정의된다. 로벨리는 보어와 다른 용어를 사용하여 더욱 정확한 체계를 구축했지만 논리체계는 거의 비슷하다. 보어와 로벨리는 양자역학에서 소박한 현실주의를 완전히 추방시켰다.

소박한 현실주의를 거부하는 또 한 가지 접근법은 현실세계에서 가능한 사건(사실로 판명된 것들)의 목록을 늘리는 것이다. 예를 들어 내가 "내 아들이 도마뱀 한 마리를 키우고 있는데, 내년에 알을 낳을 것 같다"라고 말했다면, 이것은 내년에 발생 가능한 사건 중 하나에 불과하다. 이런 일이 실제로 일어나면 현실의 일부가 되겠지만, 그 전까지는 현실이 아니다.

언어와 논리에는 미래에 일어날 수 있는 다양한 사건이 반영되어 있으며, 그 안에서 가능성과 현실은 명확하게 구별된다. 논리학의 기본원리 중 하나인 배중률law of excluded middle('서로 모순되는 두 개의 명제는 동시에 참true일 수 없다'는 법칙 – 옮긴이)에 의하면, 임의의 객체는 어떤 특성을 '가진 상태'와 '갖지 않은 상태'에 동시에 놓일 수 없다. 이웃집에서 키우는 토끼는 '회색이면서 회색이 아닌 색'을 가질 수 없다. 그러나 아직 일어나지 않은 사건, 즉 가능성은 이런 제약을 받지 않는다. 내 친구가 다음 주에 애완동물점에서 딸아이에게 사줄 토끼는 검은색일 수도 있고 회색일 수도 있다.

현실세계에서 '현실'과 '가능성'은 비대칭적 관계에 있다. 이웃집 딸이라는 현실적인 존재는 토끼를 '앞으로 집에서 키우게 될 애완동물'이라는 가능한 미래로 만든다. 즉, 미래에 가능한 일이 현실의 영향을 받는 것이다. 미래를 예측할 때 발생 가능한 사건의 목록을 미리 알고 있으면 여러 면에서 도움이 되겠지만, 그 가능성을 반드시 알고 있어야 현실로 구현되는 것은 아니다. 뉴턴의 고전역학은 결정론적이지만, 현재 상태만 정확하게 알고 있으면 미래를 예측할 수 있다. 미래를 예측하기 위해 점쟁이가 될 필요는 없다는 이야기다.

하이젠베르크에서 나의 스승 애브너 시모니에 이르는 일단의 물리학자들은 '양자물리학에서 아직 일어나지 않은 가능성의 세계는 실제 미래에 영향을 주고 있으므로, 가능성 자체를 현실의 일부로 포함해야 한다'고 주장했다. 그리고 최근 들어 나의 친구인 스튜어트 카우프만Stuart Kauffman과 루스 캐스트너Ruth Kastner, 그리고 마이클 에퍼슨Michael Epperson은 이 관점을 한 단계 더 발전시켰다.[7]

일상적인 언어로는 이 관점을 설명하기가 쉽지 않다. 그러나 독자들이 열린 마음을 유지한다면 나의 설명을 어느 정도 이해할 수 있을 것이다. 하나의 상황이 현실이 되는 방법은 두 가지가 있다. 하나는 뉴턴의 입자가 명확한 위치를 점유하는 것처럼 현실의 일부가 되는 것이고, 다른 하나는 '가능성'이나 '잠재적 미래'로 남는 것이다. 후자의 경우는 좌익성향의 사람들이 개와 고양이를 똑같이 좋아한다거나, 입자가 왼쪽 슬릿 또는 오른쪽 슬릿을 통과할 수 있다거나, 또는 슈뢰딩거의 고양이가 살아 있거나 죽었다는 것처럼 파동함수가 중첩된 상태를 의미한다. 현실적이지만 가능성으로 남아 있는 것들은 배중률을 따르지 않으면서 실재實在에 영향을 줄 수 있기 때문에 현실의 일부로 간주된다. 이것이 바로 카우프만이 양자물리학에 새로 추가한 요소이다. 그의 이론에 의하면 실험은 가능성을 현실로 바꾸는 과정이다. 따라서 슈뢰딩거의 고양이는 '이것 아니면 저것'이라는 양자택일의 상태에 있는 것이 아니라 우리가 고양이의 상태를 모른다는 점에서 잠재적으로 살아있을 수도, 죽었을 수도 있다. 이것은 상태가 아직 결정되지 않았기 때문이 아니라, 현실 자체가 (실험을 통해 구현되는) 가능성으로 구성되어 있기 때문이다.

실험은 보른의 확률법칙에 따라 가능성을 현실로 바꾸는 역할을 한다. 이 점만 봐도 카우프만의 관점은 소박한 현실주의(우리가 없는 세상에 대한 있는 그대로의 서술)와 크게 다르다. 그러나 내가 보기에 이런 접근법은 현실주의적 접근법이 실패했을 때 차선책으로 개발되어야 할 것 같다.

가능성이 현실의 일부라는 관점을 좀 더 구체화하는 방법이 있다. 우리의 논리에 시간을 도입하여, 지금 이 순간과 시간의 흐름이 기본적인 현실이라고 가정해보자.* 이 가정에 담긴 의미 중 하나는 과거와 현재, 그리고 미래를 객관적으로 구별할 수 있다는 것이다. 그러면 현재는 당연히 현실이 된다. 현재는 이미 일어난 사건들로 구성되어 있지만, 시간이 흐르면 미래에 일어날 사건들이 그 자리를 대신하게 된다.

과거는 한때 현재였고 현실이었던 사건들로 이루어져 있다. 이들의 특성은 현존하는 구조 속에서 추출되거나 기억될 수 있지만, 더 이상 존재하지 않는다.

미래도 현실이 아니다. 게다가 미래는 아주 드물고 진기한 사건이 언제든지 일어날 수 있다는 점에서 어느 정도 '열려 있다'고 할 수 있다(잠시 후 언급될 '우선원리principle of precedence'를 참고하기 바란다). 그러나 이런 드문 경우를 무시하면 현재에는 다음 단계에 해당하는 유한한 개수의 가능성이 존재하게 된다.

주어진 현재상태에 대하여, 다음 단계에서 모든 사건이 일어날

---

* 이 내용은 나의 책《다시 태어난 시간Time Reborn》과《기묘한 우주와 시간The Singular Universe and Reality of Time》(Roberto Mangabeira 공저)에 자세히 논의되어 있다.

3부 양자를 넘어서

수 있는 것은 아니다. 카우프만은 현재를 기준으로 바로 다음 순간에 일어날 수 있는 사건의 집합을 **인접가능성**adjacent possible이라 불렀다. 가까운 미래에 일어날 사건들, 즉 인접가능성은 아직 현실이 아니지만 앞으로 현실이 될 사건의 범주를 결정한다.

슈뢰딩거의 고양이의 경우, 인접가능성은 살아 있는 고양이와 죽은 고양이다. 브론토사우루스와 외계 강아지는 여기 포함되지 않는다. 이처럼 인접가능성은 배중률을 따르지 않는다 해도 분명한 특성을 갖고 있으며, 특성을 가진 물체는 관측 가능한 결과를 낳는다. 그래서 '가능성의 작은 일부는 현실로 간주할 수 있다'고 주장하는 것이다.

이제 독자들도 어느 정도 이해가 갈 것이다. 논리적으로 가능하다고 해도 모두 현실로 구현되지는 않는다. 그러나 가능성의 작은 일부는 명확한 특성을 갖고 있으므로, 새로운 범주의 현실과 가능성에 포함시킬 수 있다.

최근 들어 현실주의의 마술 같은 특성에도 중요한 변화가 생겼다. 1990년대에 영국의 물리학자 줄리안 바버Julian Barbour는 다중세계 대신 '여러 개의 순간'으로 이루어진 양자우주론quantum cosmology을 제안했는데,[8] 얼마 전에 엔리케 고메스Henrique Gomes가 이 이론을 부활시켰다. 기술적 세부사항은 우리의 관심사가 아니므로, 고메스의 이론[9]과 최근에 바버와 그의 동료들이 발표한 후속 이론을 중심으로 이야기를 풀어나가보자.

이들은 우주의 모든 배열이 하나의 '순간'에 담겨 있다고 주장한다. 바버와 고메스에 의하면 이 배열은 상대적 거리나 크기처럼 한 순간에 파악 가능한 모든 관계가 담겨 있는 관계적 배열이다.

우리는 여러 순간들이 매끄럽게 이어지면서 시간이 흐른다고 생각한다. 그러나 바버는 시간의 흐름이 환상에 불과하며, 현실은 우주 전체의 배열이 담겨 있는 수많은 '순간'들로 이루어져 있다고 주장한다. 당신은 지금 하나의 순간을 경험하고 있으며… 지금은 또 다른 순간을 경험하고 있다. 바버에 의하면 모든 순간은 시간과 무관하게 영원히 존재하며, 우리가 경험한 순간들은 시간의 바깥에 차곡차곡 쌓이고 있다. 그러니까 현실이란 '얼어붙은 순간의 집합'인 셈이다. 특정 순간에 대한 우리의 경험도 그 순간의 일부이므로 영원히 존재한다. 순간이 덧없이 짧은 것은 순간이 원래 갖고 있는 속성이며, 이것은 영원히 변치 않는다.

모든 순간은 공존하고 있으며, 개개의 순간에는 우주 전체의 배열이 담겨 있다. 그러나 각 순간들 사이에는 중요한 차이가 있다. '순간'이 쌓여 있는 더미 속에는 특정 배열이 두 개 이상 존재할 수도 있고, 아예 없는 배열도 있다.

'순간의 더미'에 쌓여 있는 수많은 순간들 중 우리가 겪는 순간은 어떤 것일까? 어떤 순간은 우리가 겪을 확률이 높고, 어떤 것은 낮지 않을까? 줄리안 바버는 우리가 겪을 확률이 모든 순간에 대하여 똑같다고 가정했다. 그러나 일부 배열은 다른 배열보다 많기 때문에, 겪을 확률이 높아지는 것이다.

순간의 집합은 대부분의 순간들이 '물리법칙에 순응해온 우주의 역사'와 어느 정도 비슷하게 구성되어 있다. 우주에 물리법칙이 적용된다는 믿음은 여기서 비롯된 것이다. 그러나 이런 믿음은 환상일 뿐이다. 현실은 무수히 많은 '순간'의 집합이며, 여기에는 법칙도, 역사도 존재하지 않는다.

바버는 순간의 더미에서 가장 흔한 것이 '다른 순간의 구조를 말해주는 순간'이라고 가정했다. 한순간에 멈춰서 영원히 얼어붙은 책도 시간에 따라 일어난 일련의 사건을 말해줄 수 있다. 예를 들어 책에 인쇄된 출판 일자는 과거 한때 저자가 매우 행복했던 사건을 말해준다. 그리고 그 책은 인쇄사와 출판사, 종이 회사 등을 거쳐서 존재하게 되었으며, 각 회사들은 저자 한 사람보다 훨씬 다사다난한 역사를 갖고 있다.

바버는 방금 언급한 책처럼 영원히 고정되어 있으면서 다른 순간에 대한 정보를 알려주는 순간적 구조를 '타임캡슐time capsules'이라 불렀다. DVD나 동영상 파일처럼 무언가가 기록되어 있는 것은 모두 타임캡슐이다. 이들은 대부분이 구조물이거나 공장에서 생산된 물건이지만, 살아 있는 생명체도 타임캡슐이 될 수 있다.

자연이 타임캡슐로 가득 차 있다는 것은 시간이 현실적이고 근본적인 양이라는 증거처럼 보인다. 과거는 현재의 원인이므로, 모든 사건은 시간순으로 정렬되어 있는 것 같다. 그러나 바버는 흐르는 시간 속에서 살고 있다는 느낌 자체가 환상이라고 주장한다. 우리에게 과거를 느끼게 해주는 모든 기억과 기록, 유물 등은 지금 이 순간이 갖고 있는 속성이며, 모든 순간들은 순간의 더미에서 영원히 존재한다.

바버의 우주를 구성하는 '정렬되지 않은 순간더미들' 중에도 타임캡슐에 속한 순간이 존재할 것이다. 그런데 우리의 우주에서 대부분의 순간들은 왜 시간순으로 정렬되어 있는 것일까?

바버의 우주에는 복사본이 많은 배열도 있고 적은 배열도 있으며, 아예 없는 배열도 있다. 그렇다면 무엇이 복사본의 수를 결정하는지 설명해야 한다. 이것은 순간더미의 구조에 적용되는 유일한 법칙인 방정식을 통해 결정된다. 더미에서 배열과 복사본의 수를 선택하여 방정식을 적용하는 식이다. 이것은 슈뢰딩거 방정식의 한 버전이지만, 시간의존성이 명시되어 있지 않다. 물리학자들은 이것을 '휠러-디위트 방정식Wheeler-DeWitt equation'으로 부르는데, 우리의 목적상 '제0규칙'으로 불러도 무방할 것이다. 이 방정식의 해는 하나로 묶여서 '역사'라는 환영을 낳는 순간의 더미이다.

바버가 옳다면 시간의 흐름은 현실이 아니라 환상이다. 시간이 흐르는 것처럼 느껴지는 이유는 '현재'라는 순간에 과거의 경험과 기억이 담겨 있기 때문이다. 원인이 결과보다 시간적으로 앞선다는 인과율causality도 마찬가지다.

이 '다순간이론many moments theories'은 영원히 존재하는 순간의 집합으로 세상을 설명하는 현실주의적 이론이다. 그러나 우리가 당연하게 받아들이는 시간의 흐름을 부정한다는 점에서 소박한 현실주의를 훨씬 넘어선 이론이라 할 수 있다.

내가 이 이론에서 배운 교훈은 양자역학을 우주 전체에 적용하려면 공간과 시간 중 하나를 선택해야 한다는 것이다. 근본적인 양은 둘 중 하나뿐이다. 바버와 고메스처럼 공간을 현실적인 양으로 간주하면 시간과 인과율은 환상이 되고, 로벨리처럼 시간과 인과율을 현실로 간주하면 공간이 환상임을 인정해야 한다.

최근 대두된 마술 같은 현실주의 이론에 대해서는 아직도 할 말이 많이 남아 있지만 이쯤에서 줄이기로 한다. 당신이 실용적 관점에서 양자이론을 이용하여 양자역학의 근본적 질문을 제외한 다른

문제를 이해하고자 한다면, 기존의 이론으로 충분히 목적을 달성할
수 있다. 그러나 개개의 물리적 과정에서 실제로 일어나는 과정을
구체적으로 설명하고 싶다면(즉, 관측 문제를 해결하고 싶다면) 현실적
인 서술만이 유일한 해결책임을 기억하기 바란다.

13장

교훈

이 책의 주요 메시지는 양자세계가 제아무리 기이해도, 상식적인 수준에서 현실주의에 대한 믿음을 포기할 필요는 없다는 것이다. 우리는 양자우주에 살면서도 현실주의자가 될 수 있다.

그러나 단순히 현실주의를 고집하는 것만으로는 부족하다. 현실주의자는 이 세상이 작동하는 원리를 있는 그대로 알고 싶어 한다. 구체적인 설명이 가능하다고 믿으면서 정작 그 설명에 무관심하다면 앞뒤가 맞지 않는다. 그러므로 우리가 제기해야 할 다음 질문은 '양자역학의 현실주의 버전은 이 세상을 올바르게 서술하고 있는가?'이다. 현실주의적 양자역학은 이미 완성되었는가? 아니면 아직도 할 일이 남아 있는가? 안타깝게도 지금까지 개발된 이론 중에는 진실이라고 단정지을 만한 후보가 없다. 이 책에서 소개한 현실주의적 이론들은 예외 없이 심각한 단점을 갖고 있다. 그 이유를 이해하기 위해, 지금까지 언급된 이론의 장점과 단점을 정리해보자.

파일럿파 이론

파일럿파 이론은 추가 자유도를 도입하여 양자역학을 완성했다. 각 물리계에서 일어나는 사건은 이 자유도와 파동함수를 통하여 완벽하게 정의된다. 새로 도입한 자유도란 다름 아닌 입자의 궤적이다. 앞에서는 이것을 '숨은 변수hidden variables'라 불렀지만, 최종적으로 우리에게 관측되는 것은 입자이므로 그다지 적절한 용어는 아니다. 이보다는 존 벨이 도입했던 '비에이블beable'(물리계의 진정한 특성)이라는 용어가 더 그럴듯하다. 현실주의자들은 실제로 존재하는 특성을 서술하는 이론을 선호하는데, 비에이블은 바로 그런 특성을 통칭하는 말이다. 파일럿파 이론에서 파동과 입자는 모두 비에이블에 속한다.

파일럿파 이론에서는 입자가 매 순간 어딘가에 분명히 존재하기 때문에 관측 문제가 애초부터 발생하지 않는다. 관측 장비로 입자를 찾으면 어딘가에서 틀림없이 발견된다.

파일럿파 이론의 방정식은 결정론적이면서 가역적이다. 방정식의 형태만 놓고 보면 완전한 이론으로 손색이 없다. 모든 확률이 '정보 부족'에서 비롯되는 것처럼, 파일럿파 이론에 확률이 도입된 이유는 우리가 입자의 초기 위치를 정확하게 모르기 때문이다. 그리고 입자가 발견될 확률이 파동함수의 제곱에 비례하는 이유(보른 규칙)는 이것이 유일하게 안정한 분포이기 때문이며, 모든 분포는 시간이 흐를수록 이런 쪽으로 변해간다.

또한 파일럿파 이론에는 모호한 구석이 거의 없다. 기존의 양자역학을 수정한 일부 이론에서는 자유변수를 도입하여 난처한 문제를 숨기거나 실험을 통해 반증되는 상황을 모면하고 있다. 그러나 파일럿파 이론에는 추가변수가 없으며, 인위적으로 변수를 도입하고 싶어도 선택의 여지가 남아 있지 않다. 이것은 매우 커다란 장점이다.

파일럿파 이론은 양자적 비에이블에 대한 깔끔하고 명쾌한 설명으로, 현실주의를 추구하는 물리학자들 사이에서 꾸준한 인기를 누리고 있다. 아직 개발될 여지가 많이 남아 있는 것도 이론의 매력 중 하나이다. 파일럿파 이론의 예측이 전통적인 양자역학과 일치한다는 것을 증명하는 것도 중요하지만, 이론의 작동원리를 자세히 설명하는 것은 또 다른 문제이다. 대부분의 물리학자들은 모호한 문제보다 잘 정의된 문제에 도전하는 것을 좋아하는데, 이 점에서 파일럿파 이론은 아주 좋은 연구과제라 할 수 있다.

물론 문제가 없는 것은 아니다. 기존의 양자역학을 대치할 이론이라면 이론의 일부가 아니라 전체를 대치할 수 있어야 한다. 물론 여기에는 표준모형standard model의 기초인 상대론적 양자장이론relativistic quantum field theory도 포함된다. 이 분야는 꾸준히 연구되어왔지만 중요한 문제는 아직 해결되지 않은 채 남아 있다. 개중에는 양자중력이론과 우주론에 파일럿파 이론을 적용한 사례도 있었으나 아직 갈 길이 멀다.

파일럿파 이론의 가장 중요한 목표는 실험을 통해 새로운 이론과 구식 이론을 구별하는 것이다. 최근 들어 미국 클렘슨대학교Clemson Univ.의 안토니 발렌티니Antony Valentini와 그의 동료들은 이 분야에서 우주 전체를 대상으로 흥미로운 연구를 진행했다.

파일럿파 이론이 완전히 옳은 이론으로 대접받지 못하는 데에는 몇 가지 이유가 있다. 그중 하나가 텅 비어 있는 '유령분기ghost branch'인데, 이것은 파동함수의 일부임에도 불구하고 (배열공간에서) 입자로부터 멀리 떨어져 있으며, 향후 입자의 길을 유도하는 데 아무런 역할도 하지 않는다. 유령분기는 제1규칙에 의해 시간이 흐를수록 점점 많아지지만, 눈에 보이는 자연현상을 서술하는 데에는 아무런 도움도 되지 않는다. 게다가 파일럿파 이론에서는 파동함수가 붕괴되지 않기 때문에 결국 이 세상은 유령분기로 가득 차게 되고, 입자의 길을 안내하는 분기는 단 하나밖에 없다. 이것을 '점유분기occupied branch'라 부르기로 하자. 유령분기는 아무런 역할도 하지 않지만 점유분기처럼 분명히 존재하는 실체이며, 이들의 파동함수는 비에이블이다.

파일럿파 이론의 유령분기는 제1규칙의 결과물이라는 점에서 다중세계해석에 등장하는 분기와 원리적으로 동일하다. 그러나 파일럿파 이론에서는 다중세계해석과 달리 입자가 속한 분기가 하나밖에 없기 때문에, 이 세상이 동시에 여러 개 존재한다는 희한한 존재론이나 관측자의 분할을 요구하지 않는다. 그러므로 원리적 단계에서 심각한 문제를 유발하지 않고, 확률의 의미를 정의하는 데에도 별문제가 없다. 그러나 (실제로 일어나지 않은) 모든 가능한 역사를 현실로 간주하는 것이 마음에 들지 않는다면, 다중세계해석과 파일럿파 이론은 똑같이 폐기되어야 한다.

예민한 독자들은 파일럿파 이론과 다중세계해석이 비슷하다는 말에 심기가 불편할지도 모르겠다. 에버렛 양자역학의 지지자들이 결어긋남과 주관적 확률을 이용하여 물리적으로 타당한 해석을 내린다면, 입자적 특성을 무시한 채 파일럿파 이론의 파동함수 분기에도 동일한 해석을 내릴 수 있을까? 그렇다. 가능하다. 그리고 입자성을 무시하면 에버렛의 다중우주로 되돌아간다. 이것은 우리로 하여금 '관측자가 인지하고 관측하는 현실은 파일럿파 이론의 입자로부터 만들어진 물질'이라는 숨은 가정(파일럿파 이론의 지지자들이 무의식적으로 채택했던 가정)을 떠올리게 만든다.

파일럿파 이론에서는 입자와 파동이 모두 비에이블에 속하지만, 그렇다고 입자와 파동이 동등하다는 뜻은 아니다. 이 이론이 설득력을 가지려면 입자에 특권을 부여하여 '우리가 인식하는 세계는 파동이 아니라 입자로 이루어져 있다'고 가정해야 한다. 파동은 배경에 숨어서 입자의 길을 안내하고 있다. 즉, 파동은 직접 관측되지 않고 우리가 얻은 관측 결과를 통해 자신의 존재와 역할을 간접적으로 드러낸다.

파일럿파 이론의 유령분기는 이 세계의 작동원리를 설명하거나 미래를 예측하는 데에는 별 소용이 없다. 거시계의 유령분기가 점유분기와 간섭을 일으켜 계의 미래에 영향을 줄 확률은 매우 낮다. 그러므로 나뭇가지를 쳐내듯 유령분기를 잘라낸다면 꽤 편리할 텐데, 파일럿파 이론과 자발적 붕괴모형을 조합하면 이런 메커니즘을 만들 수 있다. 나는 이 분야의 전문가가 아니어서 아는 바가 별로 없지만, 흥미로운 연구과제임은 분명하다.

파일럿파 이론에서 입자와 파동함수는 또 다른 차이가 있다. 파동함수는 입자의 길을 유도하지만, 입자는 파동함수에 아무런 영향도 미치지 않는다. 간단히 말해서 둘 사이의 관계가 일방통행이라는 이야기인데, 이것은 물리학에서 예외적인 경우에 속한다. 일반적으로 A가 B에게 영향을 주면, B도 A에게 영향을 준다. 예를 들어 당신이 책상을 밀면 책상은 당신을 반대쪽으로 밀어낸다. '모든 작용·action에는 반작용·reaction이 수반된다'는 뉴턴의 제3법칙 때문이다. 그런데 입자가 파동함수로부터 영향을 받으면서 파동함수에게 아무런 영향도 미치지 않는다니, 이 논리에는 무언가가 누락되어 있는 게 분명하다.

유령분기는 종종 무시되곤 하지만, 항상 무시할 수 있는 것은 아니다. 일부 물리학자들은 입자가 없는 분기도 입자가 점유한 분기 못지않게 미래에 영향을 줄 수 있음을 보여주는 기발한 실험을 고안했는데,[1] 이 과정에는 원자와 광자처럼 서로 상호작용을 교환하는 양자적 입자가 관련되어 있다.

파일럿파 이론에 의하면 원자는 입자이면서 동시에 파동이기도 하다. 이것을 각각 '원자입자'와 '원자파동'으로 부르기로 하자. 광자도 입자성과 파동성을 모두 갖고 있는데, 이것을 각각 '광자입자'와 '광자파동'이라 하자. 두 경우 모두 파동이 입자의 길을 유도한다. 이제 광자와 원자가 서로 충돌하도록 실험장치를 세팅했다면, 원자의 어떤 속성과 광자의 어떤 속성이 충돌(상호작용)을 일으킬 것인가?

당신은 원자입자와 광자입자가 충돌한다고 생각하고 싶을 것이다. 그러나 이 짐작은 틀린 것으로 판명되었다. 두 입자는 상대방의 존재를 알지 못하기 때문에, 서로 가까이 다가가도 쉽게 통과해버린다. 원자와 광자가 가까운 거리에서 상호작용을 교환하고 산란되는 것은 입자가 아니라 파동이다. 두 파동이 충돌한 후 뒤로 후퇴하면서 원자파동은 원자입자를 끌어당기고, 광자파동은 광자입자를 끌어당긴다.

그러나 하나의 파동함수가 다른 파동함수를 산란시키는 것은 그것이 점유분기인지, 또는 유령분기인지의 여부와 아무런 상관도 없다. 여기서 유도된 결과는 기존의 양자역학뿐만 아니라 파일럿파 이론의 관점에서 봐도 매우 이상하다. 예를 들어 입자는 다른 입자의 파동함수의 유령분기에 반사되는 것처럼 보일 수도 있다.

파동함수가 다른 파동함수에 의해 반사되는 것은 파일럿파 이론에서 별문제가 되지 않는다. 실제로 파일럿파 이론은 이렇게 직관에서 벗어난 상황에서도 잘 작동한다. 그러나 여기에는 치러야 할 대가가 있다. 입자를 주인공으로, 유령분기를 엑스트라로 간주하는 편리한 그림을 포기해야 하는 것이다.

파동함수가 입자의 길을 유도한다는 아이디어는 또 다른 의외의 결과를 낳는다. 입자의 운동량과 에너지가 보존되지 않는 것도 그 중 하나이다. 파일럿파 이론에서 입자는 마치 공상과학 소설에 등장하는 UFO처럼 움직인다. 한 장소에 몇 시간 동안 가만히 놓여 있다가(즉, 에너지에 아무런 변화가 없다가) 파동함수의 변화에 즉각적으로 반응하여 갑자기 격렬한 점프를 일으키는 식이다.

드브로이는 이 사실을 알고 있었지만 크게 신경 쓰지 않았고, 훗날 그의 아이디어를 이어받은 발렌티니도 마찬가지였다. 유도방정식의 역할 중 하나는 입자가 장애물이나 슬릿을 만났을 때 경로가 휘어지도록 만들어서 빛의 회절을 재현하는 것이기 때문이다. 그리고 다른 입자와 충돌하지 않았는데도 경로를 바꾸는 입자는 운동량이 변하는 입자이다. 그러나 아인슈타인을 비롯한 일부 현실주의자들은 이것이 이론의 단점이라고 생각했다.

입자의 모든 가능한 경로에 대하여 양자적 평형상태에 있는 계의 에너지에 평균을 취하면 평균운동량과 평균에너지는 보존된다. 이 내용은 다음 장에서 자세히 다룰 예정이다.

파일럿파 이론은 공간을 가로지르는 입자와 파동, 그리고 입자의 길을 유도하는 파동에 대하여 꽤 멋진 그림을 제공하고 있지만, 직관적 현실성은 다소 떨어진다. 이 이론을 여러 개의 입자로 이루어진 계에 적용하면 파동함수는 우리에게 친숙한 공간이 아닌 배열공간을 가로지르게 되고, 배열공간은 차원이 높기 때문에 시각화하기가 쉽지 않다. 그리고 앞에서 강조한 바와 같이 입자는 동그란 구체가 아니라, 유도방정식의 비국소적 영향을 포함하여 가까운 물체 및 멀리 떨어진 물체와 상호작용을 교환하는 복잡다단한 객체이다. 그래서 입자는 파일럿파 이론으로 양자역학의 결과를 재현하는 데 별 도움이 되지 않는다.

파일럿파 이론의 세 번째 문제는 상대성이론에 부합되지 않는다는 것이다. 가장 큰 문제는 상호작용의 여파가 빛보다 빠르게 전달되는 비국소성nonlocality이다. 벨의 정리를 확인하는 실험에 의하면, 양자역학을 초월하여 모든 사건을 개별적으로 서술하려고 할 때마다 예외 없이 비국소성이 모습을 드러낸다.

파일럿파 이론은 양자역학의 완성된 형태로서 양자역학의 예측과 일치하기 때문에, 비국소성과 어떻게든 연결될 수밖에 없다. 사실 파일럿파 이론에는 비국소성이 처음부터 내재되어 있었다. 왜 그럴까? 서로 멀리 떨어져 있으면서 양자적으로 얽혀 있는 입자 두 개를 생각해보자. 이런 경우 한 입자가 겪는 양자적 힘은 다른 입자의 위치에 의해 결정되며, 이 비밀스러운 관계는 두 입자가 아무리 멀리 떨어져 있어도 여전히 유지된다.

그러므로 두 입자의 궤적을 추적하면 이들이 비국소적으로 영향을 주고받는 현장을 목격할 수 있다. 일반적으로 관측자는 입자의 평균위치와 평균운동량을 관측하기 때문에, 끊임없이 지속되는 비국소적 영향은 무작위로 일어나는 양자적 운동에 가려 보이지 않는다. 그러나 파동함수가 입자를 유도하는 방식은 분명하게 명시되어 있으므로 관측을 통해 확인 가능하다.

이 시점에서 주의 깊은 독자들은 무언가 이상하다고 느낄 것이다. 멀리 떨어진 두 입자가 비국소적으로 상호작용을 교환한다는 것은 한쪽의 영향이 다른 쪽에 즉각적으로 전달된다는 뜻이고, 이는 '모든 물체와 정보는 빛보다 빠르게 이동할 수 없다'는 특수상대성이론의 제1계명에 위배된다. 멀리 떨어진 두 지점에서 일어나는 사건에 대하여 더 이상 '동시성simultaneity'을 논할 수 없게 되는 것이다. 파일럿파 이론이 특수상대성이론에 부합되지 않는 것은 바로이 비국소성 때문이다.

특히 비국소적 힘의 원천인 유도방정식은 상대성이론과 양립할 수 없다. 유도방정식이 제대로 작동하려면 절대적 동시성을 정의하는 기준계基準系, frame of reference가 필요하기 때문이다. 단, 물리계가 양자적 평형에 놓여 있으면* 양자적 무작위성이 비국소적 효과를 가려주기 때문에 두 이론 사이의 충돌은 겉으로 드러나지 않으며, 빛보다 빠르게 정보를 전달할 수도 없다. 물리계에서 일어나는 사건을 자세히 들여다보지 않는 한, 파일럿파 이론과 상대성이론의 '불편한 공존관계'가 유지되는 것이다. 그러나 파일럿파 이론의 핵

---

* 양자적 평형상태는 8장에서 정의한 바 있다.

심은 '물리계를 자세히 들여다볼 수 있다'는 것이니, 위와 같은 설명은 미봉책에 불과하다.

현재 파일럿파 이론을 상대론적 양자장이론에 적용하는 연구가 한창 진행되는 중이어서, 두 이론 사이의 긴장관계가 어떤 식으로 해결될지는 아무도 알 수 없다.[2]

파동함수의 붕괴

자발적 붕괴모형은 비에이블beable이라는 개념을 이용한 현실주의적 양자이론의 또 다른 버전이다. 이 이론에는 입자 없이 파동만 존재하지만, 가끔은 파동의 매끄러운 흐름이 갑자기 중단되면서 질량이 한 지점에 집중되어 있는 입자로 변하고, 이 지점에서 파동의 흐름이 다시 시작되기도 한다. 즉, 특별한 환경에서 파동이 입자의 거동을 흉내 내는 것이다. 이렇게 도입된 입자는 파동함수 붕괴모형의 유일한 비에이블이다.

붕괴모형에서 파동함수의 붕괴는 실제로 일어나는 현상이므로 관측 문제도 자연스럽게 해결된다. 원자계에서는 이런 일이 자주 일어나지 않지만 계의 규모가 크고 복잡할수록 붕괴가 빠르게 진행되기 때문에, 거시계에 중첩이나 얽힘 현상이 남아 있을 가능성은 거의 없다. 중첩과 얽힘은 붕괴와 함께 사라지므로, 원자영역에서만 나타나는 현상으로 간주해도 무방하다. 붕괴모형으로 관측 문제가 해결되는 이유는 측정 장비의 파동함수가 항상 명확한 지점에서 붕괴되기 때문이다. 또한 이 이론에는 골치 아픈 유령분기도 등장하지 않는다.

파일럿파 이론과 자발적 붕괴모형은 양자역학을 재해석하는 '해석용 이론'이 아니라, 기존의 양자역학에서 볼 수 없었던 새로운 결과를 각기 다른 방식으로 예측하는 '대체이론'이다. 그러나 원자와 분자의 거동을 서술할 때 두 이론은 서로 일치할 뿐만 아니라 양자역학과도 일치하며, 실험으로 감지할 수 있는 것보다 훨씬 정밀한 수준까지 예측 가능하다. 따라서 지금의 실험수준으로는 양자역학과 파일럿파 이론(또는 자발적 붕괴모형)을 구별할 수 없다. 파일럿파 이론에 의하면 중첩과 얽힘은 범우주적 현상이므로 물리계가 아무리 커도 원리적으로 관측 가능하다. 그러나 계의 규모가 크면 수많은 입자와 주변환경의 상호작용이 파동함수의 위상*에 무작위로 영향을 주어 결어긋난 상태decoherent로 돌아가려는 경향이 있기 때문에, 현실적으로는 관측이 결코 쉽지 않다. 지금도 일부 실험물리학자들은 양자적 현상의 영역을 확장하기 위해 다양한 시도를 하고 있다.

파동이 자발적으로 붕괴되면 곧바로 게임이 시작된다. 자발적 붕괴모형이 옳다면, 어떤 실험도 크고 복잡한 계에서 두 개의 파동함수를 중첩시킬 수 없을 것이다.

파일럿파 이론과 자발적 붕괴모형은 시간을 바라보는 관점에도 차이가 있다. 파일럿파 이론에서 시간은 뉴턴의 법칙처럼 가역적이지만, 자발적 붕괴모형의 시간은 열역학 법칙처럼 비가역적이다.

파동함수 붕괴이론은 파일럿파 이론과 비슷한 단점을 갖고 있다. 붕괴가 순식간에, 그리고 모든 곳에서 동시에 일어나는 것은 상대

---

* 파동함수의 위상phase이란 마루·골의 위치와 파동의 형태를 통칭하는 용어이다.

3부 양자를 넘어서

성이론에 위배된다. 이런 일이 가능하려면 파일럿파 이론의 경우처럼 절대적인 기준계가 존재해야 하는데, 상대성이론에 의하면 이런 기준계는 존재하지 않는다. 그러나 자발적 붕괴이론이 양자역학과 일치하는 영역에서는 상대성이론과의 충돌이 두드러지게 나타나지 않는다.

붕괴모형의 또 다른 단점은 앞서 말한 대로 에너지가 보존되지 않는다는 것인데, 이 차이는 자유변수를 적절한 값으로 세팅함으로써 최소화할 수 있다. 그러나 내가 보기에 변수를 조절하여 이론과 실험을 일치시키는 기능은 장점이 아니라 약점에 가깝다. 이런 이론은 개발단계부터 근본적 문제점을 해결하지 않고 피해갈 가능성이 높기 때문이다.

자발적 붕괴모형은 여러 가지 버전이 있으며, 각 버전에서 매개변수는 다른 값으로 세팅되어 있다. '이론' 대신 굳이 '모형'이라 부르는 것은 바로 이런 이유 때문이다. 반면에 파일럿파 이론은 변수를 마음대로 바꿀 수 없기 때문에 '이론'으로 불릴 자격이 있다.

지금까지 언급된 여러 이론 중에서 숨은 변수를 도입한 모든 이론들이 상대성이론과 충돌한다는 사실을 눈여겨볼 필요가 있다. 이유는 간단하다. 개별적인 과정을 완벽하게 서술하려면 이론이 비국소적이어야 하고, 이를 위해서는 (벨의 부등식을 검증한 실험에 따라) 모든 관점에 우선하는 '동시성'이 성립해야 하기 때문이다. 개별적인 여러 경우에 평균을 취하면 확률이 되고, 이 확률이 양자역학의 확률과 일치하면서 정보가 빛보다 빠르게 전달되는 경우가 없으면 특수상대성이론과 심각한 충돌은 일어나지 않는다. 그러나 현실주의자의 관점에서 볼 때 현실이란 개별적인 경우의 집합이므로 그다지

만족스러운 설명은 아니다. 우리는 파일럿파 이론과 자발적 붕괴모형에서 이런 사례를 뚜렷하게 목격한 바 있다.

양자역학 자체에도 문제가 있기 때문에, 양자역학을 뛰어넘겠다는 야망을 포기해도 이 딜레마를 피해갈 수 없다. 제2규칙에 의한 파동함수의 붕괴는 '모든 곳에서 동시에' 일어난다.

원자영역에 적용되는 상식 수준의 현실주의와 특수상대성이론의 충돌. 이것은 내가 물리학에 발은 담근 후로 나를 가장 괴롭힌 문제였다.

내가 보기에 파일럿파 이론과 자발적 붕괴모형에 회의적 생각을 갖게 되는 가장 큰 이유는 양자중력과 통일장이론 등 물리학의 다른 문제와 별다른 관계가 없기 때문인 것 같다.

두 이론은 기존의 양자역학을 수용하면서 현실주의자로 남을 수 있는 길을 열어주었지만 진위 여부는 아직 판명되지 않았다. 물리학의 다른 중요한 문제에 실마리를 제공하면서 현존하는 이론의 함정을 피해 가는 현실주의적 양자역학이 개발된다면, 물리학은 기초부터 완전히 재정립될 것이다.

현실주의에 기초한 양자이론은 파일럿파 이론과 자발적 붕괴모형 외에 몇 가지가 더 있다. 설득력이 그다지 강한 편은 아니지만 아이디어가 참신하여 한 번쯤 짚고 넘어갈 만하다.

역인과율

양자역학에 대한 새로운 접근법으로 최근 제기된 역인과율逆因果律, retrocausality은 인과율이 시간의 순방향뿐만 아니라 역방향으로도 적

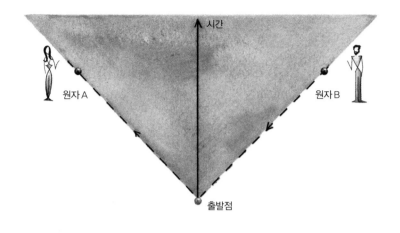

그림 10 역인과율: 두 개의 원자 A, B가 미래로 이동하고 있다. A는 공간상에서 왼쪽으로, B는 오른쪽으로 이동한다. 그러나 인과율의 영향은 B에서 출발점으로 되돌아간 후 다시 시간의 순방향을 따라 A에 도달할 수도 있다. 이런 경우 원자 A에 나타난 '결과'는 B에서 시작된 '원인'과 동시에 일어난다.

용될 수 있다는 가정하에 개발된 이론이다. 일반적으로 원인은 결과보다 먼저 일어나지만, 역인과율 지지자들은 '가끔은 결과가 원인보다 먼저 일어날 수 있다'고 주장한다. 시간을 따라 앞뒤로(즉, 과거와 미래로) 오락가락하다 보면 인과의 연결고리가 그림 10처럼 비국소적으로 보일 수도 있다는 것이다. 원리는 간단하다. 과거를 향해 빛의 속도로 달리다가 다시 미래로 달리면 출발점과 시간은 같지만 공간적으로 멀리 떨어진 곳에 도달할 수 있다. 그러므로 원인이 과거와 미래에 모두 존재하는 이론을 채택하면 비국소성과 얽힘을 설명할 수 있을지도 모른다.

이 접근법을 처음으로 채택한 사람은 데이비드 봄의 제자인 야키르 아로노프Yakir Aharonov와 그의 동료들이었다.[3] 그리고 존 카터John Carter와 루스 캐스트너는 또 다른 버전인 '업무적 해석transactional interpretation'을 제안했고,[4] 휴 프라이스Huw Price는 양자역학의 모든 시간대칭버전이 역인과율에 의존한다고 주장했다.[5]

과거에 기초한 접근법

고대 현자들의 가르침에 의하면 근본적인 현실은 사물이 아니라 과정이며, 상태가 아니라 변화이다. 이 과감한 주장에 기초하여 양자역학의 새로운 접근법을 떠올린 사람은 리처드 파인먼Richard Feynman이었다. 그는 박사과정 학생 때 양자상태가 시간에 대해 연속적으로 변하지 않는 새로운 양자역학을 연구한 적이 있다. 간단히 말해, 양자계가 특정한 처음 상태에서 특정한 나중 상태로 변할 확률에 관심을 가진 것이다. 이 계산을 수행하려면 두 배열(처음과 나중) 사이에서 계가 거쳐갈 수 있는 모든 경로(과거)를 고려해야 한다. 각 경로에 양자적 위상*을 할당하고 모든 가능한 경로에 대하여 모든 위상을 더하면 전이轉移, transition에 해당하는 파동함수가 얻어진다. 그리고 보른 규칙에 따라 최종 파동함수를 제곱하면 양자계가 처음 상태에서 나중상태로 변할 확률을 구할 수 있다.

파인먼이 말한 대로, 이것은 양자역학에서 확률을 계산하는 방법 중 하나일 뿐이다. 그러나 라파엘 소킨Rafael Sorkin은 파인먼의 접근법이 계의 모든 가능한 과거를 비에이블로 삼은 현실주의적 양자역

---

* 위상은 복소수complex number로 표현된다.

학의 기초라고 주장했다. 단, 계의 과거를 서술할 때에는 표준에서 벗어난 양자역학적 논리를 사용해야 한다.[6]

머리 겔만Murray Gell-Mann과 제임스 하틀James Hartle은 계의 과거를 조금 다르게 사용하여[7] 우리가 경험하는 현실이 '똑같이 타당하고 현실적인 여러 과거들 중 하나'라고 주장했다. 기본 아이디어는 '결어긋난decohere 과거들은 중첩될 수 없기 때문에 대체과거alternative histories로 간주할 수 있다'는 것이다. 겔만과 하틀은 로버트 그리피스Robert Griffiths, 롤란드 옴네스Roland Omnès와 함께 이 아이디어를 체계화하여 '양자역학에 대한 **타당한 과거접근**The consistent histories approach to quantum mechanics'이라는 제목으로 발표했는데,[8] 핵심 결론은 '뉴턴의 고전물리학을 만족하는 과거는 결어긋난 과거집합의 일부'라는 것이다. 이 결어긋난 과거들은 또 다른 현실적 과거로 간주할 수 있다. 그러나 이 명제의 역逆은 성립하지 않는다. 페이 도우커Fay Dowker와 에이드리언 켄트Adrian Kent가 결어긋난 과거들 중 뉴턴의 물리학을 따르지 않는 과거도 다수 존재한다는 사실을 증명했기 때문이다.[9]

그러나 과거에 기초한 이론들은 이 세상을 소박한 현실주의적 관점에서 서술하고 싶은 나의 소망을 충족시키지 못했다. 나는 상태보다 과정을 현실로 간주하는 현실주의적 관점[비에이블beables(존재중심)보다 해픈에이블happen-ables(사건중심)을 중요하게 취급하는 관점]에 대해 아무런 반감도 없다. 그러나 위에 언급한 접근법에서는 이미 일어난 사건을 계산하는 것이 아니라 사건이 일어날 확률만을 계산한다. 그리고 이론에서 제시된 과거와 우리가 관측한 확률 사이의 관계는 항상 보른 규칙으로 연결되는데, 이는 곧 계가 거쳐온 과거가 실재實在가 아니라 확률과 관련되어 있음을 의미한다.

상호작용을 교환하는 고전적 다중세계

현실주의적 양자역학의 또 다른 버전을 여기 소개한다.[10] 우리가
사는 세계가 고전물리학의 법칙을 따르면서 '동시에 존재하는 수많
은 세계 중 하나'라고 가정해보자. 이 다중세계들은 구성입자의 종
류가 같고 입자의 개수도 같아서 생긴 모습은 거의 비슷하지만, 각
입자의 위치와 궤적이 조금씩 다르다.

이 모든 세계들은 뉴턴의 법칙을 만족한다는 점에서 고전적이다.
그러나 한 가지 중요한 차이점이 있으니, 입자들 사이에 작용하는
기존의 힘 외에 새로운 종류의 힘이 작용하고 있다. 서로 다른 세계
에 존재하는 입자들 사이의 상호작용이 바로 그것이다. 에버렛의
다중세계가설에서는 서로 다른 세계들 사이에 정보가 오갈 수 없지
만, 상호작용하는 다중세계가설은 이것을 허용하고 있다.

간단한 예를 들어보자. 당신이 허공을 향해 공을 던지면, 공은 당
신의 팔이 가한 힘과 지구의 중력에 반응하여 특정한 궤적을 그리
며 날아간다. 그리고 이와 동시에 이곳과 비슷한 세계에 사는 당신
의 복사본들도 똑같이 공을 던진다. 단, 복사본이 던진 공들은 출발
점과 궤적이 조금씩 다르며, 다른 세계에서 날아가는 공들과 상호
작용을 교환할 수 있다. 이런 식으로 '다중세계의 경계를 넘어 작용
하는 힘'은 강도가 매우 미약하지만, 모든 공들은 이 힘의 영향을
받아 궤적이 조금씩 흔들린다. 그러나 당신은 눈앞에 보이는 공밖
에 관측할 수 없으므로 궤적이 흔들리는 이유를 설명할 길이 없다.
당신의 눈에는 공의 궤적이 알 수 없는 원인에 의해 무작위로 요동

치는 것처럼 보인다. 그러므로 공의 궤적을 예측할 때에는 무작위적이고 확률적인 요소를 도입할 수밖에 없다. 양자역학에 확률이 도입된 것은 바로 이런 이유 때문이다.

이것을 **상호작용을 교환하는 고전적 다중세계**many interacting classical worlds theory이라 한다. 구체적인 계산을 하려면 평행세계들 사이에 작용하는 힘을 선택해야 하는데, 이로부터 양자역학이 도출되려면 기존의 힘과 완전히 다른 새로운 힘을 도입해야 한다. 물론 이 상호작용에는 3중작용triplet(각기 다른 세계에 속한 세 개의 입자들 사이에 교환되는 상호작용)도 포함되어 있으므로, 당신이 던진 공의 궤적은 다른 세계에 있는 두 공의 위치에 따라 달라진다.

이 이론에서 예견된 값을 구체적으로 계산하려면 고성능 컴퓨터가 필요하다. 재정이 확보되어 이런 컴퓨터를 사용할 수 있다면, 분자화학 분야에 큰 도움이 될 것이다.[11]

'상호작용을 교환하는 고전적 다중세계'를 독자들에게 강요할 생각은 없다. 그러나 이것도 엄연히 현실주의를 표방하는 양자역학의 한 버전이다.

초결정주의

벨의 정리에 의하면 자연은 국소적이지 않다. 즉, 상호작용은 빛보다 빠르게 전달될 수도 있다. 그러나 모든 물리학자들이 이 결과를 수용한 것은 아니다. 벨의 논리에는 몇 가지 허점이 있는데, 대부분이 실험단계에서 무시되었다. 그러나 '초결정주의superdeterminism'와 관련된 허점은 무시하기 어렵다. 자연의 국소성을 반증한 아스페의 실험은 4장에서 논한 바 있다. 멀리 떨어져 있는 두 명의 관측자가 자신을 향해 날아오는 광자의 편광을 관측한다고 하자. 국소성이 위배되었다는 증명은 두 사람의 선택(편광판 방향의 선택)이 독립적으로 이루어졌다는 사실에 기초하고 있다.

그러나 엄밀히 말해서 두 개의 사건(두 명의 관측자가 편광방향을 선택하는 사건)은 과거에 일어났던 어떤 사건의 결과이다. 그러므로 두 관측자의 선택에 원인을 제공했던 사건이 발견될 때까지 과거로 거슬러 가야 한다. 사실은 관측자의 선택뿐만 아니라, 실험 전체에 영향을 준 과거의 요인을 모두 고려해야 한다. 두 관측자가 편광판을 특별한 각도로 선택한 것은 과거에 누군가가 치밀한 계산 하에 초기조건을 세팅해놓았기 때문이다. 초결정주의에 의하면 우주는 전적으로 결정론에 따라 진행되며, 만물의 상호관계는 아득한 옛날, 빅뱅이 일어났던 시점에 이미 결정되어 있었다.

일부 물리학자들은 '우주의 초기상태가 극도로 정밀하게 세팅되었다면(누가 세팅했는지는 문제 삼지 말자) 지금까지 관측된 얽힌 쌍들은 비국소성을 모방하는 식으로 세팅되었을 것'이라고 주장한다. 그렇다면 우리가 얻은 결과는 비국소성에 대한 증거가 아니라 초결정주의의 증거인 셈이며, 양자역학을 설명하기 위해 국소적 숨은 변수를 도입할 여지가 생긴다. 이런 주장을 펼친 대표적 물리학자로는 헤라르트 엇호프트를 들 수 있다.[12]

엇호프트는 20대의 젊은 나이에 표준모형에 핵심적인 기여를 했던 위대한 물리학자이다. 나는 운 좋게도 대학원생 시절에 그의 강의를 들은 적이 있는데, 물리학에 대한 식견에 대해서뿐만 아니라 개인적으로도 매우 존경스러운 인물이었다. 그는 몇 년 동안 셀룰러 오토머턴cellular automaton(여러 개의 동일한 프로세서를 병렬로 조합한 컴퓨터의 일종-옮긴이)에 기초하여 결정론적 국소 숨은 변수 이론local hidden variable theory을 연구해왔다고 주장했는데, 내가 알기로 그의 이론은 특별한 경우에만 적용된다. 엇호프트는 초결정주의에 기초한 자신의 이론이 일반적으로 타당하다고 주장했지만, 나는 개인적으로 초결정주의보다 비국소성에 중점을 두는 것이 바람직하다고 생각한다. 엇호프트는 그 세대에서 내가 제일 존경하는 물리학자였기에, 이런 말을 하면서도 마음이 결코 편하지는 않다.

파일럿파 이론과 붕괴모형을 넘어서

내가 보기에 지금까지 소개한 다양한 버전의 현실주의적 양자이론 중에서 고개를 끄덕이며 곧바로 수긍할 만한 후보는 단 하나도 없는 것 같다. 개중에는 꽤 매력적인 이론도 있지만 실험적 증거가 없고, 기존의 실험 결과를 색다른 논리로 완벽하게 설명한 사례도 없다. 그러나 여기서 포기할 필요는 없다. 당신이 아인슈타인과 드브로이, 슈뢰딩거, 봄, 그리고 벨의 캠프에 합류하여 양자이론의 확률적 해석을 뛰어넘어 개별적인 양자적 과정을 비에이블로 서술하고 싶다면, 끈기를 갖고 이 책을 계속 읽어주기 바란다. 아직 할 이야기가 남아 있기 때문이다.

파일럿파 이론과 붕괴모형을 넘어 앞으로 계속 나아갈 때, 우리가 간직해야 할 교훈이 있을까? 물론 있다. 가장 중요한 교훈은 물리적 실체가 파동함수에 내포되어 있다는 것이다. 그 이유를 지금부터 생각해보자.

파일럿파 이론에 의하면 우주 만물은 파동성과 입자성을 동시에 갖고 있는 이중적 존재이다('이중성을 갖고 있지만 관측을 시도하면 둘 중 하나만 관측된다'고 주장하는 기존의 양자역학과 확연하게 다르다 — 옮긴이). 입자가 시종일관 존재하기 때문에 관측 문제가 발생하지 않고, 파동도 시종일관 존재하므로 중첩과 얽힘 등 기이한 특성이 그대로 반영되어 있다. 그런데 파일럿파 이론은 과연 옳은 이론일까? 인상적이긴 하지만 단점이 있다. 이 이론을 품고 앞으로 더 나아가려면 비에이블에 대한 새로운 이론이 개발되어야 한다.

파일럿파 이론은 입자와 파동이 모두 실체라고 선언함으로써 일단 성공을 거두었다. 그런데 꼭 이런 주장을 펼칠 필요가 있을까? 이중적 존재론을 내세우지 않고서도 파일럿파 이론과 동일한 성과를 거둘 수 있는 이론이 존재하지 않을까? 만일 존재한다면 파동과 입자의 일방적인 관계가 해결될지도 모른다.

두 개가 아니라 한 개의 비에이블만으로 파일럿파 이론과 동일한 결과가 얻어진다면 정말로 흥미진진할 것이다. 진정한 실체는 파동과 입자 중 하나뿐일 수도 있고, 파동도 입자도 아닌 제3의 객체일 수도 있다.

첫 번째 시도로, 파일럿파 이론에서 파동과 입자를 모두 제거하면 어떻게 되는지 생각해보자.

입자를 제거하면 관측 문제가 해결되지 않는다. 이런 상황에서 관측 문제를 해결하려면 파동이 자발적으로 붕괴된다는 파격적인 가정을 내세워야 한다. 즉, 파일럿파 이론에서 입자를 제거하면 자발적 붕괴모형이나 다중세계해석으로 돌아가는 것이다.

입자를 유지하고 파동을 포기하면 어떨까? 이런 경우에는 누가 입자를 유도할 것이며, 간섭현상은 어떻게 설명할 것인가? 입자가 파동의 역할을 대신하도록 새롭고 기이한 특성을 부여할 수도 있지 않을까?

　일부 물리학자와 수학자들은 입자만을 실체로 간주한 채 비에이블이론을 개발해왔지만 아직 성공하지 못했다. 이 분야에도 흥미로운 이야깃거리가 꽤 많은데, 결론은 '파동함수에는 현실의 본질이 내포되어 있다'는 한마디로 요약된다.[13] 내가 알기로 이 접근법을 채택하여 성공에 가장 근접한 이론은 수학자 에드워드 넬슨Edward Nelson의 '확률적 양자역학stochastic quantum mechanics'이다. 나는 여러 해 동안 이 이론이 옳다고 생각해왔으나, 불안정성을 피하려면 수많은 변수조절이 필요하다는 사실을 뒤늦게 알게 되었다.

　이것은 양자정보이론의 전문가인 매튜 퍼시Matthew Pusey와 조너선 배럿Jonathan Barrett, 그리고 테리 루돌프Terry Rudolph의 분석을 통해 알려진 사실이다. 이들은 양자상태가 단순히 관측자가 계에 대하여 갖고 있는 정보를 나타내는 지표가 아니라, 물리적 실체이거나 실질적인 무언가를 나타내는 양이라고 주장했다.[14] 그렇다면 우리에게는 두 가지 선택지가 남는다. 파일럿파 이론과 붕괴모형의 주장대로 파동함수 자체를 비에이블로 간주하거나, 파동함수에 담긴 물리적 실체를 다른 형태로 포함하는 새로운 비에이블을 찾아야 한다.

14장

원리가 먼저다!

나는 아인슈타인이 자서전에서 밝힌 두 가지 문제를 해결하겠다는 희망을 품고 물리학에 뛰어들었다. 그 문제란 (1) 양자물리학과 시공간을 하나로 통일하고, (2) 양자물리학을 이치에 맞는 이론으로 재구성하는 것이었다.

아인슈타인의 자서전이 출간된 지 어언 반세기가 지났는데도 이 문제는 아직 해결되지 않은 채 남아 있다. 그동안 내로라하는 천재들이 이 문제를 풀기 위해 일생을 걸었지만 성공한 사람은 아무도 없다. 대체 뭐가 그렇게도 어려운 것일까?

나 역시 이 문제를 항상 마음속에 품고 살아오다가, 얼마 전부터 의구심이 들기 시작했다. 혹시 우리가 아인슈타인이 제기했던 두 가지 문제와 씨름을 벌이다가 엉뚱한 길로 접어든 것은 아닐까? 그동안 우리는 고리양자중력이론과 끈이론, 그리고 파일럿파 이론 등 다양한 이론을 개발했지만 충분히 깊은 곳까지 들여다보지 못했다.

이런 이론들은 자연에 대한 우리의 생각을 투영한 일종의 모형인데, 가장 깊고 순수한 생각까지 포괄하려면 아직 갈 길이 멀다.

이론적 모형은 우리의 생각을 검증하는 수단이다. 그런데 모형을 단순화하면 자연의 근본적 특성과 의미가 더욱 또렷하게 드러나는 경우도 있다. 예를 들어 모노폴리 게임Monopoly은 자본주의 경제 시스템을 단순화한 모형으로, 이 게임을 몇 번만 하면 '독점만이 살 길'이라는 극단적 교훈을 온몸으로 체험하게 된다. 그런데 과학자가 아닌 사람들은 새로운 아이디어를 검증할 때 모형이 얼마나 중요한 역할을 하는지 잘 모르는 것 같다(사실 이론적 모형은 여러 면에서 불완전하고 누락된 부분이 많기는 하다).

자연에 대한 우리의 생각은 주로 가설이나 원리를 통해 표현된다. 가설hypothesis은 자연에 대한 간단한 주장으로, 시간이 흐르면 참 또는 거짓으로 판명된다. 예를 들어 '모든 물질은 원자로 이루어져 있으므로 무한히 작게 쪼갤 수 없다'는 주장은 가설에 속한다. '빛은 전기장과 자기장을 통해 공간을 가로지르는 파동이다'라는 주장도 마찬가지다. 이 두 개의 가설은 결국 참으로 판명되었지만, 과학의 역사를 돌아보면 옳은 가설보다 틀린 가설이 압도적으로 많았다.

원리principle는 자연법칙의 형태를 제한하는 일반적 요구사항이다. 예를 들어 '어떤 실험도 완벽한 정지상태를 확인하거나 절대적인 속도를 측정할 수 없다'는 것은 원리에 속한다.

아인슈타인은 특수상대성이론을 발표할 때 자신이 무슨 일을 하고 있는지 잘 알고 있었다. 그는 1905년에 두 개의 원리에 기초한 특수상대성이론을 발표했고, 이로부터 중요한 결과를 유추해냈다. 그러나 '시공간spacetime'이라는 개념을 처음으로 도입한 사람은 아인슈타인이 아니라 그의 스승이었던 헤르만 민코프스키Hermann Minkowski였다. 1907년에 민코프스키는 아인슈타인의 원리를 검증하는 모형으로 시간과 공간을 통일한 시공간을 도입했다.

원리와 가설을 건너뛴 채 곧바로 모형의 구체적인 부분을 파고들다 보면 미시적 요소에 갇혀서 길을 잃기 쉽다. 언젠가 파인먼은 나와 대화를 나누다가 이런 충고를 한 적이 있다. "연구 중에 떠오르는 모든 의문은 자연과 관련된 질문으로 바꿔야 한다. 그렇지 않으면 이론의 세세한 부분에 발이 묶여서 시간만 낭비하고 자연에 대해서는 아무것도 알아낼 수 없을 것이다." 작은 나무에 사로잡혀 숲을 보지 못하는 것도 문제지만, 각기 다른 모형을 지지하는 학자들끼리 목소리를 한껏 높이며 학문적 세력다툼을 벌이는 것은 더 큰 문제이다.

아인슈타인은 이 교훈을 강조하기 위해 '원리적 이론principle theory'과 '구성적 이론constitutive theory' 간의 차이점을 부각시켰다. 원리적 이론이란 일반적으로 적용되는 원리를 서술하는 이론으로, 가능한 것의 한계를 설정해주지만 자세한 정보는 담겨 있지 않다. 자세한 내용을 담고 있는 것은 이론의 두 번째 종류인 구성적 이론으로, 자연에 존재하거나 존재하지 않는 입자와 힘의 특성을 서술한다. 특수상대성이론과 열역학은 원리적 이론이고, 디랙의 전자이론(상대론적 양자역학)과 맥스웰의 전자기학은 구성적 이론에 속한다.

그래서 나는 구성요소에 대한 추측을 잠시 미루고 모형에서 한 걸음 뒤로 물러나, 원리에 관심을 갖는 것이 바람직하다고 생각한다.

새로운 기본이론을 구축하는 우리의 전략은 [1] 원리, [2] 가설 (원리에서 벗어나지 않는 가설), [3] 모형(원리와 가설이 부분적으로나마 반영된 모형), [4] 이론의 완성 이렇게 네 단계로 진행될 것이다. 이론보다 원리를 앞세우면 흥미로운 질문이 제기된다. "원리의 내용과 출처를 어떤 언어로 서술할 것이며, 무엇에 근거하여 비평을 할 것인가?" 우리의 목적은 기존의 이론을 뛰어넘는 것이므로, 다른 이론의 언어를 사용하는 것은 별 의미가 없다. 아인슈타인이 고전물리학의 언어로 논리를 펼쳤다면 일반상대성이론은 세상에 태어나지 않았을 것이다.

물론 수학도 필요하다. 수학은 가끔씩 새로운 아이디어나 구조를 제공하면서 물리적 사고를 돕는다. 그러나 새로운 물리학을 구축하는 게 목적이라면 수학만으로는 턱없이 부족하다. 그렇지 않다면 일반상대성이론은 아인슈타인이 등장하기 전에 베른하르트 리만Bernhard Riemann이나 윌리엄 킹던 클리포드William Kingdon Clifford 같은 수학자들이 개발했을 것이다. 이 시점에서 필요한 것이 다름 아닌 철학이다. 철학 교육을 받은 사람은 다른 이에게 없는 중요한 도구를 갖고 있기 때문이다. 그들은 인류 역사 전반에 걸쳐 자연을 서술할 때마다 사용해왔던 기본 아이디어와 방법을 알고 있다. 그리고 시간과 공간의 특성처럼 본질적인 문제를 다룰 때에는 과거 선조들이 시도했던 방법을 따라하는 것도 좋은 선택이다. 아인슈타인이 상대성이론을 혼자 구축했다고 하지만, 시간과 공간 개념을 새로 정립해야 한다고 느꼈을 때 그는 결코 혼자가 아니었다. 그가 뒷주머니에 꽂고 다니던 노트에는 갈릴레오와 뉴턴, 라이프니츠, 칸트, 그리고 마흐의 지혜가 고스란히 담겨 있어서, 그들과 마음속으로 대화를 나누며 올바른 길을 찾아갈 수 있었다. 또한 하이젠베르크가 뉴턴의 물리학을 뛰어넘을 수 있었던 것도 과거에 플라톤과 칸트가 쌓은 지식 덕분이었다.

20세기에는 물리학이 철학을 적극적으로 수용하면서 번뜩이는 논리와 유용한 아이디어가 봇물처럼 쏟아져 나왔다. 철학은 구시대의 유물이 아니라 살아있는 전통이다. 물리철학이 물리학의 기술적인 면을 따라가지 못하고 탁상공론만 펼치던 시대는 이미 오래전에 끝났다. 그래서 나는 물리학의 새로운 원리를 찾기 위해 일말의 망설임도 없이 과거 철학자와 현시대 철학자의 조언에 똑같이 귀를 기울일 것이다.

원리에서 출발하면 곧바로 하나의 결론에 도달하게 된다. 양자이론의 기초와 양자중력이 동일한 문제의 다른 측면이라는 결론이 바로 그것이다. 양자이론의 기초를 고려하지 않고 양자중력을 연구하거나, 양자중력을 고려하지 않고 양자이론의 기초를 파고드는 것은 잘못된 접근법이다. 이 두 가지 문제는 깊은 곳에서 긴밀하게 연결되어 있다. 그 이유 중 하나는 양자역학을 뛰어넘는 것이 시공간을 뛰어넘는 것과 동일하기 때문이며, 이렇게 된 근본적인 이유는 양자적 비국소성 때문이다.

그래서 나는 양자적 현상과 시공간을 결합하는 원리에서 출발하여 이야기를 풀어나가고자 한다. 그리고 일련의 원리가 확립되면 이들을 현실세계에 구현하는 가설을 세울 것이다.

우리의 목적은 가장 기본적인 원리 수준에서 양자물리학과 시공간을 결합하는 것이다. 내가 보기에 이 통일작업을 구체화하는 데 필요한 원리들은 다음과 같다.

물리학의 기본원리

1. 배경독립성원리 principle of background independence

일반적으로 임의의 물리량은 다른 물리량과 상호작용을 하면서 역학적 변화를 시도한다. 그러나 이 모든 사건이 일어나는 배경은 상호작용과 무관하게 고정되어 있다. 그리고 물리학이론은 배경의 영향을 받지 않아야 한다. 이것을 배경독립성원리라 하는데, 새로운 이론을 구축하는 데 매우 중요한 개념이므로 좀 더 자세히 알아둘 필요가 있다.

지금까지 개발된 모든 물리학이론은 시간에 대해 정지해 있으면서 더 이상의 정당화가 필요 없는 구조에 의존하고 있다. 이 구조는 그냥 처음부터 지금과 같은 형태로 존재해왔다고 가정한다. 일반 상대성이론 이전의 모든 이론들이 의존해온 구조는 바로 시공간의 기하학이었다. 뉴턴의 물리학에서 공간의 기하학적 구조는 유클리드Euclid의 3차원 공간으로 고정되어 있었다. 평평한 공간(납작하다는 뜻이 아니라, 구겨진 곳 없이 똑바로 펴져 있다는 뜻이다 - 옮긴이)은 시간이 아무리 흘러도 변하지 않으며, 어떤 물체에도 영향을 받지 않는다. 즉, 공간은 역학법칙을 초월한 존재이다.

17세기에 알려진 기하학이라곤 유클리드기하학밖에 없었기에 뉴턴에게는 선택의 여지가 없었으며, 3차원 공간을 배경으로 선택한 이유를 굳이 설명할 필요도 없었다. 그러나 19세기에 칼 프리드리히 가우스Carl Friedrich Gauss와 니콜라스 로바체프스키Nicholas Lobachevsky, 그리고 베른하르트 리만이 새로운 기하학 체계를 개발한 후로, 모든 기초이론은 특정 기하학을 배경으로 삼은 이유를 설명해야 했다. 배경독립성원리에 의하면 배경은 이론물리학자가 선택하는 것이 아니라, 물리법칙을 풀어나가는 과정에서 이론 자체의 역학적 요구에 의해 선택되어야 한다.

비동적非動的, non-dynamical인 구조는 수시로 변하는 물리계의 고정된 배경을 정의한다. 나는 이렇게 고정된 구조가 '계의 바깥에 존재하면서 우리가 모형을 만들고자 하는 물리계에 영향을 주고, 자신은 변하지 않는 물체를 나타낸다'고 간주할 것이다(또는 변화가 너무 느리게 진행되어 알아채지 못할 수도 있다). 그러므로 배경이 고정되어 있다는 것은 이론이 불완전하다는 증거이다.

고정된 외부구조를 갖고 있는 이론의 경우, 그 외부요소를 역동적으로 만들어서 서로 상호작용하는 내부영역으로 유입시킬 수 있다면, 그 이론에는 개선의 여지가 남아 있다. 이것이 바로 아인슈타인이 일반상대성이론을 구축할 때 사용했던 전략이다. 뉴턴의 고전역학과 아인슈타인의 특수상대성이론에서는 시간과 공간의 기하학적 구조가 고정되어 있었다. 두 이론에서 시공간의 기하학은 절대적으로 고정된 배경을 제공하며, 모든 관측은 이 배경을 기준으로 정의된다. 그러나 일반상대성이론은 얼어붙은 시공간을 해동解冬시켜서 역학적 구조로 바꿔놓았다.

이 과정은 여러 단계를 거쳐 진행되어야 한다. 우리의 이론에는 길고 복잡한 역사를 거치면서 고정된 요소들이 퇴적물처럼 여러 층에 걸쳐 쌓여 있기 때문이다. 일반상대성이론은 기하학의 일부 특성을 유동적으로 바꿨지만, 차원과 같은 심층구조(연속적인 양이나 변화율을 정의하는 데 필요하다)는 여전히 고정되어 있다. 따라서 일반상대성이론은 아름답긴 하지만 아직 완벽한 이론은 아니다.

이론의 적용 범위는 각 단계를 거칠 때마다 조금씩 확장된다. 그러므로 완전한 물리학이론은 범우주론(우주 전체를 서술하는 이론)이어야 한다. 바깥에 아무것도 없는 계는 우주밖에 없기 때문이다. 범우주론은 우주의 일부를 서술하는 이론과 크게 다를 것이다. 완벽한 물리학이론이라면 고정된 요소나 시간과 무관하게 영원히 존재하는 요소가 없어야 한다. 이런 요소들은 계의 바깥에 배경 같은 무언가가 존재한다는 것을 암시하기 때문이다. 완벽한 이론은 배경과 무관해야 한다.

'현재 이론의 스케일을 키운다고 해서 범우주론이 되지 않는다. 범우주론은 기존의 이론과 완전히 다른 파격적 이론이어야 한다.' 이것은 내가 아인슈타인의 두 가지 혁명을 실현하기 위해 긴 세월 동안 물리학을 연구해오면서 얻은 가장 중요한 교훈이다.[*]

양자역학도 고정된 요소가 많기 때문에 범우주론이 될 수 없다. 관측 가능한 양과 다양한 상호관계, 그리고 확률을 낳는 구조 등은 모두 고정된 요소에 속한다.[†]

이는 곧 우주 전체를 서술하는 파동함수가 존재하지 않는다는 뜻이다. 우주의 바깥에는 우주를 바라볼 관측자가 존재하지 않기 때문이다. 모든 양자상태는 우주의 일부를 서술할 뿐이다.

이제 배경구조를 제거하여 양자이론을 완성할 차례다. 이를 위해서는 배경을 추출하여 해동시킨 후, 역학적 속성을 부여해야 한

---

[*] 이와 관련된 자세한 내용은 나의 전작인 《시간의 재탄생 Time Reborn》과 《기묘한 우주와 시간의 실체 Singular Universe and the Reality of Time》(로베르토 망가베이라 웅거 공저)를 참고하기 바란다.

[†] 전문용어로 표현하면 관측가능대수학 observables algebra과 내적內積, inner product이다.

다. 간단히 말해서, 중력을 양자화quantize하는 대신 양자를 중력화gravitize하는 것이다. 이는 양자이론의 임의적이고 고정된 특성을 유동적으로 바꿔서 역학법칙을 따르도록 만든다는 뜻이다. 이런 변화과정을 거치면 양자물리학의 난해한 특성을 "우주를 '우리가 관측하는 계'와 '관측자와 관측 도구를 포함한 그 외의 모든 계'라는 두 부분으로 나누었을 때 양자물리학에 초래되는 결과"로 이해할 수 있을지도 모른다.

'물리학이론의 관측 가능한 양은 물리량들 사이의 관계를 서술한다'는 아이디어도 배경독립성과 밀접하게 관련되어 있다.

라이프니츠와 마흐, 그리고 아인슈타인은 시간과 공간의 절대적 개념과 상대적 개념의 차이를 강조했다. 우리는 공간에서 물체의 위치에 '절대로 변하지 않는 의미가 담겨있을 때'에 한하여 절대위치absolute position라는 용어를 사용하고, 다른 물체를 기준으로 측정한 위치는 상대위치relative position라고 부른다. 예를 들어 '편의점에서 남쪽으로 세 블록 떨어진 곳'은 상대적 위치이다. 이와 마찬가지로 특별한 기준이 없어도 의미를 갖는 시간은 절대시간absolute time 이고, 특정 사건(또는 특정 사건들)이 일어난 시점을 기준으로 측정된 시간은 상대시간relative time이다.

이로부터 우리는 두 번째 원리에 도달하게 된다.

2. 시간과 공간은 관계적relational이다.

관계적 관측량, 또는 관계적 특성은 두 객체 사이의 관계를 서술한다. 배경구조가 없는 이론에서 시간이나 공간의 위치와 관련된 모든 특성은 관계적이어야 한다. 배경독립적인 이론은 관계적 관측량을 통해 자연을 서술한다.

그리고 세 번째 원리는 이 우주에 버릴 것이 하나도 없음을 말해준다.

3. 인과완전성원리principle of causal completeness
이론이 완전하면 우주에서 일어나는 모든 사건에는 원인이 있으며, 이 원인에도 또 다른 원인이 존재한다. 그리고 이 인과의 연결고리를 아무리 추적해도 우주 바깥으로 나가는 경우는 없다.

다음 원리는 아인슈타인이 알반상대성이론과 함께 발표했던 원리이다.

4. 상호원리principle of reciprocity
물체 A가 물체 B에 어떤 작용을 가하면, B는 A에게 동일한 작용을 되돌려준다.

마지막 원리는 미묘하면서도 강력하다.

5. 무구별자동일성원리principle of the identity of indiscernibles
두 객체 A, B가 모든 특성을 공유하고 있으면 둘은 동일한 객체이다. 즉, A=B이다.

지금까지 언급한 다섯 개의 원리들은 서로 밀접하게 관련되어 있다. 일단 보기 좋게 한자리에 모아보자.

1. 배경독립성원리principle of background independence
2. 시간과 공간은 관계적relational이다.
3. 인과완전성원리principle of causal completeness
4. 상호원리principle of reciprocity
5. 무구별자동일성원리principle of the identity of indiscernibles

이 모든 원리들은 라이프니츠가 제안했던 **충분근거원리**principle of sufficient reason의 각기 다른 측면에 해당한다. 예를 들어 우리가 우주를 관측하다가 어떤 특성을 발견했다고 하자. 그런데 심층분석을 해보니 처음 생각했던 것과 완전히 딴판이다(이런 일은 과학에서 얼마든지 일어날 수 있다). 이런 경우 그렇게 될 수밖에 없는 이유가 반드시 존재한다는 것이 바로 충분근거원리이다(간단히 말해서, 세상만사가 지금과 다를 수도 있을 것 같은데 하필 지금과 같은 모양새로 흘러가는 데에는 그럴 만한 이유가 반드시 있다는 원리이다. 이것은 논리적 사고의 결과가 아니라 인식원리에 가깝다 - 옮긴이).

간단한 예를 들어보자. 지금까지 알려진 바에 의하면 공간은 3차원이 아닐 수도 있다(세 개의 차원 ─ 전-후, 좌-우, 상-하 ─ 은 규모가 커서 쉽게 눈에 뜨이지만, 원자 규모에서 미세한 차원은 좁은 영역 안에 돌돌 말려 있을지도 모른다). 이런 의문을 품는 이유는 일반상대성이론과 양자역학이 다른 공간차원에서도 제대로 작동하기 때문이다. 라이프니츠의 충분근거원리에 의하면, 이것은 현재의 이론이 불완전하다는 증거이다. 앞으로 연구를 계속하여 규모가 큰 차원이 3개인 이유를 밝혀낸다면, 올바른 길로 가고 있다는 확신을 갖게 될 것이다.*

라이프니츠는 '충분한 근거sufficient reason'를 알면 신이 우주를 창조할 때 내렸던 모든 선택을 논리적으로 설명할 수 있다고 굳게 믿었다. 그가 제안한 충분근거원리에 의하면 우리는 우주를 완벽하게 이해할 수 있다.

앞에서 언급한 다섯 개의 원리는 이 개념을 각기 다른 방식으로 서술한 것이다. 예를 들어 이런 질문을 제기해보자. '우주는 왜 지금보다 10m 왼쪽에서 탄생하지 않고, 하필 지금과 같은 위치에서 탄생했는가?' 그러나 우주가 어떤 위치에서 태어났건, 그 후로 겪은 일은 동일했을 것이므로 이런 질문은 의미가 없다. 즉, 우주 안에서 '절대위치'라는 개념은 무의미하며, 오직 상대적 위치만이 의미를 갖는다. 그러므로 논리적인 과학자라면 관계론자relationalist가 되어야 한다.

현재의 이론으로는 이 원리를 완벽하게 설명할 수 없지만, 한번 대두된 이론은 시간이 흐를수록 더 많은 것을 설명해준다. 이것은 과학의 역사가 증명하는 사실이다. 조물주가 선택할 수 있는 한계가 밝혀질 때마다 임의성이 조금씩 제거되고, 이해가 깊어질수록 우주는 더욱 합리적인 존재로 업그레이드된다. 이런 일은 우리가 눈에 보이지 않던 통일성을 발견할 때마다 일어나는데, 고전 전자

---

* 끈이론string theory은 미시적 규모의 차원을 포함한 공간차원이 3보다 크다는 것을 알아냈을 뿐, 거시적 차원의 개수가 3개인 이유는 설명하지 못했다. 게다가 끈이론이 예측한 공간의 기하학적 구조는 가능한 후보만 수백만 개에 달한다.

기학이 그 대표적 사례이다. 19세기 중반에 맥스웰은 빛과 전기장, 그리고 자기장이 개별적 현상이 아니라, 동일한 힘(전자기력)의 다른 측면이라는 놀라운 사실을 알아냈다. 이로써 우리는 자기력만 작용하고 전기력이 없는 세상은 애초부터 존재할 수 없으며, 전기와 자기가 작용하는 세상에는 빛도 존재해야 한다는 것을 알게 되었다.

우리가 자연을 완벽하게 이해할 수 있을지는 나도 잘 모르겠다. 그러나 우리에게 주어진 임무는 이해의 폭을 꾸준히 넓혀나가는 것이다. 이는 곧 무작위성을 줄여가고 합리적 설명이 가능한 부분을 넓혀나간다는 뜻이다. 그래서 나는 항상 **더 충분한 근거**를 찾을 것을 권하고 싶다.

나는 자연을 이해하는 정도가 과학 수준의 척도라고 생각한다.

특수상대성이론은 뉴턴역학을 개선한 이론이고, 시공간 기하학의 순수한 관계에 기초한 일반상대성이론은 특수상대성이론과 뉴턴역학을 모두 개선한 이론이었다. 양자역학은 뉴턴역학보다 상호원리에 충실한 편이지만, '충분한 근거'로 따지면 파일럿파 이론이 훨씬 뛰어나다. 파일럿파 이론은 개별적 사건이 발생하는 이유와 위치, 시간 등 양자역학이 설명하지 못한 부분을 설명해주기 때문이다.

그러나 앞서 말한 대로 파일럿파 이론은 아인슈타인의 상호원리를 만족하지 못한다. 파일럿파는 입자의 길을 유도하지만 입자는 파일럿파에 아무런 영향도 미치지 않는다. 다시 말해서, 아직 완전한 이론이 아니라는 뜻이다.

충분근거원리에 의하면 개선의 여지가 아직 많이 남아 있다.

이 새로운 관계의 세계에서 시간과 공간을 어떻게 취급할 것인가? 11장에서 우리는 양자이론의 기초에 대한 접근법을 다루면서 '시간과 공간 모두가 근본적 양은 아니다'라는 교훈을 얻었다. 가장 깊은 단계로 들어가면 근본적인 것은 둘 중 하나뿐이며, 다른 하나는 특별한 경우에 사용되는 부수적 양이다. 이것은 현실주의적 양자역학과 특수상대성이론 사이에 갈등을 야기한 비국소적 얽힘 nonlocality of entanglement에서 비롯된 결과이다. 특수상대성이론은 시간과 공간을 시공간spacetime이라는 4차원 기하학으로 통일했는데, 벨의 제한조건(부등식)을 검증하는 실험에 의하면 개별적인 양자적 과정은 시공간을 초월하여 진행된다. 이 충돌관계는 시간과 공간 중 하나를 근본적인 양으로 간주하고 나머지 하나를 대략적인 서술로 취급함으로써 해결할 수 있다. 나는 궁극적으로 나머지 하나가 실존하지 않는 환상이라고 생각한다. 이 책에서는 공간 대신 시간이 근본적 양이라는 가설을 채택할 것이다. 군이 시간을 택한 이유는 여러 가지가 있는데, 그중 일부는 이 책에 설명되어 있고 나머지는 이전에 출판된 나의 책을 참고하기 바란다.[1]

원리로부터 알 수 있는 내용은 여기까지가 한계이다. 다음 단계는 가설을 체계화하는 것이다. 시공간과 양자를 초월한 세 가지 가설은 다음과 같다.

인과율의 관점에서 볼 때 근본적인 양은 시간이다. 가장 근본적인 법칙은 미래의 사건이 과거의 원인으로부터 일어난다는 인과율 因果律이다.

시간은 과거로 흐를 수 없다. 현재의 사건으로부터 미래의 사건이 발생하는 과정은 거꾸로 진행되지 않는다. 즉, 한번 일어난 사건은 절대로 되돌릴 수 없다.*

공간은 부수적인 개념이다. 근본적으로 공간은 존재하지 않는다. 하나의 사건이 원인을 제공하여 후속 사건이 발생했을 때 두 사건은 인과율을 통해 연결된다. 모든 사건은 인과因果의 네트워크로 연결되어 있으며, 공간은 이 네트워크를 대략적으로 서술한 것에 불과하다.

따라서 국소성과 비국소성도 부수적 개념에 속한다.

국소성이 절대적 개념이 아니라 역학을 적용하여 얻은 결과라면, 어딘가에 결함이 있거나 예외적인 경우가 존재할 것이다. 실제로 그렇다. 그렇지 않다면 양자적 비국소성, 특히 비국소적 얽힘을 무슨 수로 설명할 것인가? 나는 이것이 공간이 등장하기 전에 원시우주에 존재했던 '무공간 관계spaceless relation'의 흔적이라고 가정할 것이다. 공간을 부수적 개념으로 간주하면 공간의 결함으로부터 양자적 비국소성을 설명할 수 있을지도 모른다.[2]

근본적인 시간과 부수적 공간을 조합하면 근본적인 단계에서 동시성同時性, simultaneity이 존재하게 된다. 공간이 사라지고 시간만 남는 수준까지 깊이 파고들어가면 '지금now'이라는 개념에 범우주적 의미를 부여할 수 있다. 시간이 공간보다 근본적인 양이라면 공간이 관계 네트워크에 녹아 있던 우주 초기에 시간은 전 우주에 통용되는 보편적 개념이었을 것이다. 시간은 실체이고 공간은 부수적

---

* 하나의 사건이 일어난 후 이 사건을 되돌리는 후속 사건이 일어날 수도 있다. 그러나 이 경우에는 엄연히 두 개의 사건이 존재하기 때문에, '아무런 사건도 일어나지 않은 시공간'과는 근본적으로 다르다.

개념이라는 의미의 상관주의相關主義, relationalism는 현실주의와 상대성이론 사이의 충돌을 해결해준다.

시간의 현실성과 비가역성, 그리고 '현재'라는 순간의 흐름이 근본적임을 강조하는 의미에서, 위와 같은 형태의 관계주의에 좀 더 구체적인 이름을 붙여보자. 내 생각에는 **시간적 관계주의**temporal relationalism가 적절할 것 같다. 이것은 공간이 근본적이고 시간이 부수적 개념이라는 **영구적 관계주의**eternalist relationalism와 대조된다.

관계형 숨은 변수

우리의 목적은 배경독립적이고 관계적이면서, 시간이 근본적인 양이고 공간은 부수적 개념인 세계에 적용되는 양자역학을 구축하는 것이다. 여기에 숨은 변수가 개입된다면, 그것은 입자들 사이의 관계를 서술해야 한다. 따라서 숨은 변수는 전자 자체의 정보가 아니라, 전자들 사이의 상호관계 대한 정보를 담고 있다. 이것을 **관계형 숨은 변수**relational hidden variables라 하자.

관계적 특성이 가장 뚜렷한 개념은 양자역학의 미스터리 중에서도 가장 미묘하고 신비로운 '얽힘entanglement'이다. 양자역학의 관계적 체계는 얽힘을 서술하는 것으로 시작된다. 우리가 가정한 대로 공간이 부수적 개념이라면, 공간상의 거리는 더 근본적인 관계로부터 유도되어야 한다. 이 근본적인 관계가 바로 얽힘이 아닐까?†

---

† 이것은 새로운 아이디어가 아니다. 이 책의 9장에서 말한 바와 같이 로저 펜로즈Roger Penrose는 1960년대 초에 이 아이디어에 기초하여 스핀네트워크spin network 모형을 개발했다.

파일럿파 이론의 숨은 변수는 입자의 궤적이다. 그러나 이 궤적은 관계적 양이 아니라 각 입자에 대한 정보만을 제공한다. 물론 파일럿파 이론에는 여러 개의 관계적 물리량이 이미 존재하고 있다. 이것은 두 개 이상의 입자로 이루어진 계의 파동함수가 일상적인 공간이 아닌 배열공간configuration space에 존재한다는 사실에서 기인한 결과이며, 8장에서 말한 대로 이론에 얽힘을 포함시키기 위해 반드시 필요한 개념이다.

나는 젊은 시절에 '공간은 더욱 근본적 관계인 얽힘으로부터 유도될 수 있다'는 가설을 골자로 하는 관계형 숨은 변수 이론을 구축하여 1983년에 발표했고,[3] 그 후로 이 분야에서 몇 편의 후속 논문을 발표한 바 있다.[4]

1983년 논문의 기본 아이디어는 매우 간단하다. 여러 개의 입자로 이루어진 계가 공간의 특정 위치에 주어졌다고 가정해보자. 절대적 관점에서 서술하기를 원한다면 좌표계를 도입하여 각 입자의 좌표(위치)를 명시해야 한다. 이 좌표는 좌표계 바깥에 있는 관측자가 설정한 절대적 기준으로, 뉴턴은 이 관측자가 신神이라고 생각했다. 반면에 상대적(관계적, 또는 관계중심적)인 관점에서는 각 입자들 사이의 간격만 명시하면 된다. 즉, 상대적 좌표는 계의 바깥에 있는 관측자와 아무런 관련도 없다.

모든 입자쌍에는 둘 사이의 상대적 거리가 할당되고, 숫자로 이루어진 배열을 이용하면 이 값을 일목요연하게 표현할 수 있다. 예를 들면 10번 입자와 47번 입자 사이의 거리를 '위에서 10번째, 왼쪽에서 47번째 칸'에 할당하는 식이다. 이와 같은 숫자배열을 행렬matrix이라 한다. 나의 관계형 숨은 변수 이론에서 숨은 변수는 바로

$$
\begin{bmatrix}
6 & 8 & 1 & 5 \\
1 & 10 & 16 & 3 \\
21 & 0 & 9 & 61 \\
4 & 15 & 201 & 7
\end{bmatrix}
$$

그림 11 행렬matrix은 가로-세로로 나열된 숫자의 배열이다.

이 행렬이었다. 1983년에 발표한 논문에서는 2차원 공간에 존재하는 다중입자계(여러 개의 입자로 이루어진 계)를 복소수행렬로 표현했는데, 입자의 수가 많은 경우 입자가 특정 궤적을 따라갈 확률은 슈뢰딩거의 방정식을 통해 근사적으로 표현된다.

파일럿파 이론의 파동함수를 행렬로 표현하여 양자역학을 개선하는 방법은 몇 가지가 있다. 예를 들어 스티븐 애들러[5]와 아르템 스타로둡트세프Artem Starodubtsev[6]는 행렬에 기초한 관계형 숨은 변수 이론을 제안했다.

행렬은 모든 입자쌍에 숫자를 할당한다. 또 한 가지 방법은 점을 선으로 연결한 그래프를 이용하는 것이다. 임의로 추출한 두 개의 점은 선으로 연결되어 있을 수도 있고 그렇지 않을 수도 있다. 이제 연결된 쌍에 숫자 1을, 연결되지 않은 쌍에 0을 할당하면 이와 동일한 구조를 나타내는 행렬이 얻어진다.

방금 언급한 그래프와 행렬은 모두 물리학의 저변에 깔려 있는 기본 비에이블이 관계의 네트워크라는 가설을 표현하는 방법이다. 이 관계를 이용하면 양자적 얽힘과 비국소성을 설명할 수 있다.

그래프와 네트워크는 관계시스템을 표현하는 가장 순수한 모형이다. 흥미로운 것은 고리양자중력이론loop quantum gravity과 인과집합론causal sets, 그리고 인과역학관계론causal dynamical relations등 배경 독립성원리에 기초한 양자중력이론에 네트워크가 빠짐없이 등장한다는 점이다. 이것은 우리의 가설과 관련하여 두 가지 사실을 암시하고 있다. 첫째, 공간은 기본네트워크에서 탄생했다는 것이고 둘째, 양자물리학은 공간이 출현했을 때 남겨진 비국소적 상호작용으로부터 탄생했다는 것이다.

그러나 '신생공간에서 가까운 두 지점'을 '네트워크에서 가까운 두 지점'으로 간주하면 네트워크와 공간은 쉽게 일치하지 않는다. 이유는 간단하다. 일단 그래프에서 임의의 두 점을 취해보자. 이 점들은 신생공간에 속한 점이기도 하다. 두 점은 공간상에서 멀리 떨어져 있고, 그래프상에서도 멀리 떨어져 있다. 그런데 두 점을 선으로 연결하면 그래프에서는 갑자기 '이웃한 점'이 되고, 신생공간의 관점에서는 여전히 '멀리 떨어진 점'으로 남는다.

우리는 포티니 마르코폴로Fotini Markopoulo와 공동연구를 하면서 이와 같은 연결상태를 **국소성의 결함**defects of locality이라 불렀다. 이것은 마치 작은 웜홀wormhole처럼 보이기도 하는데, 고리양자중력이론에서는 흔히 나타나는 현상이다.[7] 그 후 우리는 국소성의 결함에서 기인한 비국소적 상호작용에 평균을 취하여 양자역학을 유도했는데,[8] 반 농담 삼아 '양자중력에서 유도된 양자이론Quantum Theory from Quantum Gravity'이라는 제목으로 그것을 발표했다.*

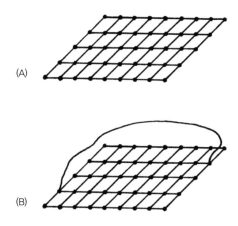

그림 12 비정상적인 국소성의 예. (A) 공간에 박힌 격자점들. 격자에서 멀리 떨어진 두 점은 공간상으로도 멀리 떨어져 있기 때문에 '국소적'이다. (B) 멀리 떨어진 두 점을 선으로 연결하면 격자에서는 근방이지만, 공간상으로는 여전히 멀리 떨어져 있기 때문에 국소성이 사라진다.

내가 리처드 파인먼을 만난 것은 몇 번밖에 안 되지만, 그는 만날 때마다 나의 연구에 관심을 보이며 진척 상황을 물어보곤 했다. 그런데 내가 신이 나서 연구 내용을 열심히 설명하면 파인먼은 매번 똑같은 반응을 보였다. "그럴 듯하긴 한데, 제대로 작동하려면 좀 더 미친 아이디어가 필요해. 지금 그건 너무 점잖은 생각이잖아!" 나의 기분을 고려하여 완곡하게 표현했지만, 사실 그는 나의 연구

---

* 후안 말다세나Juan Maldacena와 레너드 서스킨드Leonard Susskind는 이와 비슷한 아이디어를 'ER=EPR'이라는 제목으로 발표했다. 여기서 ER은 멀리 떨어진 두 점을 연결하는 웜홀, 즉 아인슈타인-로젠 다리Einstein-Rosen bridge의 약자이다.("Cool Horizons for Entangled Black Holes," arXiv: 1306.0533)

가 충분히 깊은 곳까지 파고들지 못했음을 지적한 것이다. 나 역시 행렬과 네트워크에 기초한 관계형 숨은 변수 이론을 개발하던 그 무렵에 파인먼과 비슷한 느낌을 가졌었다. 그 이론은 기술적인 면에서 완벽한 양자역학을 구축하는 데 도움이 되었지만, 다른 면에서는 부족한 점이 많았다. 예를 들어 이론으로부터 슈뢰딩거 방정식을 유도하려면 이론의 불완전성과 방정식의 미세 조정에서 어느 정도 타협을 봐야 한다.

관계에 기초한 이론의 기원은 17~18세기에 활동했던 고트프리트 라이프니츠Gottfried Leibniz까지 거슬러 올라간다. 우주에 대한 관계론적 관점은 1714년에 출간된 그의 책《단자론單子論, The Monadology》에 잘 정리되어 있다.[9] 우리의 목적은 라이프니츠로부터 영감을 얻는 것이므로 자세한 내용을 알 필요는 없다. 단, 라이프니츠의 책을 대충 읽으면 잘못 해석될 여지가 많기 때문에 주의를 기울여야 한다.

라이프니츠는 우주를 구성하는 최소단위를 모나드monad, 單子[단자]라 불렀다. 그런데 관계론에 기초한 우주모형의 기본요소가 부분적으로 모나드와 비슷하기 때문에, 앞으로 이것을 **나드**nads라 부르기로 한다. 나드는 두 가지 특성을 갖고 있다. 하나는 개개의 나드에 내재하는 고유의 특성이고, 다른 하나는 여러 개의 나드가 공존할 때 나타나는 관계적 특성이다. 나드로 이루어진 우주는 그래프로 표현할 수 있다. 나드 사이를 연결하는 모든 고리에 인식 기호를 할당하면 된다.

지금까지 언급한 내용이 고리양자중력이론과 일치하는 것은 우연이 아니다. 이 세계의 상태는 인식 기호가 부여된 그래프로 표현할 수 있다.

개개의 나드는 자신과 나머지 우주의 관계를 망라하는 **우주적 관점**view of the universe을 갖고 있다. 이 관점을 표현하는 한 가지 방법은 그래프상의 이웃(또는 영역)을 사용하는 것이다. 예를 들어 '샘Sam'이라는 이름을 가진 한 나드의 관점을 살펴보자. 샘의 근방에는 이웃 나드가 여러 개 존재한다. 그중에서 첫 번째 이웃은 샘과 가장 가까운 나드와 그들 사이의 관계(각 나드 사이의 연결고리에 부착된 식별 기호), 그리고 샘 자신으로 이루어져 있다.

샘의 두 번째 이웃은 그녀로부터 두 단계 떨어진 나드의 집합과 (샘은 여성형이다–옮긴이) 그들 사이의 관계, 그리고 그들의 첫 번째 이웃과의 관계로 이루어져 있다. 세 번째, 네 번째… 이웃을 구축하는 방식도 이와 비슷하다. 바로 이 이웃들이 모여서 우주에 대한 샘의 관점이 형성된다.

이제 샘의 관점과 다른 나드(수Sue라고 하자)의 관점을 비교해보자. 샘의 첫 번째와 두 번째 이웃, 그리고 수의 첫 번째와 두 번째 이웃이 완전히 동일하다면, 적어도 2단계까지는 둘 사이의 차이가 눈에 띄지 않는다.

그러나 이 '관계적 나드 우주'가 라이프니츠의 무구별자동일성원리를 따른다면 샘과 수의 이웃들은 어느 단계부터 달라야 한다. 그렇지 않으면 둘은 완전히 동일한 관점을 갖게 되는데, 이것은 무구별자동일성원리에 의해 불가능하기 때문이다. 이는 곧 이웃의 단계를 높이다 보면 샘과 수의 이웃이 달라지는 단계수가 반드시 찾아온다는 것을 의미한다. 이 숫자를 샘과 수의 **구별**distinction이라 하자.

라이프니츠는 실제 우주가 '가능한 한 많은 완벽함을 취함으로

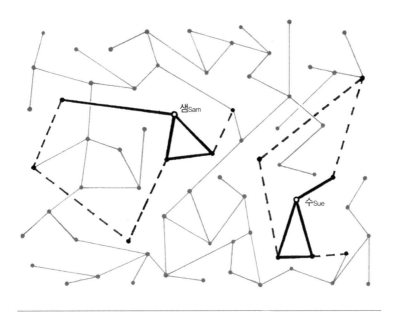

그림 13 샘Sam과 수Sue의 첫 번째 및 두 번째 이웃은 이들이 속해 있는 그래프의 연결상태에 의해 정의된다. 이 그림에서 샘과 수의 이웃은 두 번째 단계까지 동일하지만, 세 번째 단계부터 달라진다.

써' 이론적으로 가능한 우주와 구별된다고 주장했다. 그의 글에서 시적詩的이고 우화적인 부분을 모두 걷어내면, 결국 그의 주장은 '현실적 우주에 존재하는 관측 가능한 양은 이론적으로 가능한 우주의 관측 가능한 양보다 많다'는 것으로 요약된다. 라이프니츠의 주장은 놀라울 정도로 현대적이다. 그가 죽은 후에 등장하여 20세기에 비로소 열매를 맺은 '자연법칙 체계화 방법'을 미리 예견했기 때문이다. 그가 '완벽perfection'이라 불렀던 최대화된 양을 우리는 **작용**action이라 부른다.

파인먼은 하나의 물리법칙을 여러 가지 방법으로 체계화할 때 가장 즐겁다고 했다. 처음에는 두 가지 설명이 완전히 다르게 들리지만, 이해가 깊어지면 그들이 왜 동일한지 자연스럽게 알게 된다. 뉴턴의 운동법칙과 중력법칙을 이런 식으로 이해해보자. 물체의 운동을 서술하는 한 가지 방법은 시간에 따른 위치의 변화를 명시하는 것이다. 이 작업은 주로 '물체의 가속도는 물체에 작용하는 모든 힘의 합을 질량으로 나눈 값과 같다'는 방정식을 통해 이루어진다(기호로 쓰면 $a=F/m$이고, 이항하면 그 유명한 $F=ma$가 된다 — 옮긴이).

두 번째 방법은 이 법칙을 변하지 않는 양(불변량)을 이용하여 서술하는 것이다. 대표적 불변량으로는 움직이는 행성의 총에너지를 들 수 있다. 세 번째 방법은 모든 물체가 '어떤 특정한 양을 가능한 한 크게 만드는 쪽으로 움직인다'고 이해하는 것이다. 라이프니츠는 이것을 완벽이라 불렀고, 우리는 작용이라 부른다.*

라이프니츠는 '완벽(작용)이 가장 많은 세상'을 '가장 다양하면서 질서도가 가장 높은 세상'으로 정의했다.

그가 말한 다양성이란 대체 무슨 의미일까? 나는 이것이 '각 모나드(단자)의 관점은 가능한 한 서로 달라야 한다'는 뜻이라고 믿는다. 그렇다면 완벽을 극대화한다는 것은 관점의 다양성을 극대화한다는 뜻으로 해석할 수 있다.

줄리안 바버와 나는 여기서 힌트를 얻어 관계적 물리계가 갖고 있는 고유의 다양성을 수치로 계량하는 방법을 개발했다.[10] 우리의 연구에 의하면 다양성이 증가할수록 한 나드의 관점을 다른 관점

---

* 좀 더 정확하게 말해서, 최대화되는 것은 작용이 아니라 작용에 마이너스 부호(-)를 붙인 값이다.

과 구별하는 데 필요한 정보량은 작아진다. 다시 말해서 다른 모든 것이 똑같다면, 우리는 임의의 나드 쌍이 갖고 있는 이웃의 수가 각 단계별로 큰 차이가 나지 않는 세계를 선호한다는 뜻이다.

라이프니츠는 '최대한의 완벽'이라는 개념을 정당화시키는 논리를 찾아야 했다.

그리고 이 〔충분한〕 이유는 이 세계가 갖고 있는 적합성fitness이나 완벽한 정도에서 찾을 수 있다. … 단순한 물체와 세상의 상호관계는 모든 피조물의 연결상태(또는 조절accommodation)로부터 결정되며, 그 결과 개개의 단순한 물체들은 우주를 투영하는 거울로 영원히 존재한다.

그는 이것을 조금 다른 관점에서 비유적으로 표현하기도 했다.

도시를 다른 위치에서 바라보면 완전히 다른 세상처럼 보이듯이, 단순한 물체도 다양한 속성을 갖고 있다. 그래서 우주는 여러 개가 존재하는 것처럼 보이지만, 사실은 바라보는 관점이 다를 뿐 우주는 단 하나뿐이다.[11]

물체를 도시에 비유한 라이프니츠의 설명은 공간과 국소성의 붕괴에 관한 가설을 떠올리게 한다. 만일 당신이 나와 가까운 곳에서 바깥세상을 바라본다면 우주에 대하여 나와 비슷한 관점을 갖게 될 것이다. 물론 파울리의 배타원리exclusion principle(전자를 비롯한 페르미온이 동일한 양자상태에 두 개 이상 놓일 수 없다는 원리 – 옮긴이)와 무구별자동일성원리에 의해 두 사람의 관점이 완전히 같을 수는 없지만, 둘 사이의 거리가 가까울수록 관점은 더욱 비슷해진다.

거리가 가까우면 상호작용을 교환하기도 쉽다. 실제로 거리가 가까울수록 광자와 같은 양자(매개입자)를 교환하면서 상호작용을 할 확률이 높아진다. 물리적 상호작용이 국소적이라는 것은 바로 이런 의미이다.

그러나 이 상황은 거꾸로 생각할 수도 있다. 당신과 나 사이에 상호작용이 교환될 확률이 높은 것이 둘 사이의 거리가 가깝기 때문이 아니라, 두 사람의 관점이 비슷하기 때문은 아닐까? 관점이 비슷할수록 상호작용이 일어날 확률이 높아지고, 관점이 다르면 이 확률이 낮아진다고 가정해보자.

이 가정이 옳다면 상호작용의 빈도수는 관점의 유사성에 의해 결정되며, 둘 사이의 거리는 이로부터 파생된 부차적 결과이다.

지금까지의 논리는 수많은 원자로 이루어진 물체(당신과 나)에 한하여 적용된다. 이제 동일한 논리를 원자단위에 적용해보자. 원자들이 비슷한 관점을 가지려면 어떤 조건이 충족되어야 할까? 원자는 사람보다 자유도가 훨씬 적으므로 관계적 특성도 별로 많지 않다. 따라서 공간적으로 멀리 떨어져 있는 원자들은 그들의 이웃이 배열될 수 있는 경우의 수가 적기 때문에 비슷한 이웃을 갖고 있다. 그렇다면 구성요소가 같고 주변환경이 비슷한 원자들은 우주에 대한 관점이 비슷하기 때문에 상호작용을 한다고 생각할 수 있다.

이 상호작용은 지극히 비국소적일 것이다. 그런데 나는 최근 진행한 연구에서 이것이 양자역학의 기초임을 증명한 바 있다.[12]

수증기(물 분자)를 구성하는 수소 원자가 내 앞에서 춤추는 광경을 상상해보자. 수소 원자의 첫 번째 이웃은 산소 원자이고, 두 번째 이웃은 분자를 구성하는 요소들이다. 즉, 물에 포함된 수소 원자는 우주 어디에 있건 동일한 이웃을 갖고 있다. 그래서 나는 '모든 원자들은 관점(그들이 바라보는 우주의 형태)이 비슷하기 때문에 상호작용을 교환한다'는 파격적 아이디어를 제안하고자 한다. 좀 더 구체적으로 말해서, 모든 상호작용의 목적은 원자들 사이의 '관점의 차이'를 증가시키는 것이다. 이 과정은 계를 이루는 원자들 사이의 관점의 차이가 최대화될 때까지(즉, 관점의 다양성이 극대화될 때까지) 계속된다.

나는 최근 발표한 논문에서 최대다양성가설에 기초하여 슈뢰딩거의 파동방정식을 유도했다. 슈뢰딩거의 방정식은 양자역학의 기초이므로, 사실은 양자역학을 유도한 셈이다. 이런 결과를 얻을 수 있었던 것은 관점의 다양성과 데이비드 봄의 양자적 힘이 수학적으로 비슷했기 때문이다. 그 결과 봄의 양자적 힘은 모든 입자의 이웃을 가능한 한 다르게 만들어서 계의 다양성을 증가시키는 것으로 나타났다.

이 접근법에 의하면 양자역학의 확률은 관점이 비슷한 계로 이루어진 앙상블ensemble(5장 참조)을 나타낸다. 이것은 상상 속의 개념이 아니라 실존하는 앙상블로서, 구성요소 모두가 자연의 일부이며, 인과완전성원리 및 상호원리와도 일치한다.

지금까지 언급한 내용은 내가 제안했던 '관계형 숨은 변수 이론'의 기초이다. 나는 이것을 '현실적 앙상블에 기초한 양자역학real ensemble formulation of quantum mechanics'으로 명명했다. 주어진 물리계에서 우주에 대한 관점이 비슷한 앙상블의 다양성이 극대화된다는 원리로부터 양자역학의 슈뢰딩거 방정식을 유도한 것이다.

기술적인 면에서 볼 때 이 이론은 13장에서 언급했던 '상호작용을 교환하는 고전적 다중세계'의 일부를 차용한 것이다. 비슷한 계로 이루어진 앙상블은 다른 평행우주에서 온 게 아니라, 하나뿐인 우주의 멀리 떨어진 곳에 존재한다.

나의 이론에서 양자물리학적 현상은 앙상블을 이루는 비슷한 물리계들이 끊임없이 상호작용을 교환하면서 나타난 결과이다. 물 한 잔 속에 들어 있는 원자의 파트너는 우주 전역에 널리 퍼져 있다. 양자물리학이 비결정적이고 불확실한 이유는 우리가 이 모든 물리계를 제어하거나 관측할 수 없기 때문이며, 원자를 양자로 취급할 수 있는 이유는 수많은 (그리고 거의 동일한) 복사본이 우주 전역에 퍼져 있기 때문이다.

하나의 원자와 그 이웃은 가장 작은 물리계에 가깝기 때문에 많은 복사본이 존재한다. 이들은 자유도가 낮아서 비교적 간단하게 서술할 수 있다. 거대한 우주에는 이런 복사본이 다량으로 존재할 것이다.

반면에 고양이와 관측 도구, 또는 사람처럼 거시적인 물리계는 구조가 워낙 복잡하기 때문에 제대로 서술하려면 엄청나게 많은 정보가 필요하다. 우주가 아무리 넓다 해도 이들과 비슷하거나 완전히 동일한 복사본이 존재할 가능성은 거의 없다. 따라서 고양이와 관측 도구, 그리고 당신과 나는 앙상블의 구성요소가 아니다. 우리는 비슷한 파트너가 없어서 비국소적 상호작용을 하지 않는 단독개체싱글톤singleton으로서, 양자적 무작위성을 겪지 않는다. 이것이 바로 관측 문제에 대한 해답이다.

물론 이것은 새로운 이론이다. 그리고 과거의 경험으로 미루어 볼 때 새로 등장한 이론은 틀린 것으로 판명될 가능성이 아주 높다. 내 이론의 한 가지 장점은 실험을 통해 검증 가능하다는 것이다. 이 이론에 의하면 우주에 수많은 복사본이 존재하는 계는 비국소적 상호작용을 통해 끊임없이 무작위화되고 있으므로 양자역학의 법칙을 따른다.

　크고 복잡한 계는 복사본이 없으므로 양자적 무작위성도 없다. 그렇다면 몇 개의 원자로 이루어져 있으면서 우주 어디에도 복사본이 존재하지 않는 미시계를 인공적으로 만들 수 있을까? 이런 계는 규모가 아주 작으면서도 양자역학을 따르지 않을 것이다.

　양자정보이론을 이용하면 얼마든지 가능하다. 충분히 큰 양자컴퓨터는 관측 가능한 우주 어디에도 복사본이 존재하지 않는 다량의 '얽힌 큐비트entangled qubits'를 만들어낸다. 그러므로 양자역학의 법칙에 따라 작동하는 대형 양자컴퓨터를 만들면 현실적 앙상블이론을 검증할 수 있다.

　과학은 반증 가능한 이론이 개발될 때마다 앞으로 나아간다. 나중에 이론이 틀린 것으로 판명된다 해도, 반증하는 과정에서 무언가 배울 것이 있기 때문이다. 그러나 반증 불가능한 이론이 대두되면 과학은 그 자리에서 발이 묶이게 된다.

　복사본의 수가 작은 계는 어떻게 되는가? 이런 계는 양자역학의 법칙을 만족하지 않고 결정론적인 고전역학을 따르지도 않는다. 그러나 새로운 이론을 검증할 기회가 주어졌으니, 우리는 이 기회를 잡아야 한다.*

선행원리

과연 물리계는 자신과 비슷한 계를 인식하고 상호작용하는 능력을 갖고 있을까? 현실적 앙상블이론의 진위 여부는 이 질문의 답에 달려있다(답이 '예'면 맞는 이론이고, '아니오'면 틀린 이론이 된다). 여기서 '비슷하다'는 말은 거리에 상관없이 우주적 관계에 대한 관점이 비슷하다는 뜻이다. 이 가설에 의하면 관점의 유사성은 공간보다 근본적이며, 공간은 비슷한 정도를 서술하기 위해 출현한 신생 개념이다. 두 물리계의 관점이 충분히 비슷하면 상호작용을 할 수 있다. 이것은 종종 '공간이나 시간적으로 가까운 곳에 있다'는 것을 의미하기도 하지만 항상 그런 것은 아니며, 양자적 현상의 기초가 되는 것은 후자(시간적으로 가까운 경우)이다.

이 관점을 다른 시간대에 존재하는 물리계에 적용하면 어떻게 될까? 지금 존재하는 물리계가 관점이 비슷한 과거의 물리계와 상호작용을 교환할 수 있을까? 만일 이것이 가능하다면 '과거가 현재에 미치는 영향'을 이용하여 자연의 법칙을 새롭게 이해할 수 있을 것이다. 이것을 **선행원리**principle of precedence라 부르기로 하자.[13]

---

* 현실적 앙상블 체계에서 양자계의 파동함수에 담긴 정보는 복사본의 배열 속에 암호화되어 우주 전역에 퍼져 있다. 여기서 가장 중요한 질문은 '복사본에 저장된 정보가 파동함수의 정보로 온전하게 재현되려면 계는 얼마나 많은 복사본을 보유해야 하는가?'이다. 이 정보는 양자계에 속한 입자의 수가 많을수록 지수함수적으로 증가한다(엄청 빠르게 증가한다는 뜻이다 - 옮긴이). 그러나 우주에 존재할 수 있는 복사본의 수는 입자의 수가 많을수록 빠르게 감소한다. 그러므로 모든 계에는 복사본의 정보를 더 이상 담을 수 없는 한계 크기가 존재한다. 그 결과는 양자역학이 작동하지 않거나 나의 이론이 반증되거나, 둘 중 하나이다. 나는 소형 양자컴퓨터도 이 한계를 쉽게 넘을 것이라고 생각한다.

조작적 용어를 사용하면 양자적 과정을 3단계로 정의할 수 있다. 1단계는 초기조건을 설정하는 준비단계이고, 2단계는 제1규칙에 의거하여 파동함수가 변하는 전개단계이며, 3단계는 제2규칙에 의해 파동함수가 붕괴되는 관측단계이다. 관측 대상에 대해서는 몇 가지 선택의 여지가 있지만, 무엇을 선택하건 간에 결과는 여러 가지로 나올 수 있다. 양자역학에 의하면 각 결과가 나올 확률은 방금 언급한 1, 2단계와 무엇을 관측하느냐에 따라 달라진다. 진행단계(두 번째 단계)에 작용하는 힘을 알고 있으면 제1규칙과 제2규칙을 이용하여 각 결과가 나올 확률을 예측할 수 있다.

계의 환경이 고정되어 있으면 제1규칙은 기본법칙에 의거하여 계의 변화를 관장한다. 우리는 이 법칙(들)이 시간이 아무리 흘러도 변하지 않는 것으로 가정하고 있다. 그렇다면 다음과 같이 생각해보자. 우리가 관심을 갖는 모든 양자계(준비, 전개, 관측 단계로 정의되는 양자계)에 대하여, 과거에도 이와 비슷한 계의 집합이 존재했을 것이다. 여기서 '비슷하다'는 말은 준비, 전개 및 관측 단계가 지금의 계와 동일하다는 뜻이다. 그리고 물리법칙이 변하지 않는다는 것은 각기 다른 결과가 나올 확률이 변하지 않는다는 뜻이므로, 우리는 다음과 같이 말할 수 있다.

현재 진행 중인 실험에서 특정 결과가 나올 확률은 과거에 진행된 비슷한 실험사례들* 중에서 하나를 무작위로 골랐을 때 바로 그

---

* 준비, 전개, 관측 단계가 같은 실험사례들.

'특정 결과'가 선택될 확률과 같다.

이것을 선행법칙law of precedence이라 하자.

이제 간단하면서도 파격적인 주장을 할 참이니, 마음의 준비를 해두기 바란다. 많은 사람들은 선행법칙을 '법칙의 불변성'에서 파생된 부수적 결과로 간주하고 있지만, 사실 선행법칙 하나만 있으면 다른 법칙은 필요 없다. 선행법칙 이외의 법칙은 아예 없는 것으로 간주해도 무방하다. 그러면 위의 주장은 다음과 같이 수정된다.

현재 진행 중인 실험에서 특정 결과가 나올 확률은 과거에 진행된 비슷한 실험사례들 중에서 하나를 무작위로 골랐을 때 바로 그 '특정 결과'가 선택될 확률이 현재에 전달된 것이다.

그렇다. 나는 지금 '현재의 물리계는 자신과 동일한 준비, 전개, 관측 단계를 거쳤던 과거의 물리계(이것을 유사계similar system라 하자)의 결과를 참고한다'고 가정한 것이다. 따라서 우리의 가설은 다음과 같다.

관측과정에서 선택의 기로에 놓인 물리계는 과거에 존재했던 유사계의 결과들 중에서 무작위로 하나를 골라 자신의 결과로 내놓는다.

위에서 말한 대로 동일한 실험에서 각 결과가 나올 확률은 시간이 흘러도 변하지 않는다. 그러므로 선행법칙은 '대부분의 경우 현재는 과거와 비슷하다'는 것을 보장한다.

이 가설이 옳다면, 원자가 변하지 않는 법칙을 따르는 것처럼 보이는 이유는 우주가 충분히 크고 오래되어서 원자가 겪을 수 있는 대부분의 상황이 과거에 수없이 존재했기 때문이다. 즉, 우리 눈에 보이는 법칙은 사실 '법칙처럼 보이는 환영'일 뿐이다.

하지만 전례가 없다면 어떻게 되는가? 우주 역사상 단 한 번도 존재한 적 없는 양자상태를 구현하여 관측을 시도하면 어떤 결과가 초래될 것인가?

솔직히 말해서 나도 잘 모르겠다. 아마도 이것은 실험물리학의 중요한 질문으로 떠오를 것이며, 그렇게 되기를 희망한다. 시간을 초월한 기본법칙을 새로운 현상에 적용하여 앞날을 예측하는 행동에는 아무런 문제가 없다. 실험 결과가 항상 법칙에 부합된다면, 선행원리가 틀렸다고 결론지을 수도 있다. 그러나 법칙이 만족되기 위해 선행사례가 반드시 필요하다면, 새로운 상황과 새로운 양자역학에는 새로운 반응이 나타날 것이다.

충분히 많은 전례가 쌓이면 더 이상 놀랄 일도 없다. 그러므로 새로운 결과를 얻은 실험은 반드시 공개되어야 한다.

새로운 결과가 얻어지는 현장은 원자의 얽힌 상태를 연구하는 실험실일 가능성이 높다. 이런 상태는 어느 단계에 도달하면 우주 역사상 전례가 없다고 판단될 정도로 충분히 복잡해질 것이다. 머지않아 물리학자들은 선행원리를 실험적으로 검증하고, 선행사례가 쌓이는 과정을 발견하게 될 것이다. 그런 날이 하루 속히 오기를 기원한다.

15장

관점의 인과론

이론물리학자들은 각자 나름대로 사명감을 갖고 있다. 그들은 학자로서의 명성을 걸고 자연에 대해 과감한 추측을 내놓는다. 나는 개인적으로 현실주의자이자 관계주의자이며, 특히 시간적 관계주의 temporal relationalism를 지지하는 이론물리학자이다. 나는 양자역학이 불완전하다는 믿음하에 시간적 관계주의에 입각하여 양자역학과 일반상대성이론을 동시에 완전하게 만들어주는 현실주의적 이론을 구축하기 위해 노력하고 있다. 또한 나는 이 이론이 양자이론의 수수께끼를 해결하고, 올바른 양자중력이론의 기초가 되고, 초기조건과 법칙의 선택문제에서 비롯된 우주론과 입자물리학의 미스터리를 풀어줄 것을 기원한다.

우리의 여정을 마무리할 이 마지막 장에서는 위에 언급한 목표를 달성하는 한 가지 방법과, 이 분야에서 최근 발표된 몇 가지 연구 결과를 소개하기로 한다.

그 방법이란 앞 장에서 설명한 나드이론nads theory에 두 개의 아이디어를 추가로 도입하는 것이다. 첫째, 이 세계를 순수하게 관계적 관점에서 서술할 때 유일하게 현실적인 것은 '개개의 나드가 나머지 우주에 대해 갖고 있는 관점view'이다. 이 관점은 현실적인 것에 대한 표현이 아니라 그 자체가 현실이다. 즉, 관점 자체가 우리 이야기의 주인공인 역학적 자유도라는 뜻이다. 이로써 우리가 도입한 나드nad는 라이프니츠의 모나드monad와 더욱 비슷해진다(물론 다른 점도 아직 남아 있다).

그러나 우리에게 친숙한 세계에서 나드는 정확하게 무엇에 해당하며, 이들의 관점은 무엇으로 이루어져 있는가?

일반상대성이론에 적용하기를 원한다면 나드를 사건event에 대응시키는 것이 자연스러운 선택이다. 여기서 말하는 사건이란 특정 시간과 위치에서 발생하는 물리적 현상으로, 일반상대성이론의 기본을 이루는 단위이다. 우리는 이것을 '하나의 장소에서 무언가가 변하는 순간'으로 생각할 수도 있다. 예를 들어 두 개의 입자가 충돌하는 것도 하나의 사건이다. 사건으로 이루어진 세계는 그냥 존재하는 세계보다 훨씬 역동적이다.

나드를 사건으로 간주하면 이들 사이의 관계는 무엇을 서술하는가? 짧게 답하자면 이렇다. '인과관계를 서술한다. 하나의 사건은 다른 사건의 원인이다.'

개개의 사건들은 다른 사건과의 관계를 통해 우주의 역사에 짜깁기되어 있으며, 이 관계는 각 사건들 사이의 인과관계를 서술한다. 즉, 우주의 변천사가 사건의 인과관계에 고스란히 내장되어 있는 것이다.

일반상대성이론에서 사건들 사이의 관계는 어떤 식으로 작동하는가? 일단 원인이 전달되는 속도가 광속과 같거나 그보다 느리다고 가정하자. 사건 B에서 발생한 물리적 원인이 광속과 같거나 느린 속도로 이동하여 사건 A를 일으켰을 때, B를 A의 **인과적 과거**caysal past라 한다. 이 관계가 성립하면 B의 조건은 A의 조건을 유발하는 데 기여한 것으로 간주한다. 동일한 상황에서 A는 B의 **인과적 미래**causal future라고 할 수도 있다.

사건 A, B가 주어졌을 때, 일반상대성이론에 의하면 다음 세 가지 중 하나만이 진실이다. (1) A가 B의 인과적 미래이거나, (2) B가 A의 인과적 미래이거나, (3) A와 B는 인과율로 연결되어 있지 않다(마지막 경우는 광속과 같거나 그보다 느린 속도로는 A와 B를 인과율로 엮을 수 없는 경우에 해당한다). 그러므로 A가 B의 인과적 과거이면서 동시에 인과적 미래가 되는 '폐쇄형 인과고리closed causal loop'는 존재할 수 없다. 이것이 존재한다고 가정하면 흥미진진한 SF소설을 쓸 수 있지만, 현실세계에서는 수수께끼와 역설만 잔뜩 양산될 뿐이다. 나는 인과율이 비가역적이면서 가장 근본적인 법칙이라고 믿기 때문에, 폐쇄형 인과고리는 존재하지 않는다고 생각한다.*

---

* 일부 상대론 학자들은 폐쇄형 인과고리가 아인슈타인 장방정식의 수학적 해解로 엄연히 존재한다는 사실을 지적하면서 가능성을 주장하고 있다. 그러나 우주는 일반상대성이론에서 얻은 '여러 개의 해들 중 하나'로 서술되며, 그 하나의 해가 다른 이상한 해의 특성을 모두 갖고 있을 필요는 없다. 폐쇄형 인과고리를 갖는 해들(위대한 논리학자 쿠르트 괴델Kurt Gödel이 구한 해를 포함하여)은 특이하게도 다양한 대칭성을 갖고 있는데, 무구별자동일성원리principle of the identity of indiscernible를 적용하면 이런 해들은 모두 제외된다. 또한 대칭성을 보유한 해들은 태생적으로 불안정하여 약간의 동요에도 특이점singularity으로 붕괴된다.

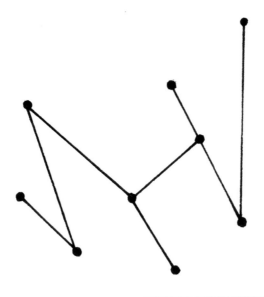

그림 14 인과의 고리causal link로 연결된 불연속적 사건의 집합.

모든 사건들 사이의 인과관계를 논한다는 것은 **인과구조**causal structure를 통해 우주를 서술한다는 뜻이다.

일반상대성이론에 의하면 시공간은 무수히 많은 사건의 연속체로 이루어져 있다. 그러나 나는 양자중력이론의 선구자들처럼, 나드를 '근본적 사건의 불연속적인 집합'이라고 가정할 것이다. 여기서 불연속이란 '헤아릴 수 있다'는 뜻이며, 그 개수는 유한할 수도, 무한할 수도 있다. 그리고 총 개수가 무한대라 해도 유한한 시간과 공간 안에서 나드의 개수는 유한하며, 이 덕분에 문제가 매우 단순해진다.

이제 나드에 인과관계를 부여해보자. 이것은 일반상대성이론의 인과관계처럼 작동한다. 여기 두 개의 나드 A, B가 주어져 있다. A는 B의 인과적 미래이거나, 또는 B가 A의 인과적 미래이거나, 또는 A와 B는 인과적으로 단절되어 있다. 나드의 집합과 이들 사이의 인과관계는 불연속적인 양자 시공간의 모형이 될 수 있다.

나드의 집합은 불연속집합이므로 이들의 인과관계도 불연속적이다. 즉, 임의의 나드의 과거나 미래에 도달할 때까지 거쳐야 할 걸음 수(단계의 수)는 항상 정수로 표현된다. 또한 각 나드의 가장 가까운 인과적 과거는 해당 나드로부터 과거로 한 걸음 떨어진 나드로 이루어져 있다. 이런 구조는 가문의 혈통도(족보)에 비유하는 것이 가장 자연스럽다. 예를 들어 나드 A와 B가 나드 C의 부모라면, C는 A와 B라는 두 원인이 만나서 일어난 사건으로 해석할 수 있다. 이런 식으로 C의 조상을 추적하면 그가 속한 가계家系의 네트워크가 만들어진다. 또한 C는 자신의 후손 D, E에게 영향을 줄 수 있다.

세계 역사를 만들어온 모든 사건들은 근본적으로 위와 같은 인과관계의 결과로 해석할 수 있다. 자연에 존재하는 모든 개체와 특성은 거대하고 불연속적인 사건의 집합으로부터 유래되었으며, 임의의 사건은 다른 사건을 유발한다는 것 외에 다른 특징을 갖지 않는다. 이 파격적인 주장을 펼친 사람은 **인과집합론**causal set theory을 창시한 미국의 물리학자 라파엘 소킨이다.[1]

인과적 집합은 오직 인과관계만으로 정의되는 불연속 집합으로, '어떤 사건도 자기 자신의 원인이 될 수 없다'는 조건을 만족한다. 그리고 두 개의 사건 A, B가 주어졌을 때 B의 인과적 미래이면서 A의 인과적 과거인 사건의 수는 항상 유한하다.

나는 인과집합론의 원대한 목표와 파격적인 주장, 그리고 논리의 순수함에 감탄을 금할 길이 없다. 이것은 오직 인과관계만으로 시공간을 서술한 이론으로, 모든 사건은 인과네트워크상에서의 위치만으로 완벽하게 정의된다.

이 이론의 장점 중 하나는 시공간의 기하학적 구조를 인과집합 안에 대략적으로 함축시킬 수 있다는 점이다. 이것은 선거를 앞두고 실시하는 여론조사와 비슷하다. 전국을 돌아다니며 모든 개인의 성향을 일일이 물어볼 필요 없이, 작은 영역을 샘플로 추출하여 그 지역의 성향만 조사하는 식이다. 즉, 시공간에서 사건 샘플을 임의로 추출하여 서로의 인과관계를 기록하면 된다. 이렇게 약식으로 분석하면 많은 정보가 유실되지만, 특정 부피 및 단위 시간 안에서 사건을 추출하면 적어도 그 규모에 안에서는 인과관계를 매우 정확하게 파악할 수 있다.

라파엘 소킨과 그의 동료들은 여기서 한 걸음 더 나아가, 그 반대도 성립한다고 가정했다. 가장 근본적인 단계에서 우주의 역사는 불연속적인 인과관계의 집합이며, 충분히 큰 규모에서는 이 집합으로부터 시공간이라는 환상이 출현한다는 것이다. 소킨은 '연속체처럼 보이는 물방울이 사실은 불연속적인 원자로 이루어진 것처럼, 인과집합의 사건들이 모여서 시공간원자(시공간의 최소단위 – 옮긴이)를 이룬다'고 했다.

인과집합론이 거둔 가장 큰 성공은 우주상수의 대략적인 값을 이론적으로 예측한 것이다. 소킨은 우주상수가 관측되기 전에 이 값을 예견했는데,[2] 사실 이것은 양자중력이론으로 가는 유일한 길이었다.

인과집합론은 시공간원자의 특성을 설명하는 몇 가지 가설 중 하나이다. 그러나 스핀거품모형spin foam model과 같은 다른 가설과 비교할 때, 인과집합론은 사건의 유일한 특성이 인과관계라는 점에서 큰 장점을 갖고 있다. 이로부터 시공간원자가 따르는 기본법칙의 후보군이 크게 좁혀지기 때문이다.

좋은 소식만 있는 것은 아니다. 인과집합론은 **역 문제**逆問題, inverse problem라는 심각한 장애물에 발이 묶여 있다. 앞서 말한 대로 연속적인 시공간이 주어지면 그 안에서 샘플사건을 추출하여 인과집합을 만들 수 있다. 여기에는 어려운 부분이 별로 없다. 그러나 이 과정을 거꾸로 밟아 가는 것은 거의 불가능하다. 인과의 집합으로 이루어진 세계에서는 그 어떤 것도 3차원공간과 4차원시공간을 (대략적으로라도) 서술할 수 없다. 이것은 인과관계 네트워크에 대한 대략적 서술보다 시공간 자체에 더 많은 정보가 담겨 있음을 암시한다.

양자이론의 범주 안에서 시공간의 구조를 이해하기 위해 탄생한 양자중력이론은 지금까지 과학자들이 도전했던 그 어떤 이론보다 어려운 것으로 알려져 있다. 그런데 '시공간원자'라는 아이디어가 대두되었으니, 실제로 원자가설이 정설로 인정받을 때까지 걸어온 길을 되돌아보면 실마리가 풀릴지도 모른다.

19~20세기 초에 원자론을 지지했던 물리학자들은 두 가지 문제에 직면해 있었다. 하나는 원자를 지배하는 법칙을 발견하는 것이었고, 다른 하나는 이 근본적인 법칙으로부터 눈에 보이는 거시적 물질의 '거친 특성(특히 고체, 액체, 기체 등 물질의 상태)'을 유추하는 것이었다. 지금 양자중력을 연구하는 물리학자들이 직면한 문제도 이와 비슷하다.

원자설의 역사에서 마음속에 담아둘 교훈은 두 가지로 요약된다.

첫째, 원자가 실제로 존재한다는 증거와 일부 특성이 실험을 통해 발견될 때까지 첫 번째 도전(원자를 지배하는 법칙을 발견하는 것)이 전혀 시도되지 않았다는 것이다.

두 번째 교훈은 위에서 말한 두 번째 도전(물질의 다양한 상태를 원자의 법칙으로 설명하는 것)이 첫 번째 도전보다 쉬웠다는 것이다. 원자물리학의 법칙이 발견되기 50년 전에, 일부 선구자들은 두 번째 도전에서 이미 상당한 진척을 이룬 상태였다. 어떻게 그럴 수 있었을까? 비결은 간단하다. 거시적 물질의 거동방식은 원자물리학의 세부사항과 별 관계가 없기 때문이다. 그저 원자가 존재하고, 이들이 아주 가까운 거리에서 힘을 주고받는다는 사실만 알고 있으면 된다.

이 교훈은 시공간원자라는 간단한 가설로부터 미시적 규모의 시공간에 적용되는 법칙을 유도하려는 양자중력 이론가들에게 충실하게 전달되었다. 테드 제이콥슨Ted Jacobson[3]이 개척한 이 분야는 이미 상당한 수준까지 개발된 상태이다. 관측 가능한 규모(물리학의 가장 작은 단위인 플랑크 스케일Planck scale보다 훨씬 큰 규모)에 적용되는 법칙들은 시공간원자를 지배하는 법칙과 별 관계가 없을지도 모른다.

사실 이것은 별로 반가운 교훈이 아니다. 이미 알려진 법칙이 진정한 기본법칙을 알아내는 데 별 도움이 안 된다는 뜻이기 때문이다. 우리에게 주어진 힌트는 단 두 개뿐인데, 그중 하나는 시공간에서 정보가 흐르는 방식과 관련되어 있다. 시공간원자가설에서 일반상대성이론을 이끌어내려면, 공간의 표면을 따라 흐르는 정보의 속도에 상한선을 부여해야 한다. 이 속도는 플랑크단위*로 계산했을 때 표면적보다 클 수 없다. 이것을 (약한)[4] **홀로그램가설**weak holographic hypothesis이라 한다.[†]

홀로그램가설이 사실이라면 '양자중력이 적용되는 초미세영역에서 정보의 흐름'이라는 문제가 자연스럽게 대두된다. 그러나 정보는 객체들 사이의 다른 점을 구별하는 식으로 정의되기 때문에 정보 자체가 인과구조를 정의한다(또는 정보가 인과구조에 의존한다고 볼 수도 있다). 따라서 홀로그램가설에 의하면 정보의 흐름을 유도하거나 서술하는 인과구조가 반드시 존재해야 한다. 바로 이런 이유 때문에 인과구조가 근본적 개념이라고 말하는 것이다.

두 번째 힌트는 제이콥슨의 주장대로 일반상대성이론을 도출하려면 동일한 표면을 따라 흐르는 에너지의 흐름을 추적해야 한다는 것이다. 이것은 에너지가 가장 기본적인 단계에서 일어나는 사건에 의미를 부여하는 근본적 양임을 암시한다. 제이콥슨은 에너지의 흐름과 정보의 흐름 사이의 관계가 일반상대성이론의 방정식에 내포되어 있으며, 인과구조가 이 두 개의 흐름을 유도한다는 사실을 알아냈다.

나는 첫 번째 힌트에 입각하여, 일련의 사건과 그들 사이의 인과관계가 우주의 역사에 내포되어 있다고 생각한다. 다시 말해서, 우주는 그 자체로 인과집합이라는 뜻이다. 그러나 역 문제를 생각할 때, 사건의 유일한 특성이 인과관계라는 가설은 받아들이기 어렵

---

* 면적의 기본단위는 뉴턴의 중력상수(G)에 플랑크상수(h)를 곱한 값이다.

† 홀로그램가설의 자세한 내용은 나의 전작 《양자 중력의 세 가지 길Three Roads to Quantum Gravity》(한국어판은 2007년 사이언스북스에서 출간되었다─옮긴이)을 참고하기 바란다.

다. 인과관계가 유일한 관계적 속성이라는 주장은 기꺼이 수용하겠지만, 모든 사건은 그 외의 속성도 갖고 있어야 한다. 그리고 두 번째 힌트에 의하면 에너지가 인과관계에 따라 사건들 사이를 흐르는 것 같다.

그래서 나는 개개의 사건들이 특정한 양의 에너지를 갖고 있으며, 이 에너지가 인과관계를 따라 과거의 사건에서 미래의 사건으로 흐른다고 제안하고 싶다. 한 사건의 에너지는 가장 가까운 과거 사건들에서 유입된 에너지의 합이며, 이 에너지는 가장 가까운 이웃사건(1단계 이웃)으로 분할 전송된다. 따라서 '에너지는 창조되지도, 붕괴되지도 않는다'는 에너지보존법칙도 성립하게 된다.

또한 특수상대성이론에서 에너지는 운동량과 통합되므로, 나는 운동량도 과거사건에서 미래사건으로 전송된다고 생각한다. 나는 2014년에 마리나 코르테즈Marina Cortês와 함께 에너지와 운동량의 흐름을 고려한 인과집합모형을 개발하여 **에너지인과집합**energetic causal set으로 명명했다.[5]

이 모형에 의하면 우주의 역사는 미래의 원인이 되는 사건들로 이루어져 있으며, 각 사건은 약간의 에너지와 운동량을 인접한 미래사건에 전달하고 있다. 그러나 가장 근본적인 단계에서 시공간은 존재하지 않으며, 인과관계로 연결된 불연속의 사건집합이 존재할 뿐이다.

이 접근법은 초기에 역 문제에 대한 해답을 제시함으로써 괄목할 만한 성공을 거두었다. 시간과 공간을 모두 1차원으로 간주한 단순한 사례에서, 에너지인과집합 모형으로부터 시공간을 유도하는 데 성공한 것이다.

이제 에너지에 대해 본격적으로 논할 때가 되었다.

뉴턴역학과 일반상대성이론, 그리고 양자장이론 등 주요 물리학 이론에는 시간의 따른 객체의 변화를 알려주는 운동방정식equation of motion이 존재한다. 뉴턴역학에서 이 객체는 입자의 위치이고, 양자장이론에서는 공간의 모든 점에서 정의된 장場, field의 값이다. 그런데 놀랍게도 이 방정식들은 생긴 모양이 매우 비슷하다. 일단 입자의 위치나 장의 값 등 계의 배열을 좌우하는 변수가 있고, 그 외에 입자의 거동방식이나 장이 진동하는 방식을 알려주는 역학적 양이 있다. 그중에서 가장 중요한 것은 에너지와 운동량이다.

모든 입자는 특정한 양의 에너지와 운동량을 운반한다. 그리고 두 입자가 상호작용을 할 때에는 에너지와 운동량의 일부가 교환된다. 에너지와 운동량은 보존되는 양이므로, 둘 중 한 입자의 에너지나 운동량이 감소하면 다른 쪽은 증가한다.

이런 이론의 구조는 항상 똑같다. 일단 두 개의 기본방정식이 있는데, 그중 하나는 운동량을 통해 시간에 따른 위치의 변화를 알려주고,* 다른 하나는 입자의 위치를 통해 시간에 따른 운동량의 변화를 알려준다. 따라서 위치와 운동량은 서로 엮여 있는 양이다. 즉, 한쪽의 변화는 다른 쪽과 관련되어 있다. 이런 관계를 '이중적 관계dual'라 한다. 위치와 운동량, 그리고 전기장과 자기장은 서로 이중적 관계에 있다.

나는 운동방정식의 이중적 패턴이 우주 전역에 걸쳐 통용되는 것

---

* 뉴턴역학의 경우 입자의 운동량은 속도에 비례하며, 비례상수가 바로 입자의 질량이다($p=mv$).

이 자연의 깊은 곳에 내재된 속성이라고 생각한다. 물론 이것은 물리학에 한정된 이야기다. 다른 과학 분야도 자신만의 방정식을 이용하여 컴퓨터나 자연환경, 시장market, 또는 유기체의 시간에 따른 변화를 서술하고 있지만, 이들 중 그 어떤 방정식도 배열변수와 운동량, 그리고 에너지가 포함된 이중적 구조를 갖고 있지 않다(에너지와 운동량의 총량은 여전히 보존된다). 그래서 나는 물리적 우주를 컴퓨터로 간주해봐야 별로 도움이 되지 않는다고 생각한다.

운동량 보존이 중요하게 취급되는 또 한 가지 이유는 물리학의 가장 근본적 원리 중 하나인 관성원리principle of inertia를 설명해주기 때문이다.

배열 및 운동량 변수를 포함한 이중적 관계가 존재하는 이유는 무엇인가? 에너지와 운동량은 왜 보존되는가? 그 답은 '뇌터의 정리Noether's theorem'에서 찾을 수 있다. 독일의 여성 수학자 에미 뇌터 Emmy Noether는 1915년에 대칭과 보존량의 관계에 관한 수학 정리를 발표했는데, 여기서 말하는 대칭symmetry이란 '계에 변화를 가해도 여전히 변하지 않는 성질'을 의미한다. 예를 들어 임의의 물리계 전체를 특정 각도만큼 회전시켜도 운동법칙은 달라지지 않는다. 즉, 물리계는 회전변환에 대하여 대칭적이다. 이것을 회전대칭rotational symmetry이라 한다. 또한 물리계 전체를 특정 방향으로 이동하거나 시간을 따라 과거나 미래로 이동시켜도 운동법칙은 달라지지 않는데, 이것은 각각 병진대칭translational symmetry 및 시간대칭time symmetry 이라 한다. 뇌터의 정리를 간단하게 요약하면 다음과 같다. '연속변환에 기초한 자연의 모든 대칭에는 그에 대응하는 보존량이 존재한다.' 그 결과 병진대칭에 대응되는 보존량이 바로 운동량이고, 시간대칭에 대응되는 보존량은 에너지이다.*

이 사실만 놓고 보면 근본적인 것은 공간이고, 에너지와 운동량은 공간의 대칭이 반영된 부수적 개념인 것 같다. 대부분의 물리학자들은 이 관점을 지지한다. 그러나 나는 정반대의 생각을 갖고 있다.

뇌터의 정리에는 깊은 통찰이 반영되어 있지만, 근본적 이론에는 적용되지 않는다. 우리가 추구하는 근본적 이론은 무구별자동일성원리를 만족하기 때문이다. 이 원리에 의하면 자연에는 원리라는 것이 애초부터 존재하지 않는다. 구球나 원통처럼 가운데를 중심으로 회전시켜도 변하지 않는 물체를 생각해보자. 이들이 대칭적이라는 것은 회전을 시켜도 외형이 변하지 않는다는 뜻이다(여기서 말하는 불변성은 물리적 의미가 아니라 순수기하학적 의미이다 - 옮긴이). 즉, 관측자는 가만히 있는 구와 회전하는 구를 구별할 수 없다. 그러나 이 것은 구를 구성하는 점들이 완전히 동일하다는 가정하에 그렇다. 이와 마찬가지로 무한히 긴 직선이 병진변환(선이 놓인 방향으로 이동시키는 변환)에 대하여 불변인 이유는 선 위의 모든 점들이 동일하기 때문이다. 두 경우 모두 대칭이 존재한다는 것은 '특성이 똑같으면서 구별 가능한 점들'이 존재한다는 뜻이다. 그러나 이것은 무구별자동일성원리에 위배된다.

대칭은 고정된 배경의 속성이다. 따라서 대칭이 존재한다는 것은 이론이 배경에 의존한다는 명백한 신호이다. 그런데 앞에서 우리

---

* 회전대칭에 대응되는 보존량은 각운동량angular momentum이다.

는 근본적 이론이 배경독립적임을 강조한 바 있다. 그러므로 근본적 이론에는 대칭이 존재하지 않으며 이는 곧 에너지와 운동량, 그리고 이들의 보존법칙을 공간의 특성에서 유도된 결과로 간주할 수 없다는 뜻이다. 그러나 에너지와 운동량이 물리학의 모든 방정식에서 중요한 역할을 하는 이유는 어떻게든 설명을 해야 한다.

또한 우리는 공간이 근본적인 단계에 존재하는 개념이 아니라 부수적인 개념이라고 가정했다. 그러므로 에너지와 운동량이 물리학에서 중요한 역할을 하려면 이들이 처음부터 존재했다고 생각하는 수밖에 없다.

우리에게 필요한 것은 뇌터의 정리와 정반대이다. 즉 에너지와 운동량, 그리고 이들의 보존법칙이 가장 근본적인 개념이며, 이로부터 공간(우주의 부분계에 대한 설명을 제공하는 공간)이 유도되는 조건을 알 수 있다고 가정해야 한다.

이로써 인과관계와 에너지, 그리고 운동량이 근본적이라는 밑그림이 우리에게 주어졌다. 에너지인과집합은 이런 그림에서 작동한다.

에너지인과집합모형은 앞 장에서 언급한 시간적 관계주의temporal relationalism의 원리와 가설을 구현한 이론이다. 이 원리에 의하면 시간(현재의 순간이 연속적으로 이어진 것)은 자연의 근본적인 양이다. '시간이 흐른다'는 우리의 느낌은 근본적인 세계를 직접 인식한 결과이며, 불변의 법칙을 포함한 그 외의 것들은 대략적이고 부수적인 개념이다. 나는 이 관점을 로베르토 망가베이라 웅거와 오랫동안 공동연구를 하면서 개발했는데, 가장 중요한 결과는 자연의 법칙이 불변하지 않고 시간을 따라 진화한다는 것이었다. 이것은 물리학자들 사이에 널리 퍼져 있는 믿음, 즉 '시간은 가장 근본적인 단계에 존재하는 양이 아니라 기본법칙에서 파생된 부수적 개념'이라는 믿음과 정반대이다. 우리는 시간이 근본적인 양이고, 자연의 법칙은 부수적이면서 변할 수 있다고 생각한다.

마리나 코르테즈는 가장 근본적인 단계의 법칙이 두 가지 면에서 비가역적이라고 주장한다. 첫째, 시간이 흐르는 방향을 바꿨을 때 자연법칙은 이전과 똑같이 작용하지 않는다. 자연현상을 촬영하여 거꾸로 재생했을 때, 화면에 보이는 장면은 물리법칙을 만족하지 않는다. 이것은 '시간의 방향을 바꿔도 자연의 법칙은 달라지지 않는다'는 기존의 믿음에 위배된다.

그러나 양자역학과 일반상대성이론, 표준모형 등 우리가 알고 있는 기본법칙들은 시간이 거꾸로 흘러도 변하지 않는다.* 그러므로 코르테즈의 주장이 옳다면 더욱 근본적인 단계에서 비가역적인 법칙이 존재해야 한다. 이 시점에서 떠오르는 질문이 두 개 있다. (1) 시간에 대해 비가역적인 기본법칙을 만들 수 있는가? (2) 가역적인 법칙을 비가역적인 기본법칙의 근사적 표현으로 서술할 수 있는가? 에너지인과집합모형은 이 질문에 답하기 위해 개발된 이론이다.

또한 코르테즈는 사건을 궁극의 기본단위로 간주한 이론은 비가역적이라고 주장했다. 앞서 말한 대로 한 번 일어난 사건은 되돌릴 수 없다. 물론 사건이 미친 영향을 원래대로 되돌릴 수는 있다. 예를 들어 하나의 사건이 발생하여 A가 B로 변했는데 당신이 변화를

---

* 전문가들은 CPT 변환을 떠올리기 바란다.

원치 않는다면 B를 A로 되돌리는 또 하나의 사건을 만들면 된다. 그러나 이런 경우 물리학의 역사에는 하나가 아닌 두 개의 사건이 기록된다. 한번 일어난 사건은 무조건 과거에 속하며, 이 사실은 미래에 어떤 사건이 일어나도 지워질 수 없다. 미래의 사건이 과거에 일어난 사건의 영향을 말끔히 지운다 해도 사건이 일어났다는 사실 자체는 영원히 남는다.

이런 관점에서 보면 시간의 흐름은 '현재의 사건으로부터 새로운 사건이 발생하는 과정'으로 간주할 수 있다. 사람들은 시간이라는 단어에 다양한 의미를 부여해왔지만, 우리는 시간의 흐름이 활동적인 창조과정을 설명해주고, '시간의 활동성'이야말로 새로운 사건을 창조하는 원천이라고 생각한다.

코르테즈와 나는 우리가 제안했던 원리와 가설을 구현하기 위해 몇 가지 모형을 만들었는데, 그중 한 모형에서 임의의 사건은 두 개의 '부모사건parent event'으로부터 창조되고, 이 사건은 다시 두 개의 '자녀사건child event'의 부모가 된다.

각 단계에는 '이미 창조되었지만 자손사건을 만들지 않은' 전초사건vanguard of event들이 존재하는데, 이들은 여전히 미래에 영향을 미치고 있다. 따라서 우리가 '현재'라고 느끼는 순간은 전초사건들로 이루어져 있다.

이렇게 연속적으로 이어지는 사건들이 모여서 역사가 만들어지는 것이다.

A라는 사건에 자녀사건이 할당되면 A는 더 이상 미래에 적극적인 역할을 할 수 없다. 간단히 말해서 A가 '과거의 사건'이 되는 것이다. 또한 A는 자신보다 과거에 일어난 사건으로 이루어진 '인과

적 과거'를 갖고 있으며, 이들은 직접, 또는 간접적으로 A에게 영향을 미쳐왔다. A의 인과적 미래는 직접, 또는 간접적으로 A의 영향을 받으면서 끊임없이 자라나는 사건의 집합이다. 따라서 과거는 인과집합의 구조를 갖고 있다.

그다음에 우리는 에너지와 운동량을 도입하여 에너지인과집합의 '스스로 자라는 미래모형'을 만들었다. 개개의 사건들은 부모사건의 에너지와 운동량을 합한 총에너지와 총운동량을 갖고 있으며, 이 값은 몇 개로 분할되어 자녀사건에게 전달된다.

이 모형을 완성하려면 두 가지 질문에 답해야 한다. (1) 지금 이 순간에 새로운 사건이 창조될 때, 자녀사건의 원인이 될 한 쌍의 부모사건은 어떤 기준으로 선택되는가? (2) 하나의 사건은 자신의 자녀사건에게 에너지와 운동량을 어떻게 할당하는가? 이 질문에 답하려면 새로운 사건의 창조를 관장하는 규칙부터 명시해야 한다.

우리는 앞에서 언급한 배경독립성원리와 무구별자동일성원리에 기초하여 이 규칙을 선택했다. 배경독립성원리를 여기에 적용하면 서로 다른 사건은 오직 역학적으로 창조된 구조를 통해 구별되어야 하며, 이 구조는 개개의 사건들이 창조된 순서와 무관하다. 이 조건이 만족되려면 모든 사건들은 오직 인과적 과거의 구조에 따라 구별되어야 한다.

이로부터 무구별자동일성원리가 자연스럽게 도입된다. 모든 사건들이 인과적 과거를 통해 구별된다는 것은 각 사건의 인과적 과거가 자신만의 독특한 특성을 갖고 있다는 뜻이다. 따라서 사건생성규칙은 각 사건의 인과적 과거가 다른 사건의 인과적 과거와 확연하게 구별될 것을 보장해야 한다.

나는 코르테즈와 공동연구를 하다가 두 가지 흥미로운 결론에 도달했다. 하나는 앞서 말한 대로 각 사건과 그들의 인과관계를 나타낼 수 있는 부수적 개념의 시공간이 존재한다는 사실로부터 역 문제가 해결된 것이고, 다른 하나는 시간에 대해 비대칭적이고 무질서한 위상에서 출발한 물리계가 시간이 흐를수록 질서정연한 위상과 대략적인 시간대칭성을 갖는 쪽으로 진화한다는 것이다.[*]

우리는 에너지인과집합모형에서 '비가역적인 기본법칙으로부터 시간가역적인 법칙(시간이 거꾸로 흘러도 여전히 성립하는 법칙 – 옮긴이)이 유도될 수 있다'는 중요한 교훈을 얻었다. 이것은 대부분의 물리학자들이 생각하는 비가역성과 모순된다.

우리는 14장 첫머리에서 라이프니츠의 충분근거원리를 서술하는 다섯 가지 원리와 시간의 근본적이고 비가역적인 특성과 관련된 세 개의 가설, 그리고 공간의 대조적이고 부수적인 특성을 접한 바 있다. 나는 우리가 찾는 이론이 이 모든 조건을 만족하면서 아인슈타인이 추구했던 두 가지 혁명을 완수할 것으로 믿는다. 그 후 우리는 아직 완전하지 않지만 일부 원리가 적용된 몇 개의 이론을 살펴보았다.

현실적 앙상블 체계를 갖춘 이론은 관계형 숨은 변수 이론이었

---

[*] 그로부터 몇 년 후, 우리는 상태의 수가 유한한 결정론적 역학계를 통해 이와 같은 이중적 거동을 이해하게 되었다. 이런 계는 주기성을 갖는 쪽으로 진화하며, 주기성으로 수렴하는 두 종류의 위상이 그 뒤를 따른다. 그러나 각 사건들은 하나의 자녀사건과 하나의 부모사건만을 갖기 때문에 가역적이다.

3부 양자를 넘어서

다. 이 이론은 배경시공간이 고정되어 있어서 모든 원리를 만족하지는 않지만, 다섯 개의 원리를 강제로 욱여넣으면 관점이 동일한 두 개의 사건을 구별할 때 무구별자동일성원리가 걸림돌로 작용하게 된다. 그래서 나는 두 물체의 공간적 거리가 가까울수록 상호작용이 강한 이유가 '나머지 우주에 대한 관점이 비슷하기 때문'이라고 가정했다. 즉, '유사관점원리principle of similarity of views'라는 더욱 심오한 원리를 이용하여 국소성원리를 설명한 것이다. 여기에 무구별자동일성원리가 적용되려면 하위물리계들 사이에 작용하는 힘을 도입하여 이들 사이의 차이를 부각시키거나 다양성을 극대화해야 한다. 앞서 말한 대로 이 과정을 거치면 양자역학이 자연스럽게 유도된다.

에너지인과집합은 시간과 공간에 대하여 우리가 제시한 가정을 테스트하는 불연속 양자우주모형으로, 배경공간이나 배경시공간을 도입하지 않고 활동적이고 비가역적인 시간과 인과율, 그리고 에너지와 운동량을 근본적인 개념으로 간주한다. 이 모형에서 시공간과 공간은 부수적 개념이다.

이 두 개의 모형(관계형 숨은 변수와 에너지인과집합)을 결합하면 관계형 숨은 변수 이론도 배경과 무관해지고, 공간과 국소성이 부수적 개념이라는 가설이 이론에 구현된다.

두 모형은 별개의 연구과제로 출발했지만 사건들 사이의 유사성과 차이점에 관해서는 하나의 관점을 공유하고 있다. 두 모형에서 이것은 근본적 개념이며, 국소성은 우연히 발생한 부차적 특성이다. 나는 이것이 한 그림의 다른 측면이라는 사실을 서서히 깨달았고, 어느 여름날 책상에 앉아 모든 것을 하나로 엮는 이론을 써 내려가기 시작했다.

그러자 모든 것이 분명해졌다. 새로운 이야기의 주인공은 다른 아닌 '관점'이었다. 우리에게 필요한 기본변수는 개개의 사건이 우주를 바라보는 관점이었던 것이다. 그래서 나는 더 근본적인 구조를 찾지 않고 관점을 기본으로 삼기로 했다. 이런 식으로 접근하면 기본법칙에는 관점과 관점 사이의 차이만 포함된다. 나는 이것을 **관점의 인과론**causal theory of views으로 명명했다.[6]

하나의 사건이 갖고 있는 관점이란 인과적 과거로부터 얻은 정보를 의미한다. 과거에 대한 관점은 하늘을 둘러보는 것과 비슷하다. 빛의 속도는 유한하므로, 하늘을 둘러본다는 것은 과거를 바라본다는 뜻이다.

한 사건의 관점은 완전히 현실적이며, 개인의 의견과는 아무런 관계도 없다.* 지금 설명 중인 이론에서 현실적이고 객관적인 것은 각 사건들이 인과적 과거로부터 얻은 정보뿐이다.

지금 밖으로 나가서 하늘을 올려다보라. 세상에 대한 당신의 관점은 하늘이라는 2차원 구형 스크린에 투영된 필름 영상과 비슷하다. 3차원 (부수적) 공간모형에서 한 사건의 관점은 '사건이 바라보는 하늘'에 해당하는 2차원 구로 표현되며, 이 하늘에서 사건이 보는 것은 인과적 과거에 해당하는 사건들이다. 좀 더 정확하게 말해서, 사건이 보는 것은 자신의 부모사건으로부터 전달된 에너지와

---

* '관점'이라는 단어는 흔히 '개인의 주관적 의견'이라는 뜻으로 통용되지만, 여기서 말하는 관점view은 완전히 다른 뜻이다. 여기서 말하는 관점은 문자 그대로 '바라보는 시각'을 의미한다(이 각주는 한참 전에 나왔어야 했다 - 옮긴이).

　　　　　　　　　　　　　　　　　　　　　　　3부 양자를 넘어서

운동량이다. 각 부모사건은 사건의 하늘에서 색이 있는 점으로 나타나며, 각 점들은 과거사건으로부터 전달된 에너지와 운동량의 양자를 나타낸다. 또한 하늘에서 각 점의 위치는 운동량의 방향을, 점의 색상은 전달된 에너지의 양을 나타낸다.

다음 단계는 우주의 모든 구성요소들이 하늘에 포함되어 있다고 가정하는 것이다(구성요소란 한 사건의 관점을 의미한다). 인과관계에서 관점을 구축하는 대신, 관점으로부터 인과관계를 비롯한 모든 것을 유도하는 식이다. 이런 가정이 통하는 이유는 전체관점에 들어있는 정보만으로 인과관계와 모든 역사를 재현할 수 있기 때문이다.

현실적 앙상블이론에서 그랬던 것처럼 법칙은 관점의 다양성이 극대화되는 쪽으로 작용하여 양자적 힘과 비슷한 효과를 낳는다. 이 법칙을 이용하면 이론의 근사적 표현으로 양자역학을 유도할 수 있다.

관점의 인과론을 한 문장으로 요약하면 다음과 같다. '우주는 과거의 사건으로 형성된 관점만으로 이루어져 있으며, 자연의 법칙은 이 관점의 다양성을 극대화시키는 쪽으로 작용한다.'

여기부터 우리의 이야기는 현실적 앙상블이론과 거의 비슷해진다. 관점의 다양성을 극대화시키는 법칙 때문에 비슷한 관점끼리의 상호작용이 더욱 활발해지고, 그 결과로 국소적 공간이라는 부수적 개념이 대두된다. 비국소성도 (부수적 공간에서) 원거리 상호작용을 통해 나타나지만, 관점의 유사성으로 따지면 근거리 상호작용에 속한다. 마지막으로 현실적 앙상블모형에서 그랬던 것처럼 비국소적 상호작용으로부터 양자역학이 유도되며, 이것은 관점으로 구성된 역학의 대략적인 서술에 해당한다.

그러므로 관점의 인과론은 우리를 완전한 양자역학으로 인도하는 이론이다. 내가 이것을 현실주의 이론의 완결판으로 간주하는 이유는 '자기 자신의 관점'인 비에이블에 관한 이론이기 때문이다. 가장 중요한 것은 이 이론이 '근본적인 이론은 양자역학과 시공간 원자모형의 완전한 이론이 될 수 있다'는 가능성을 시사한다는 점이다. 또한 이 이론은 시공간과 양자역학의 국소성 및 비국소성이 부차적 개념인 이유를 설명해준다.

그러나 관점의 인과론은 전체 이야기의 일부일 뿐이며, 풀어야 할 문제는 아직 많이 남아 있다.

현실주의자들에게 양자역학은 최후의 이론이 아니다. 그러나 궁극의 이론이 무엇이건 간에, 나는 자연이 근본적인 단계에서 이해 가능하다고 믿는다. 논리력과 상상력, 그리고 새로운 개념을 만들어내는 창조력을 십분 발휘하면 언젠가는 우주를 이해할 수 있을 것이다. 내가 이토록 낙관적인 이유는 미래의 과학자들이 공동의 목표를 추구함으로써 개인이나 소규모 연구팀보다 훨씬 뛰어난 능력을 발휘할 것이기 때문이다. 지난 100년 동안 제자리걸음을 해온 물리학을 떠올릴 때마다 좌절감이 드는 것도 사실이지만, 장기적으로는 낙관적인 생각을 갖고 있다. 미래의 후배 물리학자들은 자연에 대하여 지금 우리보다 훨씬 많이 알게 될 것이다.

또한 나는 지난 한 세기 동안 우리를 괴롭혀왔던 난제들이 결국 단순한 문제로 판명될 것이며, 이 책에서 소개한 원리와 가설로 우아하게 설명되리라 믿는다. 아인슈타인이 말한 두 가지 혁명의 열쇠를 지금 당장 도서관에서 찾을 수 있다면 더할 나위 없이 좋겠지

만, 그렇지 않다 해도 과학의 위대한 모험이 계속되는 한 우리의 후
손들은 기필코 해답을 찾아낼 것이다.

나에게 남기는 메모

진실은 바로 저 너머에 있다.

〈엑스파일The X-Files〉

절대, 절대, 절대, 절대… 포기하면 안 된다![1]

데이비드 그로스David Gross

아인슈타인은 과학자들이 '자연의 원리를 알아내기 위해서라면 언제든지 법칙을 깨고 연구방법을 바꿀 준비가 되어 있는' 기회주의자라고 했다. 사실 모든 과학자는 투자할 자본을 갖고 있는 기업가와 비슷하다. 그중 이론물리학자는 밑천의 대부분이 '시간'과 '관심'이기에, 연구주제와 연구방법을 선택할 때 가장 신중하다. 홍수처럼 쏟아지는 논문집에서 어떤 논문을 골라 읽을 것인가? 전 세계에서 동시다발로 열리는 학회 중 어느 학회에 참석할 것이며, 그곳에 가면 누구의 강연을 들을 것인가? 신중한 선택의 대가는 다양한 형태로 돌아온다. 발견의 기쁨을 혼자 만끽할 수도 있고, 동료와 학생들의 찬사를 한몸에 받을 수도 있으며, 새로운 직장을 얻거나 월급이 오를 수도 있다.

만일 당신이 기존의 물리법칙을 적용하여 자연에 대한 이해의 폭을 넓히는 데 관심이 있다면, 지금이야말로 물리학자가 되기에 가장 적절한 시기이다. 응집물리학condensed matter physics(고밀도로 응집된 물질의 특성을 연구하는 물리학 분야 – 옮긴이)에서 이루어낸 아름다운 발견은 앞으로 나아갈 길을 밝혀주고, 중력파 망원경은 우주를 바라보는 창을 넓혀서 한층 더 진실에 가까운 우주의 모습을 우리에게 보여주었다. 이 패러다임은 지금도 진행 중이다. 꾸준히 발전해온 수학은 수리물리학을 견인했고, 뛰어난 학자들 덕분에 이미 알려진 이론과 신생 이론의 수학적 구조를 더 깊이 이해할 수 있었다. 실험 분야도 마찬가지다. 컴퓨터의 성능이 무어의 법칙Moore's law(컴퓨터의 성능이 매 18개월마다 두 배로 향상된다는 법칙 – 옮긴이)을 따라 기하급수로 향상되면서 천문 관측 범위가 상상하기 어려울 정도로 넓어졌고, 정확성도 크게 높아졌다. 물론 이런 것은 근본적인 단계의 난제를 해결하는 데 별 도움이 되지 않지만, 이 점만 빼면 아무런 문제도 없다. 근본적인 난제를 해결하려면 기본법칙과 원리를 발견하는 데 시간과 노력을 투입해야 한다. 언뜻 보면 시간 낭비인 것 같지만, 긴 안목에서 보면 이것만큼 중요한 과제도 없다.

현재 기초물리학과 우주론은 두 갈래 길 앞에 놓여 있다. 한쪽 길은 기본원리를 모두 안다는 가정하에 가는 길이고, 다른 쪽은 기초개념과 원리가 누락되었음을 인정하고 가는 길이다. 인플레이션이론inflation theory(빅뱅 초기에 우주가 아주 짧은 시간 동안 급속히 팽창했다는 이론 – 옮긴이)과 끈이론, 그리고 고리양자중력이론 등 이론물리학의 주요 이론들은 기본원리를 모두 알고 있다는 가정하에 탄생했다. 이 분야를 연구하는 물리학자들은 양자역학과 상대성이론을 진리로 받아들이고, 두 이론의 기본원리를 새로운 이론에 적용하고 있다. 반면에 이 분야의 바깥에 있는 물리학자들은 아직 발견되지 않은 원리가 존재한다고 굳게 믿는 사람들이다. 물론 나처럼 양다리를 걸치는 사람도 있다.

양자역학도 이와 비슷한 갈림길에 직면한 상태이다. 우리는 양자역학을 완전한 이론으로 받아들이고 더욱 깊이 이해하는 쪽으로 나아갈 수도 있고, 중요한 부분에서 이론이 불완전하다고 생각할 수도 있다. 코펜하겐해석과 조작주의적 해석, 에버렛의 양자역학 등은 '우리는 모든 양자적 현상을 알고 있다'고 믿는 사람들을 위한 선택지다. 현실주의를 표방하는 파일럿파 이론이나 자발적 붕괴이론에 모든 것을 건 사람들은 자신이 선호하는 이론이 양자역학의 완전한 버전이라고 하늘같이 믿고 있다. 이들의 공통점은 자연을 이해하는 데 필요한 원리를 모두 알고 있다고 믿는다는 점이다.

그렇다면 '완벽한 이론은 반드시 필요하지만, 지금까지 알려진 이론 중에는 마땅한 후보가 없다'고 확신하는 사람들은 어느 쪽에 내기를 걸어야 할까?

방금 말한 대로, 나는 두 갈래 길에 양다리를 걸쳐왔다. 한동안은 입자물리학의 아이디어와 기술도구를 사용하여 양자중력의 문제점을 해결하는 데 주력했고, 이 과정에서 자연스럽게 고리양자중력이론에 관심을 갖게 되었다. 그러나 이 와중에도 관계형 숨은 변수이론을 발표했으니 양다리가 분명하다. 나의 초기 논문 중 가장 좋은 평가를 받은 것은 관성원리와 양자역학의 기초를 연결한 논문이었다. 그 후 나의 관심은 나무에서 숲으로 이동하여 시간의 특성을 파고들기 시작했다. 그러나 나의 주된 연구과제는 현상론과 고리양자중력을 포함한 양자중력이론이었다.

연구실 책상 앞에 가만히 앉아서 책을 쓰면 혼란스러운 생각과 직관이 정리되면서 논리적 결론을 내리는 데 큰 도움이 된다. 그래서 나 같은 사람에게 집필은 일종의 정신요법이다. 이제 '물리학과 우주론의 난제를 해결하려면 새롭고 파격적인 이론이 필요하다'는 주제로 책 한 권을 거의 다 쓰고 보니, 나의 앞날이 슬슬 걱정되기 시작한다. 안전이 보장된 기존 이론의 울타리 안에 머물러야 할까? 아니면 울타리를 박차고 나와서 현실적인 문제와 씨름을 벌여야 할까?

물리학에 아직 발견되지 않은 심오한 진리가 존재한다고 믿는다면, 그것을 찾는 데 많은 시간을 투자해야 한다. 하나의 해안선만 줄곧 따라가는 편안한 항해로는 목적지에 도달할 수 없다. 주어진 실마리를 짜 맞춰서 만든 지도와 나침반을 믿고, 육지가 없는 곳으로 과감하게 진출해야 한다.

가장 안전한 베팅은 현재의 지식이 불완전하다는 쪽에 거는 것이다. 과학사를 통틀어 완전한 지식을 보유했던 시기가 단 한 번도 없었는데, 지금이라고 다를 이유가 어디 있겠는가? 현재가 과거보다 특별할 이유는 눈을 씻고 찾아봐도 없다. 지금 우리가 마주한 수수께끼는 과거에 우리 선조들을 괴롭혔던 수수께끼 못지않게 난해하다. 그런데 이쪽에 베팅을 거는 사람이 거의 없으니, 정말 희한한 노릇이다.

자연의 궁극적 법칙에 아직 도달하지 못했다고 생각하는 물리학자는 그리 많지 않은 것 같다. 우리는 어린 시절부터 '정답은 항상 존재하며, 우리는 열심히 공부해서 정답을 알아야 한다'는 식으로 교육을 받아왔다. 나 같은 물리학자들도 정답을 알고 있는 선배 과학자들 덕분에 지금과 같은 경력을 쌓을 수 있었다. 그러나 미래의 과학자들은 분명히 우리보다 유식할 것이고, 그들에게는 지금 우리가 펼치는 대부분의 주장이 헛소리로 들릴 것이다. 생각이 여기에 미치면 지금 내가 밀고 있는 이론이 초라해 보인다.

그렇다면 고리양자중력이론처럼 부분적 성공을 거둔 이론으로 무엇을 해야 하는가? 내가 보기엔 이론이 나아갈 새로운 방향을 찾는 것이 가장 중요하다. 새로 탄생한 이론은 여러모로 불완전하고 실험적 증거도 없기 때문에 약간의 비평에도 쉽게 동력을 상실하지만, 미래를 생각한다면 관심과 시간을 투자해야 한다. 새로운 이론 X가 불완전하고 실험적 증거가 없다 해도 옳은 이론이거나 부분적으로 옳을 수 있으므로, 향후 10년 동안은 관심을 갖고 검증할 필요가 있다. 그러나 '진실일 수도 있는 이론'이 30년이 지나도록 진실로 판명되지 않았다면 다른 이론으로 관심을 돌려야 할까? 일부 독자들은 내가 끈이론과 관련된 논쟁을 되풀이한다고 생각하겠지만, 사실 이것은 이론의 타당성을 증명하기 위해 여러 해 동안 혼신의 노력을 기울였다가 실패한 모든 물리학자들에게 깊은 애정을 갖고 하는 말이다. 물론 여기에는 나 자신도 포함된다.

지난 수십 년 동안 양자이론의 결함을 지적하는 논문이 수없이 발표되었는데, 새롭고 완전한 양자역학을 제안하는 논문이 거의 한 편도 발표되지 않은 것은 무슨 이유에서일까? 물리학자로서 자신 있게 말하건대, 관심 부족 때문은 아니다. 내 주변에서 양자역학의 기초를 연구하는 사람들은 예외 없이 관측 문제를 비롯한 양자이론의 수수께끼에 지대한 관심을 갖고 있으며, 개중에는 편한 길을 마다하고 양자역학의 체계에 도전장을 내민 사람도 많다.

나는 새로운 접근법의 장단점을 놓고 지루한 논쟁을 벌이거나 기발한 임기응변으로 불완전한 이론을 변호하는 사람들에게 지칠 대로 지쳤다. 이런 상황에서 내가 할 수 있는 일이란 기껏해야 야트막한 언덕 꼭대기로 이어지는 현재의 길을 고수하거나, 아직 발견되지 않은 산을 오르겠다며 미지의 길로 접어들어 늪지대를 헤매거나 둘 중 하나이다. 늪지대로 접어들면 실패할 가능성이 높지만, 무지無知와 빠른 포기의 대가를 잘 알고 있는 소수의 사람들에게 나의 여행담(주로 실패담)을 들려주는 것도 그 나름대로 가치 있는 일이라고 생각한다.

물리학에 새로운 무언가가 절실하게 필요하다 해도, 그것을 찾으려면 어쩔 수 없이 기존의 검증된 논리와 실험도구를 사용하는 수밖에 없다. 학교에서 좋은 성적을 받고, 학자가 된 후에는 사람들에게 인정받고, 지원금을 받고, 명망 있는 상을 받으려면 이런 식으로 연구를 해야 한다. 나의 아이디어가 학계에 널리 통용되는 개념과 논리로 설명되지 않는다면 연구기금 신청서에 뭐라고 써야 할까? 나의 지도를 받는 박사과정 학생들이 이미 개발된 체계 안에서 검증된 도구로 계산을 수행하지 않는다면, 그들에게 어떤 연구과제를 제안할 수 있을까? 아침에 일어나서 커피를 끓이고, 책상 앞에 앉아 텅 빈 연구노트를 펼치고, 추레한 모습의 천사가 날아와 비밀을 알려줄 때까지 기다리라고 해야 할까? 혹시 나도 천사를 기다리는 건 아닐까? 중간 목적지에조차 도달하지 못한 채 연구노트에 어지러운 낙서를 휘갈기며 과연 얼마나 견딜 수 있을까? 며칠? 몇 주? 몇 달? 아니면 몇 년?

새로운 물리학 체계를 구축하는 길로 접어들었다고 해서 나의 경력에 흠집이 가거나 정서적으로 불안해질 이유는 없다. 사실은 어떻게 시작해야 하는지도 모른다. 100년 전에는 이런 길을 가는 물리학자가 꽤 많았지만, 그들 중 아직 살아 있는 사람은 한 명도 없다. 내 경험에 의하면 물리학자가 자연에 대한 이해의 기초가 되는 기본원리를 옆으로 제쳐두는 것만큼 끔찍한 일은 없다. 그래서 이런 원리를 마음속에 담고 있으면 다른 연구를 하는 중에도 다소 위안이 된다.

새로운 이론을 개발하는 것보다는 기존의 이론체계 안에서 우리가 아는 것의 한계를 테스트하는 편이 훨씬 쉽다. 이런 연구는 기본원리를 염두에 둔 채 얼마든지 실행할 수 있다(심지어는 연구 도중에 원리를 수정하거나 새로운 원리를 도입할 수도 있다). 더욱 중요한 것은 항상 안테나를 곧추세우고 있다가 실험으로 이론을 검증할 기회가 오면 놓치지 않고 잡는 것이다. 나는 물리학자가 된 후 줄곧 이런 식으로 일을 해왔다. 끈이론이나 고리양자중력이론을 연구하는 학자들도 나와 크게 다르지 않을 것이다. 이를 위해서는 아름다운 실험결과를 수집하고(이들은 옳은 이론으로 귀결될 수도 있고, 그렇지 않을 수도 있다), 홀로그램원리와 상대적국소성원리principle of relative locality 등 새로운 원리를 꾸준히 제안해야 한다. 그런데 합리적 접근법으로 합리적 이론을 구축하기 위해 대부분의 시간을 투자해온 사람들에게는 미안한 말이지만, 아직은 부족한 점이 많은 것 같다.

나는 나 자신에게 줄곧 말해왔다. "지금은 아직 아니다. 박사과정을 마치면 그때부터 위험을 감수하겠다…. 포스트닥(박사후과정)을 마친 후에 생각해보자…. 교수가 된 후에 시작하자…. 종신교수직을 확보한 후에…." 그러나 종신교수가 된 후에도 저명한 교수들은 정부와 각종 재단에 연구비를 신청해야 하고, 명예로운 자리도 지켜야 하고, 누구나 부러워하는 상도 받고 싶어진다. 그래서 파격적인 연구를 차일피일 미루다 보면 어느덧 노교수가 되고, 은퇴를 해야 비로소 부담 없이 모험을 할 수 있게 된다. 누군가가 이 점을 지적하면서 나를 궁지로 몰아넣는다면 나도 할 말이 있다. 각종 세미나와 교수회의, 논문지도, 강의, 비행기, 호텔, 학술회의 등에 치이다 보면 50~60대는 금방 지나간다. 이 와중에 배우는 한 가지 교훈은 학자로서의 삶이 유한하다는 것이다.

나는 지금 학교에서 공부하고 있는 똑똑한 학생들에게 큰 기대를 걸고 있다. 젊은 아인슈타인처럼 오만하지만 능력만큼은 누구보다 뛰어난 학생이 지금 우리가 해놓은 일을 모두 습득한 후, 한쪽 구석에 치워놓고 맨땅에서 새로 시작하여 우리의 꿈을 이뤄줄 것이다.

언젠가 나의 가까운 친구가 이런 말을 한 적이 있다. "학계學界의 모태는 수도원이었어. 원래 수도원은 오래된 지식을 보존하고 새것을 배척하는 곳이었잖아? 그래서 이런 전통이 학계에 아직 남아 있는 것 같아." 학계에 수십 년 동안 몸담아온 나도 학자들의 보수적인 태도에 종종 놀라곤 한다. 물론 학자의 명성은 자리만 지킨다고 얻어지는 것이 아니다. 그러나 훌륭한 연구를 수행하여 보상을 받고 유명해질수록 새로운 문제에 도전할 기회는 오히려 줄어든다.

요즘 과학계는 토머스 쿤Thomas Kuhn이 말했던 정상과학normal science(당대의 패러다임에 부합되는 과학)이 주류를 이루고 있다. 한 시대의 과학적 패러다임은 모든 연구에 지대한 영향을 미치다가 혁명을 통해 다른 패러다임으로 교체된다.

위대한 발견이 우연히 이루어진 사례는 거의 없다. 적어도 내가 알기로는 그렇다. 과학사를 돌아보면 물리학이 난관에 봉착했을 때 결정적 돌파구를 연 주인공은 아무도 관심 갖지 않는 문제를 아무런 대가도 없이 긴 시간 동안 파고든 사람들이었다. 파인먼은 "새로운 것을 발견하려면 충분한 시간을 갖고 가능한 실수란 실수는 몽땅 저질러야 한다"라고 했다. 나는 이것이 그의 생생한 경험에서 우러나온 충고라고 생각한다.

그러므로 내가 제시할 수 있는 최선의 답은 '텅 빈 노트를 바라보라'는 것이다. 뜬금없는 말이 아니다. 그 옛날 아인슈타인이 그랬고, 보어가 그랬고, 드브로이와 슈뢰딩거, 하이젠베르크가 그랬고, 봄과 벨도 그랬다. 이들은 텅 빈 연구노트에서 중요한 발견으로 이어지는 길을 찾았으며, 기어이 목적지에 도달하여 자연에 대한 이해의 폭을 크게 넓혀놓았다. 일단 책상 앞에 앉아서 우리가 알고 있는 것을 노트에 적은 후, 기본원리 중 어떤 것이 과학혁명 후에도 살아남을지 생각해보라. 이것이 첫 페이지다. 그리고 다시 빈 페이지로 돌아가 처음부터 다시 생각해보라.

감사의 말

이 책은 양자이론의 수수께끼를 풀기 위해 평생을 바친 사람들의 이야기다. 그래서 첫 번째 감사의 말은 대학교 1학년 때 나와 함께 양자역학을 공부하면서 다양한 문제 해결법을 가르쳐준 나의 오랜 친구 허버트 번스타인Herbert Bernstein에게 전하고 싶다. 그 후 대학원생 시절에 나와 함께 공부하면서 수학에 빠져 있는 동급생들에게 심오한 철학적 관점을 가르쳐준 애브너 시모니Abner Shimony에게도 감사의 말을 전한다. 또한 "네 질문의 답은 나도 모르지만 애브너는 알고 있을 것"이라고 말해준 힐러리 푸트남Hilary Putnam에게도 감사한다.

대학원생 시절에 나와 물리학에 관한 대화를 나누며 깊은 영감을 불어넣어준 스티브 애들러Steve Adler, 야키르 아로노프Yakir Aharonov, 브라이스 디위트Bryce DeWitt, 세실 디위트 모레트Cécile DeWitt-Morette, 프리먼 다이슨Freeman Dyson, 파울 파이어아벤트Paul Feyerabend, 리처드 파인먼Richard Feynman, 짐 하틀Jim Hartle, 헤라르트 엇호프트Gerard 't Hooft, 크리스 이샴Chris Isham, 에드워드 넬슨Edward Nelson, 로저 펜로즈Roger Penrose, 레너드 서스킨드Leonard Susskind, 존 아치볼드 휠러John Archibald Wheeler, 유진 위그너Eugene Wignor에게도 감사의 말을 전하고 싶다.

박사학위를 받은 직후에 만난 줄리안 바버Julian Barbour는 나에게 라이프니츠와 마흐의 철학을 소개해주었으며, 그 후로 줄곧 나와 친분을 유지하면서 관계론적 철학의 멘토 역할을 해주었다. 철학에 관한 나의 지식은 데이비드 알버트David Albert와 하비 브라운Harvey Brown, 짐 브라운Jim Brown, 제레미 버터필드Jeremy Butterfield, 예난 이스마엘Jenann Ismael, 스티브 와인스타인Steve Weinstein과의 대화를 통해 더욱 깊어졌고, 헨리크 고메즈Henrique Gomes와 사이먼 손더스Simon Saunders, 로더리히 투물카Roderich Tumulka, 안토니 발렌티니Antony Valentini, 데이비드 월리스David Wallace는 이 책의 초안을 꼼꼼하게 읽고 틀린 부분을 수정해주었다. 그러나 만일 이 책에 잘못된 부분이 남아 있다면, 그것은 전적으로 나의 책임임을 밝혀두는 바이다.

물리학의 기본문제를 함께 연구하면서 나와 친구가 되어준 스티폰 알렉산더Stephon Alexander와 지오만니 아멜리노 카멜리아Giovanni Amelino Camelia, 어베이 애쉬테카Abhay Ashtekar, 엘리 코헨Eli Cohen, 마리나 코르테즈Marina Cortês, 루이스 크레인Louis Crane, 존 델John Dell, 압살롬 엘릿추Avshalom Elitzur, 로렌트 프리델Laurent Friedel, 사빈 호센펠더Sabin Hossenfelder, 테드 제이콥슨Ted Jacobson, 스튜어트 카우프만Stuart Kauffman, 주렉 코왈스키 그릭만Jorek Kowalski Glikman, 앤드류

리들Andrew Liddle, 르네이트 럴Renate Loll, 조앙 마게이주João Magueijo, 로베르토 망가베이라 웅거Roberto Mangabeira Unger, 포티니 마르코폴로Fotini Markopoulo, 카를로 로벨리Carlo Rovelli에게도 이 자리를 빌려 고마운 마음을 전하고 싶다.

또한 이 책의 내용은 크리스타 블레이크Krista Blake와 세인트 클레어Saint Clair, 세민 디나 그레이서Cemin Dina Graser, 자론 레이니어Jaron Lanier, 도나 모일란Dona Moylan의 피드백을 통해 크게 개선되었으며, 카카 브래도니직Kaca Bradonijic은 멋진 삽화를 그려주고 글에 대해서도 훌륭한 조언을 많이 해주었다.

대화와 이메일을 통해 특정 문제에 대하여 많은 조언을 해준 짐 배것Jim Baggott과 줄리안 바버, 프리먼 다이슨, 올리벌 프레이레Olival Freire, 스튜어트 카우프만, 마이클 닐센Michael Nielsen, 필립 펄Philip Pearle, 빌 포아리Bill Poirier, 카를로 로벨리, 존 스타첼John Stachel, 그리고 양자역학의 진정한 역사를 내게 들려준 알렉산더 블럼Alexander Blum과 유르겐 렌Jürgen Renn에게도 감사의 말을 전한다.

페리미터 이론물리학연구소Perimeter Institute for Theoretical Physics의 일원으로 일할 수 있었던 것은 나에게 커다란 행운이었다. 특히 이곳에서 여러 해 동안 나와 친분을 나누며 물심양면으로 도움을 주었던 젬마 데 라스 쿠에바스Gemma De las Cuevas와 비앙카 디트리히 BIanca Dittrich, 페이 도커Fay Dowker, 크리스 푹스Chris Fuchs, 루시엔 하디Lucien Hardy, 에이드리언 켄트Adrian Kent, 라파엘 소킨Rafael Sorkin, 롭 스피큰스Rob Spekkens, 그리고 일생을 건 모험길에 나를 끼워준 마이크 라자리디스Mike Lazaridis와 하워드 버튼Howard Burton, 닐 투록Niel Turok에게도 감사한다.

학생들의 도움도 빼놓을 수 없다. 특히 햄프셔대학에서 나의 강의를 들었던 학생들이 '자연은 숨기기를 좋아한다Nature Loves to Hide'를 주제로 썼던 시詩는 이 책을 집필하는 데 많은 도움이 되었으며, 최근에 카밀라 싱Camilla Singh은 이 내용을 주제로 예술가들에게 양자역학을 가르치는 프로그램을 진행한 바 있다.

지난 몇 년 동안 내가 집필한 책의 출판대리인이자 가까운 친구였던 존 브록만John Brockman과 카틴카 맷슨Katinka Matson, 막스 브록만Max Brockman, 책의 완성도를 한껏 높여준 편집자 스캇 모이어스Scott Moyers와 크리스토퍼 리처드Christopher Richards, 토머스 펜Thomas Penn, 그리고 나에게 글쓰는 법을 가르쳐준 작가 루이제 데니스Louise Dennys에게 깊이 감사한다.

마지막으로 이 책을 집필하는 내내 곁에서 힘이 되어준 디나 그레이서Dina Graser와 카이 스몰린Kai Smolin에게 고마운 마음을 전한다.

옮긴이의 말

작년에 개봉했던 영화 중에 꽃미남 주인공이 저주를 받아 누군가가 자신을 바라보기만 하면 못생긴 난쟁이로 변한다는 내용의 애니메이션이 있었다. 보는 사람이 아무도 없으면 수려한 외모로 되돌아가고 다른 사람의 눈에는 항상 난쟁이로 보인다면 그의 진정한 실체는 꽃미남일까, 아니면 난쟁이일까? 관객 대부분은 주인공이 하루속히 멋진 외모로 돌아가서 아름다운 공주와 인연이 맺어지기를 바랐을 것이다(사실은 공주도 늘씬한 미녀로 변한 뚱보였다). '절대적 진리는 우리가 직접 바라보지 않아도 항상 그곳에 존재한다'는 플라톤의 절대적 가치관에 익숙한 우리들은 난쟁이 주인공이 화면에 등장할 때마다 잘생긴 원래 모습을 투영하면서 그것이 주인공의 진정한 모습이라고 생각하기 때문이다. 그러나 양자역학에 의하면 우리가 바라볼 때 보이는 모습(물리계를 관측하여 얻은 결과)만이 유일한 진리이며, 우리가 바라보지 않을 때 존재하는 것은 아무런 의미가 없다. 직관과 상식에서 한참 벗어난 주장이지만, 무려 한 세기 전에 정설로 인정받은 이론이다. 그러니까 지금 지구에 살고 있는 사람들 중 99.9%는 양자역학이 물리학의 정설로 확립된 세상에서 태어난 셈이다. 그런데도 대부분의 사람들은 고색창연한 절대적 진리에 미련을 버리지 못하고 있다. 누가 봐도 범인임이 분명한 피의자가 법정에서 증거불충분으로 풀려났을 때 대중들이 공분하는 것도 이와 비슷한 맥락이다. 확실히 우리는 '눈에 보이는 것만이 진리인 세상'을 거부하는 경향이 있다.

그렇다면 물리학자들은 어떨까? 그들은 일반 대중과 달리 양자역학의 황당한 주장을 당연한 진리로 받아들이고, 정말로 그런 논리적이고 냉철한 눈으로 세상을 바라보고 있을까? 100년 전에 양자역학의 해석을 정립한 코펜하겐학파의 원조 학자라면 모를까, 지금의 물리학자들은 자연을 이해한다기보다 믿는 쪽에 가깝다. 그들(물론 나도 포함된다)은 학창시절부터 양자역학을 '최고의 과학자들이 구축한 이론이니 당연히 맞겠지…'하는 생각으로 받아들였고, 여기에 기초하여 유도된 결과들이 한결같이 옳은 것으로 판명되었으니 의심을 품어봐야 시간낭비일 뿐이었다.

양자역학은 '관측 가능한 양observable quantity'만을 다루는 물리학이다. 그렇다면 관측되지 않는 물리량도 있다는 말인가? 아니다, 없다. 설령 관측될 수 없는 양이 존재한다 해도, 그런 것은 더 이상 물리량이 아니다. 그러나 이 책의 저자 리 스몰린은 자연이 인간의 관측행위와 무관하게 존재한다는 확고한 믿음하에, 전통적인 양자역학이 현실을 거부한다 하여 그것을 '반현실적 물리학anti-realistic physics'으로 규정하고 우리의 직관과 상식에 부합되는 양자역학, 즉

현실적 양자역학realistic quantum mechanics의 다양한 버전을 적극적으로 소개했다. 하긴, 저자가 제2규칙이라고 부르는 '파동함수의 붕괴'를 상식의 범주 안에서 이해하는 것은 인간의 본성에 맞지 않는다. 그리고 이런 주장을 가장 강하게 펼쳤던 사람은 현대 과학의 아이콘으로 통하는 알베르트 아인슈타인이었다.

아인슈타인의 상대성이론은 기존의 물리학을 송두리째 갈아엎었지만, 모든 객체에 명확한 속성을 부여하고 인과율에 충실했다는 점에서 고전적 범주를 벗어나지 않았다. 그는 굳이 우리가 관측을 하지 않아도 자연은 명확한 속성을 갖고 있으며, 결과를 확률적으로밖에 예측할 수 없는 이유는 양자역학에 무언가 중요한 요소가 누락되었기 때문이라고 주장했다. 사실 양자역학이 낯설게 느껴지는 이유는 이해하기 어려워서가 아니라 수용하기가 어렵기 때문이다. 상자 속의 고양이가 살아 있는 상태와 죽은 상태의 중첩으로 존재한다고 주장하는 이론을 어느 누가 선뜻 받아들일 수 있겠는가? 그래서 리처드 파인먼Richard Feynman은 "장담하건대, 양자역학을 이해하는 사람은 이 세상에 단 한 명도 없다"라고 단언했고, 양자역학의 대부인 닐스 보어Niels Bohr조차 "양자역학을 접하고도 놀라지 않는다면 내용을 제대로 이해하지 못한 것"이라고 했다. 그렇다면 자연은 왜 야바위꾼처럼 우리를 속이고 있을까? 거시적 물리계에서 고전물리학으로 완벽하게 서술되는 것처럼 우리를 현혹시킨 후, 왜 하필 미시세계에서 정반대의 모습을 보여주는 것일까? 아인슈타인은 이 점이 불만이었다. 그가 생각하는 신은 "극도로 미묘하지만 악의惡意는 없는" 존재였기에, 양자역학이 기괴한 모습으로 탄생한 것은 그것을 개발한 인간의 한계라고 생각했던 것이다.

물리학에 친숙하지 않은 일반 대중을 모아놓고 다수결로 정한다면 아인슈타인을 지지하는 사람이 압도적으로 많을 것 같다. 그래서 지금도 물리학계에는 이 누락된 부분을 추적하거나 아예 처음부터 다른 기초에서 물리학을 정립하려는 현실주의적 물리학자들이 꽤 많이 있고, 저자도 그들 중 한 사람이다. 이들의 목적은 양자역학의 모호한 부분을 걷어내고 현실을 완벽하게 설명하는 이론을 찾는 것이다. 인원수나 연구비 규모로 보면 다윗과 골리앗의 싸움이지만, 다윗파는 학자로서의 생명을 걸고 가시밭길을 자초한 사람들이기에 주류 학자들보다 성취 동기가 훨씬 높고 경쟁도 치열하다.

과연 물리학은 양자역학의 저주를 풀고 직관과 상식에 부합하는 꽃미남형 체계로 거듭날 수 있을까? 100년이 지나도록 기본논리가 변하지 않은 것을 보면 가능성이 별로 없을 것 같지만, 근 250년 동안 진리로 군림해왔던 고전물리학이 단 20년 만에 상대성이론과 양자역학으로 대치된 사례를 생각하면 은근히 기대가 되는 것도 사실이다. 초록색 난쟁이라고 생각했던 애니메이션의 주인공이 꽃미남으로 돌아가야 영화가 깔끔하게 마무리되듯이, 물리학도 아인슈타인의 바람대로 미심쩍은 부분 없이 완벽한 형태를 갖춰야 비로소 궁극의 진리로 군림할 수 있을 것이다.

인간의 지적 인내력에는 다분히 한계가 있다. 희대의 수수께끼도 세월이 지나면 답을 모르는 것이 당연하게 여겨지고, 답을 찾는 사람은 별종으로 취급된다. 이런 분위기가 하나의 패러다임으로 고착되기 전에 현실주의에 입각한 양자이론이 하루속히 완성되기를 고대해본다. 독자들도 양자역학의 문제를 100년 된 문제가 아닌 최신

이슈라는 느낌으로 이 책을 읽어주었으면 좋겠다. 자연과 인간, 둘 중 한쪽에 문제가 있는 건 분명한데, '우리의 이해력은 완벽하고, 문제는 자연에 있다'고 장담하기에는 뭔가 꺼림칙하지 않은가?

주

서문

1. J. S. Bell, "On the Einstein Podolsky Rosen Paradox," *Physics* 1, no. 3 (November 1964): 195 – 200.

1장. 자연은 숨기기를 좋아한다

Epigraph Albert Einstein, "A Reply to Criticisms," *Albert Einstein: Philosopher-Scientist*, ed. P. A. Schillp, 3rd ed. (Peru, IL: Open Court Publishing, 1988).

1. Einstein to Max Born, December 4, 1926, in *The Born-Einstein Letters: The Correspondence Between Albert Einstein and Max and Hedwig Born, 1916-1955, with Commentaries by Max Born*, trans. Irene Born (New York: Walker and Co., 1971) 88.

2장. 양자

1. Tom Stoppard, *Arcadia: A Play*, first performance, Royal National Theatre, London, April 13, 1993; act 1, scene 1 (New York: Farrar, Straus and Giroux, 2008), 9.

4장. 양자는 어떻게 공유되는가

Epigraph John Archibald Wheeler, *Quantum Theory and Measurement*, ed. J. A. Wheeler and W. H. Zurek (Princeton: Princeton University Press, 1983): 194.

1. Albert Einstein, Boris Podolsky, and Nathan Rosen, "Can Quantum-Mechanical Description of Physical Reality Be Considered Complete?," *Physical Review* 47, no. 10 (May 15, 1935): 777 – 80.

2. Alain Aspect, Philippe Grangier, and Gérard Roger, "Experimental Tests of Realistic Local Theories via Bell's Theorem," *Physical Review Letters* 47, no. 7 (August 1981): 460 – 63; Alain Aspect, Jean Dalibard, and Gérard Roger, "Experimental Test of Bell's Inequalities Using Time-Varying Analyzers," *Physical Review Letters* 49, no. 25 (December 1982): 1804 – 7.

3. Niels Bohr, "Can Quantum-Mechanical Description of Physical Reality Be Considered Complete?," *Physical Review* 48, no. 8 (October 1935): 696 – 702.

4. Simon Kochen and E. P. Specker, "The Problem of Hidden Variables in Quantum Mechanics," *Journal of Mathematics and Mechanics* 17, no. 1 (July 1967): 59 – 87; John S. Bell, "On the Problem of Hidden Variables in Quantum Mechanics," *Reviews of Modern Physics* 38, no. 3 (July 1966): 447 – 52.

6장. 반현실주의의 승리

Epigraph Christopher A. Fuchs and Asher Peres, "Quantum Theory Needs No 'Interpretation,'" *Physics Today* 53, no. 3 (March 2000): 70 – 71, https://doi.org/10.1063/1.883004.

1. J. J. O'Connor and E. F. Robertson, "Louis Victor Pierre Raymond duc de Broglie," http://www-history.mcs.st-andrews.ac.uk/Biographies/Broglie.html.

2. Louis de Broglie, interview by Thomas S. Kuhn, Andre George, and Theo Kahan, January 7, 1963, transcript, Niels Bohr Library & Archives, American Institute of Physics, College Park, MD, https://repository.aip.org/islandora/object/nbla:272502.

3. Werner Heisenberg, *The Physicist's Conception of Nature*, trans. Arnold J. Pomerans (New York: Harcourt Brace, 1958), 15, 29.

4. Niels Bohr (1934), quoted in Max Jammer, *The Philosophy of Quantum Mechanics: The Interpretations of Quantum Mechanics in Historical Perspective* (New York: John Wiley and Sons, 1974), 102.

7장. 현실주의의 도전 – 드브로이와 아인슈타인

1. Guido Bacciagaluppi and Antony Valentini, *Quantum Theory at the Crossroads: Reconsidering the 1927 Solvay Conference* (Cambridge, UK: Cambridge University Press, 2009), 235.

2. Bacciagaluppi and Valentini, 487.

3. Grete Hermann, "*Die naturphilosophischen Grundlagen der Quantenmechanik*," *Die Naturwissenschaften* 23, no. 42 (October 1935), 718 – 21, doi:10.1007/ BF01491142; Grete Hermann, "The Foundations of Quantum Mechanics in the Philosophy of Nature," trans. with an introduction by Dirk Lumma, *The Harvard Review of Philosophy* 7, no. 1 (1999): 35 – 44.

4. John Bell, "Interview: John Bell," interview by Charles Mann and Robert Crease, *Omni* 10, no. 8 (May 1988): 88.

5. N. David Mermin, "Hidden Variables and the Two Theorems of John Bell," *Reviews of Modern Physics* 65, no. 3 (July 1993): 805 – 6.

8장. 데이비드 봄 – 되살아난 현실주의

Epigraph Roderich Tumulka, "On Bohmian Mechanics, Particle Creation, and Relativistic Space-Time: Happy 100th Birthday, David Bohm!," *Entropy* 20, no. 6 (June 2018): 462, arXiv:1804.08853v3.

1. David Bohm, "A Suggested Interpretation of Quantum Theory in Terms of 'Hidden' Variables, 1," *Physical Review* 85, no. 2 (January 1952): 166–79.

2. Albert Einstein, quoted in Wayne Myrvold, "On Some Early Objections to Bohm's Theory," *International Studies in the Philosophy of Science* 17, no. 1 (March 2003): 7–24.

3. Albert Einstein, quoted in E. David Peat, *Infinite Potential: The Life and Times of David Bohm* (New York: Basic Books, 1997), 132.

4. Albert Einstein, "*Elementäre Überlegungen zur Interpretation der Grundlagen der Quanten-Mechanik,*" in *Scientific Papers Presented to Max Born* (New York: Hafner, 1953), 33–40; quoted in Myrvold.

5. Benyamin Cohen, "4 Things Einstein Said to Cheer Up His Sad Friend," From the Grapevine, June 13, 2017, https://www.fromthegrapevine.com/lifestyle/einstein-bohm-letters-winner-auction-israel.

6. Werner Heisenberg, quoted in Myrvold, "On Some Early Objections," 12.

7. Olival Freire Jr., "Science and Exile: David Bohm, the Hot Times of the Cold War, and His Struggle for a New Interpretation of Quantum Mechanics," *Historical Studies on the Physical and Biological Sciences* 36, no. 1 (September 2005): 1–34, https://arxiv.org/pdf/physics/0508184.pdf.

8. J. Robert Oppenheimer remarks to Max Dresden, in Max Dresden, *H. A. Kramers: Between Tradition and Revolution* (New York: Springer-Verlag, 1987), 133. Also quoted in F. David Peat's *Infinite Potential: The Life and Times of David Bohm* (Reading, MA: Addison-Wesley, 1996), where he attributes them to Dresden's "remarks from the floor at the American Physical Society Meeting, Washington, May, 1989. Dresden confirmed this version in an interview with the author [Peat] immediately following that session and in a letter to the author." (Quote, p. 133; note, p. 334.)

9. Peat, *Infinite Potential*, 133.

10. John Nash to J. Robert Oppenheimer, July 10, 1957, Institute for Advanced Study, Shelby White and Leon Levy Archives Center, https://www.ias.edu/ideas/2015/john-forbes-nash-jr.

11. Léon Rosenfeld to David Bohm, May 30, 1952, quoted in Louisa Gilder, *The Age of Entanglement: When Quantum Physics Was Reborn* (New York: Alfred A.

Knopf, 2008), 216–17.

12. Antony Valentini, "Signal-Locality, Uncertainty, and the Sub-Quantum H-Theorem, 1," *Physics Letters A* 156, nos. 1–2 (June 1991): 5–11; "2," *Physics Letters A* 158, nos. 1–2 (August 1991): 1–8.

13. Antony Valentini and Hans Westman, "Dynamical Origin of Quantum Probabilities," *Proceedings of the Royal Society of London A* 461, no. 2053 (January 2005): 253–72, arXiv:quant-ph/ 0403034; Eitan Abraham, Samuel Colin, and Antony Valentini, "Long-Time Relaxation in Pilot-Wave Theory," *Journal of Physics A: Mathematical and Theoretical* 47, no. 39 (September 2014): 5306, arXiv:1310.1899.

14. Antony Valentini, "Signal-Locality in Hidden-Variables Theories," *Physics Letters A* 297, nos. 5–6 (May 2002): 273–78.

15. Nicolas G. Underwood and Antony Valentini, "Anomalous Spectral Lines and Relic Quantum Nonequilibrium" (2016), arXiv:1609.04576; Samuel Colin and Antony Valentini, "Robust Predictions for the Large-Scale Cosmological Power Deficit from Primordial Quantum Nonequilibrium," *International Journal of Modern Physics* D25, no. 6 (April 2016): 1650068, arXiv:1510.03508.

9장. 양자상태의 물리적 붕괴

1. David Bohm and Jeffrey Bub, "A Proposed Solution of the Measurement Problem in Quantum Mechanics by a Hidden Variable Theory," *Reviews of Modern Physics* 38, no. 3 (July 1966): 453–69.

2. Philip Pearle, "Reduction of the State Vector by a Nonlinear Schrödinger Equation," *Physical Review D* 13, no. 4 (February 1976): 857–68.

3. Giancarlo Ghirardi, Alberto Rimini, and Tullio Weber, "Unified Dynamics for Microscopic and Macroscopic Systems," *Physical Review D* 34, no. 2 (July 1986): 470–91.

4. Roderich Tumulka, "A Relativistic Version of the Ghirardi-Rimini-Weber Model," *Journal of Statistical Physics* 125, no. 4 (November 2006): 821–40.

5. Roger Penrose, "Gravitational Collapse and Space-Time Singularities," *Physical Review Letters* 14, no. 3 (January 1965): 57–59.

6. Stephen W. Hawking and Roger Penrose, "The Singularities of Gravitational Collapse and Cosmology," *Proceedings of the Royal Society A* 314, no. 1519 (January 1970): 529–48.

7. R. Penrose, "Time-Asymmetry and Quantum Gravity," in *Quantum Gravity 2: A Second Oxford Symposium*, eds. C. J. Isham, R. Penrose, and D. W. Sciama (Oxford: Clarendon Press, 1981), 244; R. Penrose, "Gravity and State Vector

Reduction," in *Quantum Concepts in Space and Time*, eds. R. Penrose and C. J. Isham (Oxford: Clarendon Press, 1986), 129; R. Penrose, "Non-locality and Objectivity in Quantum State Reduction," in *Quantum Coherence and Reality: In Celebration of the 60th Birthday of Yakir Aharonov*, eds. J. S. Anandan and J. L. Safko (Singapore: World Scientific, 1995), 238; R. Penrose, *Shadows of the Mind: A Search for the Missing Science of Consciousness* (Oxford: Oxford University Press, 1994); R. Penrose, "On Gravity's Role in Quantum State Reduction," *General Relativity and Gravitation* 28, no. 5 (May 1996): 581 – 600; I. Fuentes and R. Penrose, "Quantum State Reduction via Gravity, and Possible Tests Using Bose–Einstein Condensates," in *Collapse of the Wave Function: Models, Ontology, Origin, and Implications*, ed. S. Gao (Cambridge, UK: Cambridge University Press, 2018), 187.

8. L. Diósi, "Models for Universal Reduction of Macroscopic Quantum Fluc-tuations," *Physical Review A* 40, no. 3 (August 1989): 1165 – 74; F. Károlyházy, "Gravitation and Quantum Mechanics of Macroscopic Bodies," *Il Nuovo Cimento A* 42, no. 2 (March 1966): 390 – 402; F. Károlyházy, A. Frenkel, and B. Lukács, "On the Possible Role of Gravity in the Reduction of the Wave Function," in *Quantum Concepts in Space and Time*, 109 – 28.

9. S. Bose, A. Mazumdar, G. W. Morley, H. Ulbricht, M. Toros, M. Paternostro, A. A. Geraci, P. F. Barker, M. S. Kim, and G. Milburn, "Spin Entanglement Witness for Quantum Gravity," *Physical Review Letters* 119, no. 24 (December 2017): 240401, arXiv:1707.06050; C. Marletto and V. Vedral, "Gravitationally Induced Entanglement between Two Massive Particles Is Sufficient Evidence of Quantum Effects in Gravity," *Physical Review Letters* 119, no. 24 (December 2017): 240402, arXiv:1804.11315.

10. Philip Pearle, "A Relativistic Dynamical Collapse Model," *Physical Review D* 91, no. 10 (May 2015): 105012, arXiv:1412.6723.

11. Rodolfo Gambini and Jorge Pullin, "The Montevideo Interpretation of Quantum Mechanics: A Short Review," *Entropy* 20, no. 6 (February 2015): 413, arXiv:1502.03410.

12. Stephen L. Adler, "Gravitation and the Noise Needed in Objective Reduction Modes," in *Quantum Nonlocality and Reality: 50 Years of Bell's Theorem*, eds. Mary Bell and Shan Gao (Cambridge, UK: Cambridge University Press, 2016), 390 – 99.

10장. 마술 같은 현실주의

Epigraph Bryce S. DeWitt, "Quantum Mechanics and Reality: Could the Solution to the Dilemma of Indeterminism Be a Universe in Which All Possible Outcomes of an Experiment Actually Occur?" Physics Today 23, no. 9 (September 1970): 155–65.

1. Hugh Everett III, " 'Relative State' Formulation of Quantum Mechanics," *Reviews of Modern Physics* 29, no. 3 (July 1957): 454–62.

11장. 비판적 현실주의

1. David Deutsch, "Quantum Theory of Probability and Decisions," *Proceedings of the Royal Society A* 455, no. 1988 (August 1999): 3129–37, arXiv:quant-ph/9906015.

2. David Wallace, "Quantum Probability and Decision Theory, Revisited" (2002), arXiv:quant-ph/0211104; Wallace, "Everettian Rationality: Defending Deutsch's Approach to Probability in the Everett Interpretation," *Studies in History and Philosophy of Science Part B: Studies in History and Philosophy of Modern Physics* 34, no. 3 (September 2003): 415–39, arXiv:quant-ph/0303050; Wallace, "Quantum Probability from Subjective Likelihood: Improving on Deutsch's Proof of the Probability Rule," *Studies in History and Philosophy of Science Part B: Studies in History and Philosophy of Modern Physics* 38, no. 2 (June 2007): 311–32, arXiv:quant-ph/0312157; Wallace, "A Formal Proof of the Born Rule from Decision-Theoretic Assumptions" (2009), arXiv:quant-ph/0906.2718; Simon Saunders, "Derivation of the Born Rule from Operational Assumptions," *Proceedings of the Royal Society A* 460, no. 2046 (June 2004): 1771–88, arXiv:quant-ph/0211138.

3. Lawrence S. Schulman, "Note on the Quantum Recurrence Theorem," *Physical Review A* 18, no. 5 (November 1978): 2379– 80, doi:10.1103/PhysRevA.18.2379.

4. Steven Weinberg, "The Trouble with Quantum Mechanics," *The New York Review of Books*, January 19, 2017, https://www.nybooks.com/articles/2017/01/19/trouble-with-quantum-mechanics/.

12장. 혁명의 대안

Epigraph Lucien Hardy, "Reformulating and Reconstructing Quantum Theory" (2011), arXiv:1104.2066.

1. Richard Feynman, "Simulating Physics with Computers," keynote address delivered at the MIT Physics of Computation Conference, 1981. Published in *International Journal of Theoretical Physics* 21, nos. 6–7 (June 1982): 467– 88.

2. David Deutsch, "Quantum Theory, the Church-Turing Principle and the Universal Quantum Computer," *Proceedings of the Royal Society A* 400, no. 1818 (July 1985): 97–117.

3. John Archibald Wheeler, "Information, Physics, Quantum: The Search for Links," in *Proceedings of the 3rd International Symposium: Foundations of Quantum Mechanics in the Light of New Technology, Tokyo, 1989*, eds. Shunichi Kobayashi et al. (Tokyo: Physical Society of Japan, 1990), 354–58.

4. John Archibald Wheeler, quoted in Paul Davies, *The Goldilocks Enigma*, also titled *Cosmic Jackpot* (Boston and New York: Houghton Mifflin, 2006), 281.

5. Christopher A. Fuchs and Blake C. Stacey, "QBism: Quantum Theory as a Hero's Handbook" (2016), arXiv:1612.07308.

6. Louis Crane, "Clock and Category: Is Quantum Gravity Algebraic?," *Journal of Mathematical Physics* 36, no. 11 (May 1995): 6180–93, arXiv:gr-qc/9504038; Carlo Rovelli, "Relational Quantum Mechanics," *International Journal of Theoretical Physics* 35, no. 8 (August 1996): 1637–78, arXiv:quant-ph/9609002; Lee Smolin, "The Bekenstein Bound, Topological Quantum Field Theory and Pluralistic Quantum Cosmology" (1995), arXiv:gr-qc/9508064.

7. Ruth E. Kastner, Stuart Kauffman, and Michael Epperson, "Taking Heisenberg's Potentia Seriously" (2017), arXiv:1709.03595.

8. Julian Barbour, *The End of Time: The Next Revolution in Physics* (Oxford: Oxford University Press, 1999).

9. Henrique de A. Gomes, "Back to Parmenides" (2016, 2018), arXiv:1603.01574.

13장. 교훈

1. I am grateful to Avshalom Elitzur and Eli Cohen for many discussions on these kinds of cases.

2. For a recent review, see Roderich Tumulka, "Bohmian Mechanics," in *The Routledge Companion to the Philosophy of Physics*, eds. Eleanor Knox and Alastair Wilson (New York: Routledge, 2018), arXiv:/1704.08017.

3. Yakir Aharonov and Lev Vaidman, "The Two-State Vector Formalism of Quantum Mechanics: An Updated Review," in *Time in Quantum Mechanics*, vol. 1, eds. J. Gonzalo Muga, Rafael Sala Mayato, and Íñigo Egusquiza, 2nd ed., Lecture Notes in Physics 734 (Berlin and Heidelberg: Springer, 2008), 399–447, arXiv:quant-ph/0105101v2.

4. John G. Cramer, "The Transactional Interpretation of Quantum Mechanics," *Reviews of Modern Physics* 58, no. 3 (July 1986), 647–87; Cramer,

372

The Quantum Handshake: Entanglement, Nonlocality and Transactions (Cham, Switzerland: Springer International, 2016); Ruth E. Kastner, "The Possibilist Transactional Interpretation and Relativity," *Foundations of Physics* 42, no. 8 (August 2012): 1094−113.

5. Huw Price, "Does Time−Symmetry Imply Retrocausality? How the Quantum World Says 'Maybe,'" *Studies in History and Philosophy of Science Part B: Studies in History and Philosophy of Modern Physics* 43, no. 2 (May 2012), 75−83, arXiv:1002.0906.

6. Rafael D. Sorkin, "Quantum Measure Theory and Its Interpretation," in *Quantum Classical Correspondence: Proceedings of the 4th Drexel Symposium on Quantum Nonintegrability, Drexel University, Philadelphia, USA, September 8-11, 1994*, eds. Bei−Lok Hu and Da Hsuan Feng (Cambridge, MA: International Press, 1997), 229−51, arXiv:gr-qc/9507057.

7. Murray Gell−Mann and James B. Hartle, "Quantum Mechanics in the Light of Quantum Cosmology," in *Proceedings of the 3rd International Symposium: Foundations of Quantum Mechanics in the Light of New Technology, Tokyo, 1989*, 321−43; Gell−Mann and Hartle, "Alternative Decohering Histories in Quantum Mechanics," in *Proceedings of the 25th International Conference on High Energy Physics, 2-8 August 1990, Singapore*, eds. K. K. Phua and Y. Yamaguchi, vol. 1, 1303−10 (Singapore and Tokyo: South East Asia Theoretical Physics Association and Physical Society of Japan, dist. World Scientific, 1990); Gell−Mann and Hartle, "Time Symmetry and Asymmetry in Quantum Mechanics and Quantum Cosmology," in *Proceedings of the NATO Workshop on the Physical Origins of Time Asymmetry, Mazagón, Spain, September 30-October 4, 1991*, eds. J. Halliwell, J. Pérez−Mercader, and W. Zurek (Cambridge, UK: Cambridge University Press, 1992), arXiv:gr-qc/9304023; Gell-Mann and Hartle, "Classical Equations for Quantum Systems," *Physical Review D* 47, no. 8 (April 1993): 3345−82, arXiv:gr-qc/9210010.

8. Robert B. Griffiths, "Consistent Histories and the Interpretation of Quantum Mechanics," *Journal of Statistical Physics* 36, nos. 1−2 (July 1984), 219−72; Griffiths, "The Consistency of Consistent Histories: A Reply to d'Espagnat," *Foundations of Physics* 23, no. 12 (December 1993): 1601−10; Roland Omnès, "Logical Reformulation of Quantum Mechanics, 1: Foundations," *Journal of Statistical Physics* 53, nos. 3−4 (November 1988): 893−932; Omnès, "Logical Reformulation of Quantum Mechanics, 2: Interferences and the Einstein−Podolsky-Rosen Experiment," *ibid.*, 933−55; Omnès, "Logical Reformulation of Quantum Mechanics, 3: Classical Limit and Irreversibility," *ibid.*, 957−75;

Omnès, "Logical Reformulation of Quantum Mechanics, 4: Projectors in Semiclassical Physics," *Journal of Statistical Physics* 57, nos. 1 – 2 (October 1989): 357 – 82; Omnès, "Consistent Interpretations of Quantum Mechanics," *Reviews of Modern Physics* 64, no. 2 (April 1992): 339 – 82.

9. Fay Dowker and Adrian Kent, "On the Consistent Histories Approach to Quantum Mechanics," *Journal of Statistical Physics* 82, nos. 5 – 6 (March 1996): 1575 – 646, arXiv:gr-qc/9412067.

10. Michael J. W. Hall, Dirk- André Deckert, and Howard M. Wiseman, "Quantum Phenomena Modeled by Interactions between Many Classical Worlds," *Physical Review X* 4, no. 4 (October 2014): 041013, arXiv:1402.6144.

11. Benhui Yang, Wenwu Chen, and Bill Poirier, "Rovibrational Bound States of Neon Trimer: Quantum Dynamical Calculation of All Eigenstate Energy Levels and Wavefunctions," *Journal of Chemical Physics* 135, no. 9 (September 2011): 094306; Gérard Parlant, Yong-Cheng Ou, Kisam Park, and Bill Poirier, "Classical-like Trajectory Simulations for Accurate Computation of Quantum Reactive Scattering Probabilities," invited contribution and lead article, special issue to honor Jean- Claude Rayez, *Computational and Theoretical Chemistry* 990 (June 2012): 3 – 17.

12. Gerard 't Hooft, "Time, the Arrow of Time, and Quantum Mechanics" (2018), arXiv:1804.01383.

13. Lee Smolin, "Could Quantum Mechanics Be an Approximation to Another Theory?" (2006), arXiv:quant-ph/0609109.

14. Matthew F. Pusey, Jonathan Barrett, and Terry Rudolph, "On the Reality of the Quantum State," *Nature Physics* 8, no. 6 (June 2012): 475 – 78, arXiv:1111.3328.

14장. 원리가 먼저다!

1. Lee Smolin, *Time Reborn: From the Crisis in Physics to the Future of the Universe* (New York: Houghton Mifflin, 2013); Roberto Mangabeira Unger and Lee Smolin, *The Singular Universe and the Reality of Time: A Proposal in Natural Philosophy* (Cambridge, UK: Cambridge University Press, 2015); Smolin, "Temporal Naturalism," invited contribution to special issue on Cosmology and Time, *Studies in History and Philosophy of Science Part B: Studies in History and Philosophy of Modern Physics* 52, no. 1 (November 2015): 86 – 102, arXiv:1310.8539.

2. Fotini Markopoulou and Lee Smolin, "Disordered Locality in Loop Quantum Gravity States," *Classical and Quantum Gravity* 24, no. 15 (July 2007): 3813 –

24, arXiv:gr-qc/0702044.

3. Lee Smolin, "Derivation of Quantum Mechanics from a Deterministic Non-Local Hidden Variable Theory, I. The Two-Dimensional Theory," IAS preprint PRINT-83-0802 (Princeton: Institute for Advanced Study, August 1983); Smolin, "Stochastic Mechanics, Hidden Variables and Gravity," in *Quantum Concepts in Space and Time,* eds. Roger Penrose and C. J. Isham (Oxford and New York: Clarendon Press / Oxford University Press, 1986).

4. Lee Smolin, "Matrix Models as Non-Local Hidden Variables Theories," in *Quo Vadis Quantum Mechanics?,* eds. Avshalom C. Elitzur, Shahar Dolev, and Nancy Kolenda, The Frontiers Collection (Berlin and Heidelberg: Springer, 2005), 121 – 52; Smolin, "Non-Local Beables," *International Journal of Quantum Foundations* 1, no. 2 (April 2015): 100 – 106, arXiv:1507.08576.

5. Stephen L. Adler, *Quantum Theory as an Emergent Phenomenon: The Statistical Mechanics of Matrix Models as the Precursor of Quantum Field Theory* (Cambridge, UK: Cambridge University Press, 2004); book draft, *Statistical Dynamics of Global Unitary Invariant Matrix Models as Pre-Quantum Mechanics* (2002), arXiv:hep-th/0206120.

6. Artem Starodubtsev, "A Note on Quantization of Matrix Models," *Nuclear Physics B* 674, no. 3 (December 2003): 533 – 52, arXiv:hep-th/0206097.

7. Markopoulou and Smolin, "Disordered Locality."

8. Fotini Markopoulou and Lee Smolin, "Quantum Theory from Quantum Gravity," *Physical Review D* 70, no. 12 (December 2004): 124029, arXiv:gr-qc/0311059.

9. Gottfried Wilhelm Leibniz, *The Monadology,* 1714, in *Leibniz: Philosophical Writings,* ed. G. H. R. Parkinson, trans. Mary Morris and G. H. R. Parkinson (London: J. M. Dent, 1973).

10. Julian Barbour and Lee Smolin, "Extremal Variety as the Foundation of a Cosmological Quantum Theory" (1992), arXiv:hep-th/9203041.

11. Leibniz, *The Monadology,* paragraph 57, in *Leibniz, Philosophical Writings.*

12. Lee Smolin, "The Dynamics of Difference," *Foundations of Physics* 48, no. 2 (February 2018): 121 – 34, arXiv:1712.04799; Smolin, "Quantum Mechanics and the Principle of Maximal Variety," *Foundations of Physics* 46, no. 6 (June 2016): 736 – 58, arXiv:1506.02938; Smolin, "A Real Ensemble Interpretation of Quantum Mechanics," *Foundations of Physics* 42, no. 10 (October 2012): 1239 – 61, arXiv:1104.2822.

13. Lee Smolin, "Precedence and Freedom in Quantum Physics" (2012), arXiv:1205.3707.

15장. 관점의 인과론

1. Luca Bombelli, Joohan Lee, David Meyer, and Rafael D. Sorkin, "Space-Time as a Causal Set," *Physical Review Letters* 59, no. 5 (August 1987): 521 – 24; Sorkin, "Spacetime and Causal Sets," in *Relativity and Gravitation: Classical and Quantum* (Proceedings of the SILARG VII Conference, held in Cocoyoc, Mexico, December 1990), eds. J. C. D'Olivo et al. (Singapore: World Scientific, 1991), 150 – 73.

2. Maqbool Ahmed, Scott Dodelson, Patrick B. Greene, and Rafael Sorkin, "Everpresent Lambda," *Physical Review D* 69, no. 10 (May 2004): 103523, arXiv:astro-ph/0209274.

3. Ted Jacobson, "Thermodynamics of Spacetime: The Einstein Equation of State," *Physical Review Letters* 75, no. 7 (August 1995): 1260, arXiv:gr-qc/9504004.

4. Fotini Markopoulou and Lee Smolin, "Holography in a Quantum Space-time" (October 1999), arXiv:hep-th/ 9910146; Smolin, "The Strong and Weak Holographic Principles," *Nuclear Physics B* 601, nos. 1 – 2 (May 2001): 209 – 47, arXiv:hep-th/0003056.

5. Marina Cortês and Lee Smolin, "The Universe as a Process of Unique Events," *Physical Review D* 90, no. 8 (October 2014): 084007, arXiv:1307.6167 [gr-qc]; Cortês and Smolin, "Quantum Energetic Causal Sets," *Physical Review D* 90, no. 4 (August 2014): 044035, arXiv:1308.2206 [gr-qc]; Cortês and Smolin, "Spin Foam Models as Energetic Causal Sets," *Physical Review D* 93, no. 8 (June 2014): 084039, arXiv:1407.0032; Cortês and Smolin, "Reversing the Irreversible: From Limit Cycles to Emergent Time Symmetry," *Physical Review D* 97, no. 2 (January 2018): 026004, arXiv:1703.09696.

6. Smolin, "The Dynamics of Difference," *Foundations of Physics* 48, no. 2 (2018): 121 – 34, arXiv:1712.04799.

에필로그/혁명. 나에게 남기는 메모

Epigraph David Gross, "Closing Remarks," Strings 2003 Conference, Kyoto, Japan, July 6 – 11, 2003, slide 17, https://www.yukawa.kyoto-u.ac.jp/assets/contents/seminar/archive/2003/str2003/talks/gross.pdf.

용어해설

가속도加速度, **acceleration** 시간에 대한 속도의 변화율.

각운동량角運動量, **angular momentum** 물체의 회전, 또는 각운동의 양을 나타내는 보존량.

결어긋남decoherence 자유도가 높은 거시적 양자계가 주변환경과 접촉하면서 무작위 요동이 유입되어 파동성을 잃고 입자로 나타나는 현상.

결정론determinism 물리계의 미래가 일련의 법칙에 의해 완전히 결정되어 있다고 믿는 철학사조.

고리양자중력loop quantum gravity 아인슈타인의 일반상대성이론을 양자화한 양자중력이론.

고전물리학classical physics 양자이론이 출현하기 전, 갈릴레오와 뉴턴에서 아인슈타인의 상대성이론에 이르는 물리학이론의 총칭.

관계적 양자론關係的量子論, **relational quantum theory** 양자이론의 해석 중 하나. 이 이론에 의하면 양자상태는 하나의 계가 다른 계에 대하여 갖고 있는 정보를 운반한다. 양자상태는 관측자와 관측 대상으로 나뉘는 우주와 관련되어 있으며, 관측자가 관측 대상에 대하여 알아낼 수 있는 사실을 나타낸다. 또한 관계적 양자론은 우주의 양자상태가 하나가 아니라 여러 개라고 주장하는 양자우주론의 한 형태이다.

관계주의關係主義, **relationalism** 자연의 기본단위, 또는 기본사건의 특성이 그들 사이의 상호작용에 기인한다는 철학사조.

광자光子, **photon** 전자기장의 양자. 광자의 에너지는 장의 진동수에 비례한다.

국소성局所性, **locality** 물리계가 시공간상에서 자신과 가까운 거리에 있는 대상에게만 영향을 받는 성질.

끈이론string theory 만물의 최소 단위가 입자가 아니라 1차원 끈이라고 주장하는 가설. 양자중력이론의 후보로 거론되고 있다.

뉴턴역학뉴턴물리학, 고전역학, Newtonian physics 아이작 뉴턴Isaac Newton이 구축한 동역학. 세 개의 운동법칙에 기초한 이 이론은 1687년에 출간된 《프린키피아Principia》에 잘 정리되어있다.

다순간이론many moments theories 현존하는 모든 것은 우주의 과거에 일어났던 모든 사건을 포함하는 순간의 집합이라는 가설.

다중세계해석many worlds interpretation 양자계를 관측했을 때 나올 수 있는 모든 결과들이 별개의 우주에 존재한다는 가설.

대칭symmetry 물리계에 변환을 가해도 달라지지 않는 성질이 존재할 때, 계는 그 변환에 대하여 '대칭성을 갖고 있다'고 말한다. 서로 대칭관계에 있는 두 개의 상태는 에너지가 같다.

도구주의instrumentalism 이론의 역할이란 관측 장비에 대한 물리계의 반응을 서술하는 것뿐임을 강조하는 과학 사조.

드브로이-봄 이론De Broglie-Bohm theory 파일럿파 이론의 또 다른 이름.

미래future 한 사건의 미래(또는 인과적 미래)는 그곳에 에너지나 정보를 전송함으로써 영향을 줄 수 있는 사건들로 이루어져 있다.

반현실주의反現實主義, anti-realism 객관적 현실은 존재하지 않으며, 존재한다 해도 인간은 그에 대하여 완전한 지식을 가질 수 없다고 주장하는 철학사조.

배경background 대부분의 과학 모형이나 이론은 우주의 일부만을 서술한다. 그러나 서술 대상을 정의하려면 제외된 중 일부를 이론에 포함시켜야 하는데, 이것을 '배경'이라 한다. 예를 들어 뉴턴역학에서 시간과 공간은 절대적인 양이어서 배경의 일부로 간주된다.

배경독립성background independent 관찰 대상과 나머지(배경)를 분할하지 않는 이론의 특성. 일반상대성이론은 시공간의 기하학적 구조가 고정되어 있지 않고 전기장처럼 시간에 따라 변하는 것으로 간주하기 때문에 배경독립적 이론에 속한다.

배경의존성background dependent 뉴턴역학처럼 배경을 이용하는 이론의 특성.

배타원리排他原理, exclusion principle 두 개의 페르미온fermion은 동일한 양자상태를 점유할 수 없다는 원리. 볼프강 파울리Wolfgang Pauli가 발견함.

베이즈 확률Bayesian probability 어떤 대상에 대한 인간의 믿음을 수치로 계량한 주관적 확률.

벨의 정리Bell's theorem 국소적인 세계에서 특정 계의 관측과 관련된 선택은 멀리 떨어진 계에서 특정 결과가 나올 확률에 영향을 주지 않는다는 정리. 관측의 상관관계는 부등식으로 표현되는데, 이 부등식은 실험을 통해 성립하지 않는 것으로 판명되었다. 벨의 관계Bell's relation, 또는 벨의 제한조건Bell's restriction이라고도 한다.

보존량conserved quantity 시간이 흘러도 총량이 변하지 않는 물리량의 통칭. 대표적인 예로 에너지와 운동량 그리고 각운동량이 있다.

봄의 역학Bohmian mechanics 파일럿파 이론의 다른 이름.

불연속성discreteness 양자계에서 관측 가능한 양들 중 일부(에너지, 운동량 등)가 특정한 값만 갖는 현상.

불확정성 원리uncertainty principle 입자의 위치와 운동량(또는 속도)을 동시에 정확하게 측정할 수 없다는 양자역학의 원리.

비국소성非局所性, nonlocality 국소성원리를 만족하지 않는 현상의 특성. 공간상에서 멀리 떨어져 있는 두 물리계의 상호작용은 비국소적으로 일어날 수도 있다.

사건event 시공간의 한 점에서 발생한 물리적 변화. 상대성이론의 기본단위.

상보(성) 원리complementarity principle 모든 양자계는 양립할 수 없는 파동성과 입자성을 동시에 갖고 있지만, 두 가지 특성이 동시에 관측되지 않는다는 원리. 이 원리를 처음 주장한 사람은 덴마크의 물리학자 닐스 보어Niels Bohr였다.

상태state 특정 시간의 계의 배열. 모든 물리학이론에서 공통적으로 사용되는 용어이다.

속도speed, velocity 시간에 대한 위치의 변화율.

숨은 변수hidden variable 양자역학으로 서술되지 않는 계가 갖고 있는 특성, 또는 자유도. 물리계의 개별적 거동을 완벽하게 서술하려면 숨은 변수를 도입해야 한다.

슈뢰딩거의 고양이 실험Schrödinger's cat experiment 고양이가 두 개의 거시적 상태(살아 있는 상태와 죽은 상태)의 중첩으로 존재하도록 만드는 사고실험.

슈뢰딩거의 방정식Schrödinger's equation 제1규칙 참조.

스핀spin 소립자의 고유한 특성인 각운동량을 나타내는 양. 스핀의 값은 입자의 운동과 무관하다.

스핀네트워크spin network 스핀을 나타내는 숫자를 연결한 다이어그램. 고리양자중력이론에서 공간기하학의 각 양자상태는 스핀네트워크로 표현된다.

아인슈타인-포돌스키-로젠 상태Einstein-Podolsky-Rosen(EPR) state 두 개의 입자로 이루어진 병합상태. 각 입자의 개별적 정보는 들어 있지 않지만 둘 중 한 입자를 관측하면 다른 입자는 항상 정반대의 결과를 낳는다.

양자量子, quantum 파동-입자 이중성에서 입자에 해당하는 양.

양자상태quantum state 개별적 물리계에 대한 양자역학적 서술.

양자역학量子力學, **quantum mechanics** 1920년대에 개발된 원자와 빛에 관한 이론.

양자우주론量子宇宙論, **quantum cosmology** 우주를 양자역학의 언어로 서술하는 학문.

양자장이론量子場理論, **quantum field theory** 전기장이나 자기장과 같은 장의 양자이론. 무한대의 자유도를 갖고 있으면서 특수상대성이론에도 부합되어야 하기 때문에, 매우 어려운 이론으로 알려져 있다.

양자적 베이즈 확률론quantum Bayesuanism 양자역학에 등장하는 모든 확률이 주관적 판단에 의한 베팅확률이라고 주장하는 이론.

양자적 평형量子的平衡, **quantum equilibrium** 파일럿파 이론과 같은 숨은 변수 이론에서 계의 앙상블에 들어 있는 입자의 통계적 분포는 임의적이다. 이 분포가 파동함수의 제곱과 같을 때, '계는 양자적 평형상태에 있다'고 말한다.

양자중력量子重力, **quantum gravity** 일반상대성이론과 양자역학을 결합한 이론.

양자화量子化, **quantization** 뉴턴의 고전물리학을 입력으로 삼아 양자적 결과를 출력하는 일련의 과정. 양자화는 다양한 방법으로 구현할 수 있다.

얽힘entanglement 두 개 이상의 입자가 '각 입자의 단순한 합이 아닌' 공통의 특성을 공유한 상태. 아인슈타인-포돌스키-로젠 상태가 그 대표적 사례이다.

에너지energy 계의 활동성을 나타내는 물리량. 에너지는 다른 형태로 변할 수 있지만, 총량은 항상 보존된다.

엔트로피entropy 물리계의 무질서도를 나타내는 양. 미시적 자유도에 담긴 정보와 관련되어 있다.

역인과율逆因果律, **retrocausality** 사건의 원인이 시간의 역방향으로 진행하는 가상의 과정.

역학적 붕괴이론dynamical collapse theory 파동함수의 붕괴가 실제로 일어나는 역학적 현상임을 주장하는 이론.

열역학 제2법칙second law of thermodynamics 고립된 물리계의 엔트로피가 대부분의 경우 증가한다는 법칙.

운동량momentum 움직이는 입자들이 서로 충돌했을 때 변하는 물리량 중 하나. 단, 총운동량(두 입자의 운동량의 합)은 충돌 전과 충돌 후에 동일하며, 뉴턴역학에서 운동량은 질량에 속도를 곱한 값으로 정의된다.

원자原子, **atom** 모든 물질의 기본 단위. 양성자와 중성자로 이루어진 원자핵과 그 주변을 에워싼 전자로 이루어져 있다.

인과구조因果構造**, causal structure** 에너지와 정보가 전달되는 속도에는 한계가 있으므로, 과거에 우주에서 일어난 사건들은 인과관계를 기준으로 정렬될 수 있다. 이를 위해서는 모든 사건쌍에 대하여 누가 과거이고 누가 미래인지를 명시하거나, 두 사건이 인과관계로 엮일 수 없음을 명시해야 한다(어떤 신호도 빛보다 빠르게 전달될 수 없기 때문에, 두 사건 사이에 시간 차이가 있다 해도 인과관계로 엮일 수 없는 경우가 존재한다 – 옮긴이). 이렇게 만들어진 완벽한 서술로부터 우주의 인과구조가 정의된다.

인과율因果律**, causality** 모든 사건은 과거에 일어난 사건의 영향을 받는다는 원리. 상대성이론에서 하나의 사건이 과거사건의 영향을 받으려면 에너지나 정보가 과거에서 미래로 전달되어야 한다.

인과적 과거因果的過去**, causal past** 에너지나 정보를 전달하여 특정 사건 A에 영향을 줄 수 있는 모든 사건의 집합을 'A의 인과적 과거'라 한다.

인과집합론因果集合論**, causal set theory** 세상의 모든 과거(역사)는 기본사건과 인과관계의 불연속 집합으로 이루어져 있다는 가설에 기초한 양자시공간이론.

일반상대성이론general relativity 아인슈타인이 1915년에 발표한 중력이론. 이 이론에서 중력은 시공간기하학의 역학으로 대치된다.

자유도degree of freedom 물리계가 변할 수 있는 경우의 수를 나타내는 변수.

장場**, field** 공간에 넓게 퍼져 있으면서 시공간의 한 점당 한 개 이상의 자유도를 갖고 있는 물리계. 전기장과 자기장이 대표적 사례이다.

장론場論**, field theory** 한 개, 또는 여러 개 장의 시간에 따른 변화를 서술하는 이론. 고전 전자기학은 맥스웰의 방정식Maxwell's equation을 운동방정식으로 갖는 장론이다.

정보information 임의의 신호가 갖고 있는 조직성의 척도. 정보의 양은 답을 얻기 위해 필요한 예스/노 질문(답이 '예스' 아니면 '노'로 분명하게 떨어지는 질문)의 수와 같다.

제0규칙rule 0 광역적 시간이 없는 상태에서 표현된 양자중력의 기본방정식. '휠러-디위트 방정식Wheeler-DeWitt equation'으로 부르기도 한다.

제1규칙rule 1 계의 바깥에 있는 시계를 기준으로 양자상태의 변화를 서술하는 양자역학의 기본방정식. '슈뢰딩거 방정식'으로 부르기도 한다. 임의의 시간에 고립계의 양자상태가 주어지면 제1규칙에 의거하여 다른 시간의 양자상태를 예측할 수 있다.

제2규칙rule 2 양자상태가 관측에 반응하는 방식을 명시한 법칙. 관측이 실행되어 특정 결과가 나오면 양자상태는 그 즉시 해당 값을 갖는 상태로 붕괴된다. 이것을 '파동함수의 붕괴'라 한다. 제2규칙에 의하면 우리는 관측 결과를 확률적으로 예측할 수밖에 없다.

조작주의operationalism 관측 방법에 의거하여 물리계를 정의하는 관점. 이 주장에 의하면 인간과 상관이 있건 없건, 근본적인 진실의 존재 여부는 아무도 알 수 없으며, 양자역학은 진실이 아니라 원자를 심문하는 일련의 절차에 불과하다. 즉, 양자역학이 서술하는 것은 원자 자체가 아니라, 커다란 관측 장비를 원자에게 가까이 들이댔을 때 일어나는 현상일 뿐이다.

질량mass 물질을 이루는 구성성분의 양. 운동량은 질량에 속도를 곱한 값이다.

코헨-스펙커 정리Kochen-Specker theorem 양자역학이 맥락적contextual임을 주장하는 정리. 관측자가 얻은 값은 어떤 측정을 동시에 실행하는가에 따라 달라진다.

타당한 과거접근consistent histories approach 서로 결어긋난 관계에 있는 과거의 집합에 확률을 부여하여 양자역학을 해석하는 이론.

특수상대성이론special relativity 아인슈타인이 1905년에 발표한 이론. 중력이 없는 곳에서 빛의 운동을 서술한다.

파동역학 波動力學, wave mechanics 양자역학의 한 형태. 에르빈 슈뢰딩거Erwin Schrödinger가 1926년에 개발했으며, 후에 행렬역학과 동일한 이론으로 판명되었다.

파동-입자 이중성wave-particle duality 소립자를 경우에 따라 파동으로 서술할 수도 있고 입자로 서술할 수도 있다는 양자이론의 원리.

파동함수波動函數, wave function 계의 양자상태를 수학적으로 표현한 함수.

파동함수의 붕괴collapse of the wave function 관측을 실행하여 관측 가능한 물리량이 하나의 값으로 결정되면 양자계가 즉시 '그런 값을 갖는 상태'로 변한다는 가정.

파일럿파 이론pilot wave theory 드브로이가 1927년에 개발한 최초의 현실주의적 양자역학. 한동안 잊혔다가 1952년에 데이비드 봄이 되살렸다. 이 이론에 의하면 개개의 물리계는 파동과 입자로 동시에 서술되며, 파동이 입자의 길을 유도한다.

표준모형standard model 소립자 및 그들 사이의 상호작용을 서술하는 최선의 양자장이론. 단, 중력은 포함되어 있지 않다.

플랑크길이Planck length 위와 같은 방법으로 만든 길이 단위. 원자 반지름의 약 10-12배에 해당한다.

플랑크상수Planck's constant 막스 플랑크Max Planck가 흑체복사를 설명하기 위해 도입한 기본상수. 흔히 h로 표기하며, 양자물리학과 뉴턴물리학의 결과는 플랑크상수 규모에서 달라지기 시작한다. 또한 h는 양자의 에너지와 관련 파동의 진동수를 연결하는 비례상수이기도 하다.

플랑크에너지Planck energy 플랑크상수 h와 뉴턴의 중력상수 G, 그리고 빛의 속도 c를 조합하여(즉, 곱하거나 나눠서) 에너지 단위를 갖도록 만든 값. 질량 1그램인 물체가 갖고 있는 정지질량에너지(mc^2)의 약 10만 분의 1에 해당한다.

플랑크질량Plank mass 위와 같은 방법으로 만든 질량 단위. 약 10만 분의 1그램에 해당한다.

행렬行列, matrix 가로 및 세로 방향으로 나열된 숫자배열.

행렬역학行列力學, matrix mechanics 관측 가능한 양을 행렬로 표현한 양자역학.

현실주의現實主義, realism 인간의 지식 및 관측 행위와 무관하게 객관적 세계가 존재한다고 믿는 철학사조. 또한 현실주의자들은 자연에 대하여 완벽한 지식을 얻는 것이 원리적으로 가능하다고 믿는다.

홀로그램원리holographic principle 표면을 통과하는 정보의 양이 (플랑크단위의) 표면적의 제한을 받는다는 가상의 원리.

힘force 뉴턴역학에서 충돌에 의한 운동량의 변화를 나타내는 양. 힘은 물체의 질량에 가속도를 곱한 값과 같다.

더 읽을거리

양자역학 발견자들의 유명한 책

Bell, J. S. *Speakable and Unspeakable in Quantum Mechanics*. 2nd ed. Intro-
duction by Alain Aspect; two additional papers. Cambridge, UK: Cambridge
University Press, 2004.

Bohm, David. *Wholeness and the Implicate Order*. London: Routledge and Ke-
gan Paul, 1980. Reprint, London: Ark / Routledge, 2002.《전체와 접힌 질서》(시
스테마, 2010)

Bohr, Niels. *Atomic Physics and Human Knowledge*. New York: Science Edi-
tions, 1961. Reprint, Mineola, NY: Dover Publications, 2010.

Bohr, Niels. *Atomic Theory and the Description of Nature: Four Essays with an
Introductory Survey*. Cambridge, UK: Cambridge University Press, 1934, 1961.
Reprint, 2011.

Bohr, Niels. "Discussion with Einstein on Epistemological Problems in Atomic
Physics." In *Albert Einstein: Philosopher- Scientist*, edited by Paul Arthur
Schilpp, 199 – 242. 3rd ed. Library of Living Philosophers 7. Peru, IL: Open
Court Publishing, 1988.

Einstein, Albert. *Autobiographical Notes*. Translated and edited by Paul Arthur
Schilpp. Centennial ed. Peru, IL: Open Court Publishing, 1999.

Einstein, Albert. *Ideas and Opinions*. Reprint ed. New York: Broadway Books,
1995.《아인슈타인의 나의 세계관》(중심, 2003)

Heisenberg, Werner. *Philosophical Problems of Quantum Physics*. 2nd ed.
Woodbridge, CT: Ox Bow Press, 1979.

Heisenberg, Werner. *The Physical Principles of the Quantum Theory*. Translated
by Carl Eckart and F. C. Hoyt. Mineola, NY: Dover Publications, 1949.

Schrödinger, Erwin. *What Is Life? With Mind and Matter* and *Autobiographical
Sketches*. Foreword to *What Is Life?* by Roger Penrose. Cambridge, UK: Canto
/ Cambridge University Press, 1992.《생명이란 무엇인가》(한울, 2021)

동시대 연구자들의 책

Barbour, Julian. *The End of Time: The Next Revolution in Our Understanding of* the *Universe*. New York: Oxford University Press, 1999.

Carroll, Sean. *The Big Picture: On the Origins of Life, Meaning, and the Universe Itself.* New York: Dutton, 2016. 《빅 픽쳐》(션 캐럴, 2019)

Deutsch, David. *The Beginning of Infinity: Explanations that Transform the World.* New York: Viking, 2011.

Deutsch, David. *The Fabric of Reality: The Science of Parallel Universes— and Its Implications.* New York: Penguin Press, 1997.

Greene, Brian. *The Hidden Reality: Parallel Universes and the Deep Laws of the Cosmos.* New York: Alfred A. Knopf, 2011. 《멀티 유니버스》(김영사, 2012)

Penrose, Roger. *The Emperor's New Mind: Concerning Computers, Minds, and The Laws of Physics.* Reprint ed., with a new preface by the author. Oxford and New York: Oxford University Press, 1999. 《황제의 새 마음》(이화여자대학교출판문화원, 1996)

Penrose, Roger. *Shadows of the Mind: A Search for the Missing Science of Consciousness.* Oxford and New York: Oxford University Press, 1994. 《마음의 그림자》(승산, 2014)

Rovelli, Carlo. *The Order of Time.* New York: Riverhead Books, 2018. // *L'ordine del tempo.* Milan: Adelphi Edizioni, 2017.

Rovelli, Carlo. *Reality Is Not What It Seems: The Journey to Quantum Gravity.* New York: Riverhead Books, 2017. // *La realtà non è come ci appare: La struttura elementare delle cose.* Milan: Raffaello Cortina Editore, 2014. 《보이는 세상은 실재가 아니다》(쌤앤파커스, 2018)

Rovelli, Carlo. *Seven Brief Lessons on Physics.* New York: Riverhead Books, 2016. // *Sette brevi lezioni di fisica.* Milan: Adelphi Edizioni, 2014. 《모든 순간의 물리학》(쌤앤파커스, 2016)

Tegmark, Max. *Our Mathematical Universe: My Quest for the Ultimate Nature of Reality.* New York: Alfred A. Knopf, 2014. 《맥스 테그마크의 유니버스》(동아시아, 2017)

핵심 인물의 전기

Byrne, Peter. *The Many Worlds of Hugh Everett III: Multiple Universes, Mutual Assured Destruction, and the Meltdown of a Nuclear Family.* Oxford and New York: Oxford University Press, 2010.

Farmelo, Graham. *The Strangest Man: The Hidden Life of Paul Dirac, Mystic of the Atom.* New York: Basic Books, 2009.

Gribbin, John. *Erwin Schrödinger and the Quantum Revolution.* Hoboken, NJ: John Wiley and Sons, 2013.

Hoffmann, Banesh, with Helen Dukas. *Albert Einstein: Creator and Rebel.* New York: Viking Press, 1973.

Klein, Martin J. *Paul Ehrenfest. Vol. 1: The Making of a Theoretical Physicist.* New York: American Elsevier, 1970.

Overbye, Dennis. *Einstein in Love: A Scientific Romance.* New York: Penguin, 2000. 《젊은 아인슈타인의 초상》(사이언스북스, 2006)

Pais, Abraham. *Niels Bohr's Times: In Physics, Philosophy, and Polity.* Oxford, UK, and New York: Clarendon Press / Oxford University Press, 1991.

Pais, Abraham. *Subtle is the Lord: The Science and the Life of Albert Einstein.* Oxford, UK, and New York: Oxford University Press, 1982. Reprint ed., with a new foreword by Roger Penrose, 2005.

Peat, F. David. *Infinite Potential: The Life and Times of David Bohm.* Reading, MA: Addison-Wesley, 1997.

양자물리학의 역사

Bacciagaluppi, Guido, and Antony Valentini. *Quantum Theory at the Crossroads: Reconsidering the 1927 Solvay Conference.* Cambridge, UK, and New York: Cambridge University Press, 2009.

Baggott, Jim. *The Quantum Story: A History in 40 Moments.* Oxford, UK, and New York: Oxford University Press, 2011. 《퀀텀스토리》(반니, 2014)

Baggott, Jim. *Beyond Measure: Modern Physics, Philosophy, and the Meaning of Quantum Theory.* Oxford, UK, and New York: Oxford University Press, 2004.

Forman, Paul. "Weimar Culture, Causality, and Quantum Theory, 1918–1927: Adaptation by German Physicists and Mathematicians to a Hostile Intellectual Environment." *Historical Studies in the Physical Sciences,* Vol. 3 (1971): 1–115. Forman expanded on his original argument in: Forman, Paul. "*Kausalität, Anschaulichkeit,* and *Individualität,* or How Cultural Values Prescribed the Character and the Lessons Ascribed to Quantum Mechanics." In *Society and Knowledge: Contemporary Perspectives in the Sociology of Knowledge and Science,* edited by Nico Stehr and Volker Meja, 333–47. New Brunswick, NJ: Transaction Books, 1984.

Gefter, Amanda. *Trespassing on Einstein's Lawn: A Father, a Daughter, the Meaning of Nothing, and the Beginning of Everything.* New York: Bantam Books, 2014.

Gilder, Louisa. *The Age of Entanglement: When Quantum Physics Was Reborn.* New York: Alfred A. Knopf, 2008.

Gribbin, John. *In Search of Schrödinger's Cat: Quantum Physics and Reality.*

New York: Bantam Books, 1984.《슈뢰딩거의 고양이를 찾아서》(휴머니스트, 2020)

Jammer, Max. *The Philosophy of Quantum Mechanics: The Interpretations of Quantum Mechanics in Historical Perspective*. New York: John Wiley and Sons, 1974.

Kaiser, David. *How the Hippies Saved Physics: Science, Counterculture, and the Quantum Revival*. New York: W. W. Norton, 2011.

Kragh, Helge. *Quantum Generations: A History of Physics in the Twentieth Century*. Princeton: Princeton University Press, 1999. Reprint, 2002.

Kuhn, Thomas S. *Black-Body Theory and the Quantum Discontinuity, 1894–1912*. Chicago: University of Chicago Press, 1987.

Stone, A. Douglas. *Einstein and the Quantum: The Quest of the Valiant Swabian*. Princeton: Princeton University Press, 2013.

논문 모음집

DeWitt, Bryce Seligman, and Neill Graham, eds. *The Many Worlds Interpretation of Quantum Mechanics*. Princeton Series in Physics. Princeton: Princeton University Press, 1973. Reprint ed.: Princeton Legacy Library, 2015.

Saunders, Simon, Jonathan Barrett, Adrian Kent, and David Wallace, eds. *Many Worlds? Everett, Quantum Theory, and Reality*. Oxford: Oxford University Press, 2010.

찾아보기

**Einstein's
Unfinished
Revolution**

"앞으로 설명되어야 할 것들에 대한 최고의 설명."
조지 다이슨, 《튜링 대성당》 저자

"이론물리학의 당면 과제와 해결책을 망라한 리 스몰린의
수작. 전문가의 폭넓은 식견으로 보어와 봄, 에버렛, 아인
슈타인의 이론을 평가한 후 양자역학을 넘어 양자중력의
세계로 우리를 인도한다. 현대물리학의 현 위치를 가늠
할 수 있는 훌륭한 책이다."
스튜어트 카우프만, 펜실베이니아대학 생화학 명예교수

"이 책에는 오직 신념 하나로 자연의 진실을 탐구하는 과
학자의 사유가 고스란히 담겨 있다. 책의 주제는 물리학
이지만, 이것은 동시에 역사적 순간을 맞이하는 우리의
이야기이기도 하다. 우리는 모든 것을 알고 있는가? 혹시
가장 중요한 부분을 놓치고 있는 것은 아닌가? 스몰린은
물리학의 최신 아이디어를 균형 잡힌 관점에서 신중하게
펼쳐나가다가, 어느 순간부터 물리학의 미래를 향해 갑
자기 내닫기 시작한다. 그의 문장은 소립자처럼 단순하
게 펼쳐지지만, 천천히 읽다 보면 깊은 의미가 모습을 드
러낸다."
재런 러니어, 다트머스대학 방문교수